D. Busmann
Görlitzer Str. 13
41460 - Neuss

Es gibt ein Unternehmen,
bei dem Sie selten an Grenzen stoßen.

Wenn wir ein Aroma entwickeln, das man in Europa, Amerika, Afrika und Asien mag, dann bringen wir die Welt auf einen neuen Geschmack.
Dafür brauchen wir neben Kreativität und innovativem Know-how auch eine weltweite Präsenz. Unsere Aromen können Sie deshalb nicht nur an vielen Plätzen der Welt schmecken, sondern auch beziehen.

EUROPA: Benelux, Deutschland, Frankreich, Großbritannien, Italien, Österreich, Schweiz, Skandinavien, Spanien · NORDAMERIKA: Kanada, USA
LATEINAMERIKA: Brasilien, Mexiko · PAZIFIK: Australien, Hongkong, Indonesien, Japan, Malaysia, Philippinen, Singapur, Taiwan · AFRIKA: Südafrika

Lebensmittel aromen

Karl Heinz Ney

Unter Mitarbeit von
Peter Hahn

BEHR'S...VERLAG

CIP Kurztitelaufnahme der Deutschen Bibliothek

Ney, Karl Heinz:
Lebensmittelaromen /
Karl Heinz Ney. —
Hamburg: Behr 1987
ISBN 3-925 673-09-1

BEHR's ... VERLAG
© B. Behr's GmbH & Co., Averhoffstraße 10, 2000 Hamburg 76
Auflage 1987
Satz: Klaus Kühn Fotosatz, 2000 Hamburg 70
Druck: Robert Seemann GmbH, 2000 Hamburg 60

Alle Rechte — auch der auszugsweisen Wiedergabe — vorbehalten. Autor und Verlag haben das Werk mit größter Sorgfalt zusammengestellt. Für etwaige sachliche und drucktechnische Fehler kann jedoch keine Haftung übernommen werden.

ISBN 3-925 673-09-1

Mmmh!

Einfache Dinge sind oft so wichtig:
Was wären Suppen, Soßen und Gerichte ohne die Gemüse?
Den vollen Geschmack der Gemüse
für Ihre Produkte zu bewahren, ist schwierig.
Silesia hilft Ihnen dabei.
Gemüsearomen von Silesia geben Ihren Produkten den
nuancenreichen Geschmack frischer Gemüse.

Silesia

Silesia Gerhard Hanke KG · Postfach 21 05 54 · 4040 Neuss 21 (Norf) / West Germany
Telefon (0 21 07) 50 75 · Telex 8 517 716 sigh d

Hoechst Folien

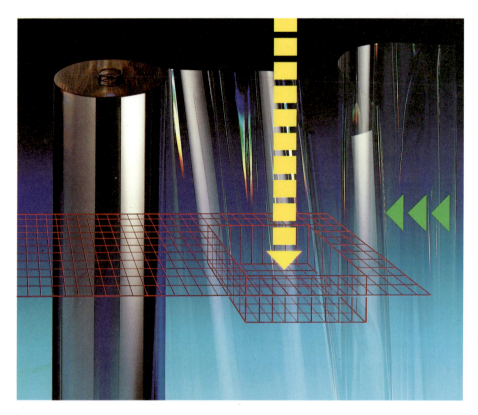

®*Genotherm, die kalandrierte PVC-Folie in gleichbleibend hoher Qualität. Problemlos in Verarbeitung und Entsorgung.*

Hoechst Aktiengesellschaft
Verkauf Folien
Genotherm Verpackung
Rheingaustr. 190-196
D-6200 Wiesbaden 1
Postfach 35 40
Tel. 06121/68-1
Fax 06121/60 05 45
Telex 418602-0 kw d

Vorwort des Verfassers

Lieber Leser,

dies ist kein ,,Kochbuch''. Es wendet sich aber an alle, die auf dem faszinierenden Gebiet der Lebensmittelaromen arbeiten oder dies beabsichtigen, an Neulinge und Routiniers, Studierende und Praktiker und will einen gewissen Denk- und Arbeitsstil vermitteln, der sich bei einer über 20jährigen Arbeit auf diesem Sektor bewährte.

Selbstverständlich wird der Praktiker, der z. B. jahrelang an Fleischaromen arbeitete, mehr wissen, als hier über Fleischaromen wiedergegeben werden kann. Aber wenn derselbe Chemiker nun z. B. Fruchtaromen bearbeiten soll, braucht er eine Orientierung. Und die liegt hier vor. Darüberhinaus ist mit dem vorliegenden Buch beabsichtigt, Neulingen eine Gesamtschau anzubieten.

Der Verfasser hatte nach einer physikalisch-chemischen Diplomarbeit und einer physiologisch-chemischen Dissertation auf dem Enzymgebiet die Chance, in den stürmischen 60er und 70er Jahren im deutschen Forschungslabor des international größten Lebensmittelherstellers die Sektion ,,Proteine und Aromen'' zu leiten. In vorliegendem Buch finden unsere Erfahrungen ihren Niederschlag.

Möglicherweise hätten ein Theoretiker, ein Hochschullehrer oder ein Chemiker aus einem der Aroma-Häuser das Thema anders angefaßt; hier spürt man sicherlich die Sicht des Lebensmittelherstellers. Es sei noch hinzugefügt, daß die Sicht über die Grenzen der Bundesrepublik Deutschland hinausgeht, denn wir arbeiteten auch für (und in) Italien, Belgien, England, für die USA und die Philippinen.

Selbstverständlich kann man heute ein solches Werk nicht ohne Hilfe und Hinweise spezialisierter Fachkollegen schreiben, und so ist es dem Verfasser eine angenehme Pflicht, nicht nur seinen ehemaligen Mitarbeitern an dieser Stelle für ihre zuverlässige Zusammenarbeit zu danken, sondern auch Kollegen, die ihn mit Literatur und Hinweisen unterstützten, in alphabetischer Folge:

Herrn Dr. H. Huth, Erfstadt
Herrn Lebensmittelchemiker E. von Jan, Bremerhaven
Herrn Apotheker P. Koch, Hamburg
Herrn Dr. G. Neurath, Hamburg
Herrn Prof. A. Rapp, Geilweilerhof
Herrn Dr. H. Rasp, Hamburg
Herrn Dr. U. J. Salzer, Holzminden
Herrn Prof. U. Wannagat, Braunschweig
Herrn Dr. R. Weiss, Hamburg

Besonderer Dank gebührt Herrn Rechtsanwalt P. Hahn, Alfter-Oedekoven, der dankenswerterweise in Kap. 8 die juristischen Aspekte der Lebensmittelaromen beschreibt.

In den meisten Fällen konnten die Originaltexte von Publikationen bis incl. 1985 bzw. Anfang 1986 ausgewertet werden; falls eine Veröffentlichung von Gewicht übersehen wurde, wird sie sicherlich in einer Neuauflage Beachtung finden.

Nun ein Wort zum Aufbau des Buches:

Dieses Buch hat die Form einer mehrdimensionalen Matrix, d. h. ein Kapitel Reaktionen, zwei Kapitel Substanzklassen, ein weiteres Kapitel Besprechung der diversen Lebensmittelaromen, dann verschiedene Kapitel mit ,,Brennpunkten''. Überschneidungen lassen sich hierbei kaum vermeiden, Hauptziel war es indes, dem Leser jederzeit schnell und präzise die gewünschte Information zu liefern.

Für die Gültigkeit von Patenten und anderen Schutzrechten kann selbstverständlich keine Garantie übernommen werden, hier ist der Leser im gegebenen Fall gezwungen, selbst eine Patentrecherche durchzuführen.

Zur Darstellung der Aromen verwandten wir die sog. Aromagramme, in die sich ein Fachmann schnell einlesen wird.

,,Sachdienliche Hinweise'', wie es so schön heißt, ,,nimmt der Verfasser stets gerne entgegen''.

Hamburg, im Februar 1986   Karl Heinz Ney

Die Autoren

Dr. Karl Heinz Ney, ehemaliger Leiter der Sektion Proteine/Aromen der Unilever Forschungsgesellschaft Hamburg, ist Verfasser dieses Werkes. 26 Jahre eigener Forschungsarbeit resultieren in zahlreichen Schlüsselpatenten, Verfahren, Publikationen und Vorträgen. Dem international anerkannten Fachmann gelingt es, dem Leser in diesem Buch die Summe seiner Erfahrungen zu vermitteln. Neue Entwicklungen und Primärliteratur konnten bis in das Jahr 1986 hinein berücksichtigt werden.

Rechtsanwalt Peter Hahn ist Geschäftsführer des Bundesverbandes der Deutschen Erfrischungsgetränke e.V. Herr Hahn ist Mitautor des Lexikon Lebensmittelrecht, das erst kürzlich im Behr's Verlag erschienen ist. Im vorliegenden Buch hat er das Kapitel 8 ,,Die Aromen im Lebensmittelrecht" verfaßt. Durch seine Erfahrungen als Berater für lebensmittelrechtliche Fragen und durch sein Wissen aus Veröffentlichungen und Fachvorträgen sind ihm die Schwierigkeiten wohl vertraut, die ein derartiges Spezialgebiet mit sich bringt.

Aromen für die Nahrungs- und Genussmittelindustrie

GIVAUDAN GMBH

Gutenbergring 2–6
D-2 Norderstedt 3

Tel.: 040-523 40 21-24
Telefax: 040-523 40 25
Telex: 217 41 50

GIVAUDAN DÜBENDORF AG

Überlandstr. 138
CH-8600 Dübendorf

Tel.: 01-821 44 22
Telefax: 01-821 44 78
Telex: 825 349

INHALTSVERZEICHNIS

		Seite
1.	**Geruch und Geschmack. Grundbegriffe**	23
1.1	Organoleptik — Sensorik	24
1.2	Aroma-Analytik	27
1.2.1	Isomerien	30
1.2.2	Isotopenanalyse	31
	C_{14}/C_{12}-Isotopenverhältnis	31
	C_{13}/C_{12}-Isotopenverhältnis	31
1.3	Schlüsselverbindungen (Key Components, Impact Components)	32
1.4	Aromagramme	33
1.5	Aromabildung durch enzymatische oder mikrobielle Prozesse	36
1.6	Aromabildung durch thermische Prozesse	38
1.7	Aromabildung durch autoxidative Prozesse	39
2.	**Lebensmittelaromen aus den Lebensmittel-Hauptbestandteilen**	41
2.1	Lebensmittelaromen aus Kohlenhydraten	41
2.1.1	Zucker	41
2.1.1.1	Säuren aus Zuckern	42
2.1.1.1.1	„Fruchtsäuren"	42
2.1.1.1.2	Milchsäure	43
2.1.1.1.3	Weitere aus Brenztraubensäure entstehende Verbindungen	43
2.1.2	Reaktionen zwischen Kohlenhydraten/Zuckern und Proteinen/Aminosäuren	44
2.2	Lebensmittelaromen aus Proteinen	45
2.2.1	Peptide, insbesondere bittere Peptide	46
2.2.1.1	α-Aminosäuren	52
2.2.1.1.1	Amine aus α-Aminosäuren	55
2.2.1.1.2	α-Ketosäuren aus α-Aminosäuren	57
2.2.1.1.3	Alkohole aus α-Aminosäuren	59
2.2.1.1.4	Phenole aus α-Aminosäuren	60
2.2.1.1.5	Säuren aus α-Aminosäuren	61
2.2.1.1.6	Schwefelwasserstoff aus α-Aminosäuren	63

2.2.1.1.7	Dimethylsulfid aus S-Methylmethionin	64
2.2.1.1.8	Strecker-Abbau von α-Aminosäuren	65
2.2.1.1.9	Pyrazine	67
2.2.1.2	Aminosäuren als Aromavorläufer	72
2.2.1.3	Maillard-Produkte	72
2.3	**Lebensmittelaromen aus Fetten**	**73**
2.3.1	Lebensmittelaromen aus Fetten durch Autoxidation	74
2.3.1.1	„Umschlagen" des Geschmacks beim Lagern von Sojaöl; Ranzidität von Ölen	75
2.3.1.2	Aromabildung in Ölen und Fetten unter oxidativ-thermischer Belastung	76
2.3.1.3	($\pm$)1-Octen-3-ol aus gelagertem Sojaöl	77
2.3.2	Lebensmittelaromen aus Fetten durch enzymatische Oxidation	78
2.3.3	Lebensmittelaromen aus Fetten nach deren enzymatischer Hydrolyse zu Fettsäuren	78
2.3.3.1	Fettsäuren	79
2.3.3.1.1	Aldehyde aus Fettsäuren	81
2.3.3.1.2	Primäre Alkohole aus Fettsäuren	82
2.3.3.1.3	Methylketone aus Fettsäuren	83
2.3.3.1.4	Ester aus Fettsäuren und Alkoholen	85
2.3.3.1.5	Lactone aus Hydroxysäuren	85
2.3.3.1.6	Amide aus Fettsäuren und Ammoniak	86
3.	**Lebensmittel-Nebenbestandteile als Aromaquellen**	**87**
3.1	**Saure Komponenten aus Lebensmittel-Nebenbestandteilen**	**87**
3.2	**Süße Komponenten aus Lebensmittel-Nebenbestandteilen**	**87**
3.2.1	Glycyrrhizinsäure	88
3.2.2	Monellin	88
3.2.3	Thaumatine	88
3.2.4	Hernandulcin	88
3.2.5	Miraculin	89
3.2.6	Perillaaldehyd-Aldoxim	89
3.2.7	Dihydrochalkone	89
3.2.8	Vergleich der Süßkraft der verschiedenen Verbindungen	90

3.3	**Salzige Komponenten aus Lebensmittel-Nebenbestandteilen**	92
3.3.1	Physiologische Wirkung von Kochsalz	92
3.3.2	Toxikologische Wirkung von Kochsalz	92
3.3.3	Sensorik der Alkalihalogenide	92
3.3.4	Kochsalz als Konservierungsmittel	94
3.3.5	Natrium-reduzierte Lebensmittel	95
3.3.6	Kochsalzersatzmittel	98
3.3.7	1-Histidinhydrochlorid als Kochsalzersatz	99
3.3.8	Maßnahmen zur Senkung der Natriumaufnahme	99
3.4	**Bittere Komponenten aus Lebensmittel-Nebenbestandteilen**	99
3.4.1	Gentiopikrin	100
3.4.2	Oleuropeinsäure	100
3.4.3	Picrocrocin	101
3.4.4	Cucurbitacine	101
3.4.5	3-Methyl-6-methoxy-8-hydroxy-3,4-dihydro-Isocumarin	101
3.4.6	Lactucin und Lactucopikrin	102
3.4.7	Cynaropikrin	102
3.4.8	Amygdalin	103
3.4.9	Carnosol	103
3.4.10	Alkaloide	103
3.4.10.1	Chinin	103
3.4.10.2	Coffein, Theobromin und Theophyllin	103
3.4.11	,,α-Säuren'' in Hopfen und ,,iso-α-Säuren'' in Bier	104
3.4.12	Flavanonglykoside	105
3.5	**Adstringierende Komponenten aus Lebensmittel-Nebenbestandteilen**	105
3.6	**Komponenten mit ,,brennendem'' Geschmack aus Lebensmittel-Nebenbestandteilen**	106
3.6.1	Myristicin	106
3.6.2	Gingerole	107
3.6.3	Capsaicin	107
3.6.4	Piperin	107
3.6.5	Allylsenföl	108
3.6.6	p-Hydroxybenzylsenföl	108
3.6.7	Sulforaphen	108
3.6.8	Allicin	109

3.7	Komponenten mit kühlem Geschmack aus Lebensmittel-Nebenbestandteilen	109
3.8	Gewürze	111
3.8.1	Anis	111
3.8.2	Basilikum	111
3.8.3	Bohnenkraut	112
3.8.4	Dill	112
3.8.5	Estragon	112
3.8.6	Fenchel	113
3.8.7	Koriander	113
3.8.8	Kümmel	113
3.8.9	Liebstöckel	114
3.8.10	Lorbeer	114
3.8.11	Majoran	114
3.8.12	Nelken	114
3.8.13	Thymian	115
3.8.14	Vanille	115
3.8.15	Zimt	115
4.	**Aromagramme von Lebensmitteln**	119
4.1	Obstfrüchte und Nüsse	119
4.1.1	Heimische Obstfrüchte	119
4.1.1.1	Äpfel	119
	Apfelsaft	120
	Trockenäpfel	121
4.1.1.2	Birnen	121
4.1.1.3	Erdbeeren	122
4.1.1.4	Himbeeren	123
4.1.1.5	Pfirsiche	123
4.1.1.6	Aprikosen	124
4.1.1.7	Kirschen	125
4.1.1.8	Schwarze Johannisbeeren	125
4.1.1.9	Hollunderbeeren	126
4.1.2	Exotische Obstfrüchte	126
4.1.2.1	Ananas	126
4.1.2.2	Bananen	128
4.1.2.3	Zitronen	129
4.1.2.4	Grapefruits	129
4.1.2.5	Orangen	130
4.1.2.6	Mangos	130
4.1.2.7	Passionsfrüchte	131

4.1.2.8	Papayas	132
4.1.2.9	Litschis	133
4.1.2.10	Durian	133
4.1.3	Nüsse	134
4.1.3.1	Erdnüsse	134
4.1.3.2	Haselnüsse	135
4.1.3.3	Walnüsse	135
4.1.3.4	Süße Mandeln	136
4.1.3.5	Bittere Mandeln	137
4.1.3.6	Kokosnüsse	137
4.1.4	Rhabarber	138
4.2	**Gemüse**	139
4.2.1	Spargel	139
4.2.2	Zwiebeln	140
4.2.3	Kohl	141
4.2.4	Pilze	141
4.2.4.1	Champignons	141
4.2.4.2	Steinpilze	142
4.2.4.3	Trüffeln	143
4.2.4.4	Sensorik von Strukturanalogen des 1-Octen-3-ol	143
4.2.5	Rote Bete	143
4.2.6	Kartoffeln	144
4.2.7	Gemüsepaprika	145
4.2.8	Sellerie	146
4.2.9	Fenchel	146
4.2.10	Gurken	147
4.2.11	Blätteralkohol	148
4.3	**Milchprodukte**	149
4.3.1	Trinkmilch	150
	Milchkaramel	151
4.3.2	Süße Sahne und saure Sahne	152
4.3.3	Butter	153
4.3.4	Joghurt	154
4.3.5	Käse	155
4.3.5.1	Emmentaler	160
4.3.5.2	Blauschimmelkäse	160
4.3.5.3	Camembert/Brie	162
4.3.5.4	Tilsiter	162
4.3.5.5	Italico	163
4.3.5.6	Fontina	164
4.3.5.7	Cheddar	165

4.3.5.8	Parmesan	166
4.3.5.9	Provolone	166
4.3.5.10	Manchego	167
4.3.5.11	Gouda	168
4.3.5.12	Schmelzkäse	169
4.3.5.13	Schabzieger (Schwcizer Kräuterkäse)	169
4.3.5.14	Bedeutung verschiedener Aromakomponenten in diversen Käsen	171
4.4	**Fleisch und Fisch**	**173**
4.4.1	Rohfleischprodukte	179
4.4.1.1	Bündnerfleisch	179
4.4.1.2	Gepökeltes Schweinefleisch	179
4.4.1.3	Tartar	179
4.4.1.4	Rohwürste	180
4.4.2	Kochfleisch	181
4.4.2.1	Gekochtes Rindfleisch	181
4.4.2.2	Gekochtes Schweinefleisch	183
	„Ebergeruch" in Schweinefleisch	183
4.4.2.3	Gekochtes Hammelfleisch	184
4.4.2.4	Wildbret	184
4.4.2.5	Gekochtes Geflügel	185
4.4.3	Bratfleisch	187
4.4.4	Leber	188
4.4.5	Fisch	189
4.4.5.1	Grundmuster Fischaroma	190
4.4.5.2	Rohfisch	191
4.4.5.3	Kochfisch	192
4.4.5.4	Bratfisch	192
	Gerösteter Japanischer Seeal	192
	Geröstete Sardinen	193
4.4.6	Räucherrauch-Aroma	194
4.4.7	Aromen von Invertebraten	196
4.4.7.1	Crustaceen	196
4.4.7.2	Mollusken	197
4.5	**Kaffee, Kakao, Tee**	**198**
4.5.1	Kaffee	199
4.5.1.1	Zerstörung der α-Aminosäuren von Rohkaffee durch den Röstprozess	200
4.5.1.2	Aromagramm von Kaffee	200
4.5.2	Kakao	201
4.5.2.1	Geschmackstoffe im Kakao	202
4.5.2.2	Aromagramm von Kakao	203

4.5.2.3	Schokolade	204
4.5.2.4	Johannisbrotmehl	205
4.5.3	Tee	206
4.5.4	Teeähnliche Erzeugnisse	208
4.5.4.1	Pfefferminztee	208
4.5.4.2	Kakarde-(Hibiskusblüten)-Tee	209
4.6	**Wasser, Wässer und kohlensäurehaltige Getränke**	209
4.6.1	Wasser	209
4.6.2	Mineralwässer	210
4.6.2.1	Kochsalzquellen	210
4.6.2.2	Bitterquellen	210
4.6.2.3	Weitere Mineralwässer	211
4.6.2.4	Säuerlinge	211
4.6.3	Tonic-Water	211
4.6.4	Cola-Getränke	212
4.6.5	Limonaden	213
4.7	**Alkoholika**	213
4.7.1	Wein	221
4.7.1.1	Weißwein	223
4.7.1.2	Rotwein	223
4.7.1.3	Sekt	224
4.7.1.4	Spätlesen, Beerenauslesen, Trockenbeerenauslesen etc.	225
4.7.1.5	Bowlen	225
4.7.1.6	Retsina	225
4.7.1.7	Sherry	227
4.7.1.8	Wermut	228
4.7.1.9	Beerenweine	228
4.7.1.10	Apfelwein	228
4.7.2	Bier	229
4.7.3	Saké, Reiswein	234
4.7.4	Alkoholische Destillate ohne spätere Zusätze	234
4.7.4.1	Aquavit, Eau de Vie, Wodka, Schnäpse, „Klare"	235
4.7.4.2	Obstbranntweine	238
	Steinfruchtbrände	238
	Beerenobstbrände / Himbeergeist	239
	Kernobstbrände	239
4.7.5	Alkoholische Destillate mit Zusätzen nach der Destillation	241
4.7.5.1	Liköre	241
4.7.5.2	Bittere Spirituosen	242
4.7.5.3	Ouzo	243
4.7.5.4	Rum, Weinbrand, Whisky	243

4.8	**Tabak**	246
4.8.1	Kautabak	246
4.8.2	Schnupftabak	247
4.8.3	Rauchtabak	247
4.8.4	Tabaksoßen	247
4.8.5	Aromaspitzen	249
4.8.6	Tabakrauch	249
4.9	**Sonstiges**	251
4.9.1	Speiseessig	251
4.9.2	Brot und Gebäck	253
4.9.3	Reis	254
4.9.4	Honig	254
4.9.5	Speiseeis	255
4.9.6	Süßigkeiten	257
4.9.6.1	Pfefferminztabletten	257
4.9.6.2	Fruchtdrops	257
4.9.6.3	Schaumzuckerwaren	257
4.9.6.4	Eukalyptus-Bonbons	257
4.9.6.5	Eiskonfekt	257
4.9.6.6	Lakritz	258
4.9.6.7	Salmiakpastillen	258
4.9.6.8	Marzipan	259
5.	**Herstellung von Lebensmittelaromen**	261
5.1	**„Natürliche" Aromen**	262
5.1.1	Fermentative Verfahren zur Aromagewinnung	262
5.1.2	Physikalische Verfahren zur Aromagewinnung	263
5.1.2.1	Auspressen	263
5.1.2.2	Wasserdampfdestillation	263
5.1.2.3	Extraktionsverfahren	264
	Extraktion mit Fetten	264
	Extraktion mit Wasser(dampf)	264
	Extraktion mit organischen Lebensmitteln	265
	Extraktion mit überkritischen Gasen (Distraktion)	265
5.2	**Naturidentische Aromen**	267
5.3	**Synthese von Aromastoffen**	269
5.3.1	Darstellung von 1-Octen-3-ol	269
5.3.1.1	Reaktionsschema	270
5.3.1.2	Ausgangsmaterialien	270
5.3.1.3	Reinigung der Ausgangsmaterialien	270

5.3.1.4	Umsetzung	271
5.3.1.5	Reinigung des 1-Octen-3-ol	271
5.3.1.6	Ausbeute	272
5.3.2	Darstellung von cis-3-Hexen-1-ol	272
5.3.2.1	Reaktionsschema	272
5.3.2.2	Ausgangsmaterialien	272
5.3.2.3	Umsetzungen	272
5.3.2.4	Destillation des 3-Hexin-1-ol	273
5.3.2.5	Hydrierung des 3-Hexin-1-ol zum cis-3-Hexen-1-ol	274

5.4 Künstliche Aromen 274

5.5 Mikroenkapsulierung 275
5.5.1 Nernst'scher Verteilungssatz 276
5.5.2 Wasser-in-Öl-(W/O)-Emulsionen 277
5.5.3 Öl-in-Wasser-(O/W)-Emulsionen 280
5.5.4 Speiseeis 282
5.5.5 Trockensuppen 283
5.5.6 „Umkehr"-Mikroenkapsulierung 284
5.5.7 Cyclodextrine 285
5.5.8 Harnstoffaddukte 285
5.5.9 Adsorption von Aromen an Proteinen, Kohlenhydraten und anderen Nicht-Lipiden 285

5.6 „Processing Flavours" 285
5.6.1 Strecker-Abbau von Aminosäuren 287
5.6.2 Käsegebäck-Aroma 287
5.6.3 S-Methylmethionin als Vorläufer des Spargelaromas 289

5.7 „Aromatisieren" von Pflanzen und Tieren 289

5.8 Aromatisierung der Verpackung 290

6. Aromaverstärker 293

6.1 Umami 294

6.2 Glutaminsäure 295
6.2.1 Marktvolumen 295
6.2.2 Herstellung 295
6.2.3 Verwendung von MSG (Mono Sodium Glutamate) 296
6.2.4 Zur Wirkungsweise von MSG 296
6.2.5 Glutaminsäurereiche Oligopeptide 298
6.2.6 Das China-Restaurant-Syndrom (Kwoks Disease) 298

6.3	**Proteinhydrolysate**	299
6.3.1	Saure Hydrolysate	299
6.3.2	Bouillongeruch von Proteinhydrolysaten	302
6.3.3	Hefe-Autolysate	302
6.3.4	Sojasoße	303
6.3.5	Vergleich der Aminosäurezusammensetzung verschiedener Hydrolysate	303
6.3.6	Sonstige Verbindungen in Hydrolysaten	304
6.4	**Nucleotide**	304
6.4.1	Nucleinsäuren und Nucleotide	304
6.4.2	Struktur geschmacksaktiver Nucleotide	306
6.4.3	Anwendung von Nucleotide	307
6.4.4	Nucleotide in Milchprodukten	307
6.4.5	Liebigs Fleischextrakt — Speisewürze	308
6.4.6	Vergleich der verschiedenen Gruppen mit Umami-Wirkung	308
6.5	**„Ungewöhnliche" Wechselwirkungen verschiedener geschmacksintensiver Substanzen**	308
6.5.1	Einfluß von Salz auf den süßen Geschmackseindruck	308
6.5.2	Wechselwirkungen zwischen saurem und bitterem Geschmackseindruck	308
6.6	**Geruchsverstärker**	309
6.6.1	Maltol	309
6.6.2	Methylcyclopentenolon (MCP)	310
6.6.3	Vanillin	310
6.7	**Einfluß von Geruchsverstärkern auf Geschmackseindrücke**	311
6.7.1	Methylcyclopentenolon und Salzgeschmack	311
6.7.2	Käsearomen und Salzgeschmack	311
6.7.3	Lactone und brennender Geschmack	311
7.	**Unerwünschte Geruchs- und Geschmacksnoten (Off-Flavours)**	313
7.1	„Äußere Fehler"	313
7.2	„Ungleichgewichte"	315

7.3	Bildung neuer unerwünschter Geruchs- und Geschmacksnoten	316
7.3.1	Mikrobiologisch verursachte Fremdnoten	316
7.3.2	Enzymatische Bildung von Fremdnoten	316
7.3.3	Entstehen von Fremdnoten durch chemische Reaktionen	317
7.3.3.1	Addition von Sauerstoff	317
7.3.3.2	Addition von Chlor an aromatische Verbindungen	317
7.3.3.3	Addition von Schwefelwasserstoff an Doppelbindungen	318
7.3.3.4	„Physikalische" Gründe für Fremdnoten	319
7.4	Alphabetische Auflistung unerwünschter Geruchs- und Geschmacksstoffe	320

8. Aromen im Lebensmittelrecht ... 323

8.1	Die Einbindung der Aromen in das Lebensmittelrecht	323
8.2	Aromen-Verordnung — eine spezialgesetzliche Regelung	326
8.3	Inhalt und Regelungsumfang der Aromen-Verordnung	327
8.3.1	Begriffsbestimmungen	327
8.3.2	Herstellung von Aromen	332
8.3.2.1	Verbote und Verwendungsbeschränkungen	333
8.3.2.2	Zulassung von Zusatzstoffen	335
8.3.2.3	Höchstmengenbegrenzungen für Zusatzstoffe	341
8.3.3	Kennzeichnung von Aromen	342
8.3.3.1	Verkehrsbezeichnung	343
8.3.3.2	Vanillin-Abrundung	344
8.3.3.3	Angabe des Verwendungszwecks und der Dosierung	345
8.3.3.4	Herstellerangabe	345
8.3.3.5	Mindesthaltbarkeitsdatum	346
8.3.3.6	Art und Weise der Kennzeichnung	347
8.3.3.7	Weitere Kenntlichmachung von Aromen	349
8.4	Kennzeichnung aromatisierter Lebensmittel	350
8.4.1	Begriffsbestimmungen der Zutaten	351
8.4.2	Verzeichnis der Zutaten	352
8.4.3	Zusammengesetzte Zutaten	354

8.5	**Europäisches Aromenrecht**	355
8.5.1	Allgemeine Ausführungen zur EG-Rechtssituation über Aromen	355
8.5.2	Grundzüge des Richtlinienvorschlages	356
8.5.3	Erörterung über den Richtlinienvorschlag	357
8.5.4	Kritische Anmerkungen zum Richtlinienvorschlag	358
8.5.5	Kompromißmöglichkeiten	360
9.	**Schlußbetrachtung**	363
9.1	**Hypothesen zur Geruchs- und Geschmackswahrnehmung**	363
9.2	**Elektrophysiologie**	364
9.3	**Rezeptoren**	364
9.4	**Ausblick**	366
10.	**Literatur**	369
	Inserentenverzeichnis	

Riedel-arom

- **Lebensmittelaromen**
- **Lebensmittelfarben**
- **Produktentwicklung Lebensmittel**

Riedel-arom
Zweigniederlassung der Riedel-de Haën Aktiengesellschaft
Von-der-Tann-Str. 34-38 · Postfach 700 · D-4600 Dortmund 1
Tel. 02 31/51 83-1 · Telex: 8 22 679 rdhdo d

Wir lassen über jeden Geschmack mit uns reden

Geschmack ist bei uns keine Streitfrage. Ganz im Gegenteil. Seit 1836 beschäftigen wir uns mit der Herstellung von Aromen – in der Hauptsache für die Süßwaren- und Nahrungsmittelindustrie. Neben umfangreichen Standardprogrammen liegt unsere besondere Stärke in der Erarbeitung von Geschmackskompositionen, die auf Ihre speziellen Wünsche zugeschnitten sind. Wir lassen nicht nur mit uns reden, sondern wir reden auch mit Ihnen, wenn die Ergebnisse unserer Entwicklungsarbeiten den Anstoß für eine erfolgreiche Innovation Ihrer Produkte ergeben könnten. Nehmen Sie sich den Spezialisten zum Partner, der immer ein offenes Ohr für Ihre individuellen Probleme hat.

FREY + LAU GMBH **NORDERSTEDT/ HAMBURG**

FABRIK ÄTHERISCHER ÖLE · PARFÜMÖLE · AROMEN

2000 Norderstedt 3 · Postfach 31 67 · Tel. (040) 528 408-0 · Telex 2 14 539 flhhd

1. Geruch und Geschmack. Grundbegriffe

Motto
Demokrit: Nur dem Anschein nach gibt es süß, bitter, warm, kalt, Farbe. Wirklich gibt es nur die Atome und den leeren Raum.

Rund zweieinhalbtausend Jahre sind verflossen, seit der Vater der Atomlehre diese denkwürdige These formulierte. In den letzten 200 Jahren haben wir zwar etwas mehr über Atome und Moleküle gelernt; warum uns aber die einen Moleküle süß und die anderen bitter schmecken, wissen wir letzten Endes immer noch nicht, obwohl sich nun langsam der Nebel hebt, und wir gewisse Gesetzmäßigkeiten innerhalb einzelner Reihen fast mehr ahnen als exakt erfassen können.

Auch unsere Erkenntnisse über die sinnesphysiologischen oder chemischen Vorgänge beim Riechen und Schmecken blieben noch äußerst dürftig, insbesondere wenn man in Betracht zieht, wie im Gegensatz dazu in den letzten 100 Jahren die Physiologie des Sehens und Hörens recht gut erforscht wurde.

Zwar hat die instrumentelle Analytik in den letzten Dekaden bei der Untersuchung der Zusammensetzung von Lebensmittelaromen immense Fortschritte gemacht, hat immer neue Lebensmittel in den Kreis der Untersuchungen einbezogen und ist heute imstande, einzelne Verbindungen im ppm-Bereich und darunter (1 ppm = 1 part pro million, d. h. 1 mg/kg, oder mnemotechnisch 1 Preuße pro München) nachzuweisen. In der Fülle der nachgewiesenen Komponenten, häufig zwischen mehreren hundert und mehreren tausend verschiedenen Verbindungen im Aroma eines einzelnen Lebensmittels (266, 113, 116), besteht aber die Gefahr, daß die wesentlichen Verbindungen nicht mehr klar erkannt werden. Und diese Gefahr wächst und wird immer mehr zunehmen in dem Maße, wie sich unsere analytischen Kenntnisse erweitern werden. Ziel des vorliegenden Buches ist daher zu versuchen, in die Fülle der Befunde etwas Ordnung zu bringen, Gewichte zuzuordnen, Schwerpunkte zu setzen und, wo nur irgend erkennbar, Beziehungen zwischen chemischer Struktur und organoleptischer Wirkung aufzuzeigen, denn ,,Wirklich gibt es nur die Atome und den leeren Raum''.

1.1 Organoleptik-Sensorik

Unter Organoleptik im weiteren Sinne versteht man die Prüfung eines Produktes mit Hilfe aller Sinne, d. h. die Prüfung auf Farbe, Konsistenz, Geräusche beim Kauen und Beißen, Geruch und Geschmack. Darauf aufbauend versucht die Sensorik, zu einer durch Skalen oder Maßeinheiten quantifizierten Beurteilung zu kommen.

Wir werden uns hier auf Organoleptik-Sensorik im engeren Sinne beschränken, d. h. auf die Beschreibung und Quantifizierung der Geruchs- und Geschmackseindrücke. Unter Aroma (englisch: flavour, amerikanisch: flavor) verstehen wir die gemeinsamen Sinnesempfindungen des Geruches (smell) und des Geschmackes (taste). Selbstverständlich gehen bei der Beurteilung von Lebensmitteln auch rheologische Werte mit ein, selbstverständlich beurteilen wir z. B. Obst auch nach der Farbe oder Knäckebrot auch nach Konsistenz oder auch nach Kaugeräuschen. Wir indes werden uns auf die für uns wichtigsten Kategorien der organoleptischen Wahrnehmung beschränken, nämlich auf Geruch und Geschmack (118).

Die prinzipielle Schwierigkeit einer organoleptischen Beurteilung liegt darin, daß man a priori nicht davon ausgehen kann, daß jeder Mensch genau dieselben Aroma-Empfindungen und -Empfindlichkeiten aufweist und auch nicht die gleiche verbale Beschreibung seiner Geruchs- und Geschmacksempfindungen geben wird.

Dieser Schwierigkeit sucht die Sensorik zu begegnen, indem man nicht eine Einzelperson, sondern eine ganze Prüfergruppe („taste-panel" genannt, obschon öfter „smell" oder ganz allgemein „flavour" untersucht wird) beurteilen läßt, wobei jede Person der Gruppe einzeln, bei künstlicher Beleuchtung, um eine Beeinflussung durch Farbe auszuschließen, unter standardisierten Bedingungen die chiffrierten Proben beurteilt. Für wissenschaftliche Problemstellungen empfiehlt sich der doppelte Blindversuch, bei dem auch dem Versuchsleiter die Chiffrierung der Proben nicht bekannt ist. Die Prüfer sind gehalten, ihr Urteil entweder skalar abzugeben — dies wird vor allem bei Qualitätskontrollen in der laufenden Produktion oder beim Rohwareneinkauf der Fall sein — oder verbal, z. B. bei der Entwicklung von Cocktails oder Produkten.

Auswahl und Training einer geeigneten Prüfergruppe erfordern eine große Sorgfalt und einen immensen Zeitaufwand. Man kann dabei von einer Reihe primärer Standards ausgehen, z. B. für Geschmacksprüfungen von Zucker- oder Säurelösungen in verschiedenen Konzentrationen, und dann die individuellen Schwellwerte (threshold values) feststellen und Kandidaten mit zu hohem Schwellwert ausscheiden. Selbstverständlich sollten die primären Standards, nach denen die Prüfergruppe selektiert und trainiert wird, grob mit deren Aufgabe zusammenhängen: Will man z. B. ein Lederaroma entwickeln, so nimmt man zweckmäßigerweise die Standards aus diesem Bereich. Es ist nicht so effizient, dann z. B. mit Estern, die hervorragende Standards für Fruchtaromen sind, zu arbeiten. So schlugen wir einer Prüfergruppe für Bratfette das trans, trans-2,4-Decadienal als Standard für Ranzigkeit vor, Pelargonsäure als Standard für den kratzenden, unangenehmen Beigeschmack und Methylcyclopentenolon als Standard für den gerösteten Geschmack.

Hat man ein eingespieltes Team, dann kann man von ,,neuen" Verbindungen/Kombinationen die Geruchs/Geschmacks-Schwellwerte bestimmen und diese mit denen von bekannten Verbindungen/Kombinationen/Produkten vergleichen. Um nur einen Eindruck von den Größenordnungen der Schwellwerte von Aromastoffen zu geben, seien hier einige aufgeführt:

Ethylacetat	0,1	ppm
Ethylbutyrat	0,0001	ppm
Acetaldehyd	0,9	ppm
Vanillin	0,02	ppm
Valeriansäure	0,5	ppm
Heptanol	0,2	ppm
Furfural	0,04	ppm

Auf die Bedeutung und auch Problematik der Schwellwerte wird später noch detaillierter eingegangen.

Was die Anzahl Proben pro Sitzung betrifft, ist man natürlich von den örtlichen Gegebenheiten abhängig. Man sollte aber die Prüfer nicht überfordern, wobei auch Rücksicht darauf zu nehmen ist, wie intensiv die zu untersuchenden Proben schmecken bzw. riechen. So kann eine geübte Gruppe bei einem Prüfungstermin ohne weiteres etwa 50 Proben Öl/Margarine/Butter verkosten, während sich bei Käse schon nach zehn Proben Ermüdungserscheinungen einstellen. Aufgabe des Prüfungsleiters ist es, die Probenzahl auf ein vernünftiges Maß zu beschränken.

Im allgemeinen weisen weibliche und männliche Prüfer etwa dieselbe Aroma-Empfindlichkeit auf. Überraschenderweise beurteilten Raucher nicht schlechter als Nichtraucher (selbstverständlich sollte etwa eine Stunde vor einer organoleptisch/sensorischen Prüfung nicht mehr geraucht und kein intensiv schmeckendes, z. B. knoblauchhaltiges Lebensmittel, verzehrt werden). Da sich bei in Laboratorien arbeitenden Personen der Gebrauch von Parfüms, Deos etc. ohnehin in Grenzen hält, braucht nicht extra darauf hingewiesen zu werden, daß dadurch die Sensorik gestört werden kann.

Man erziehe die Prüfergruppe dazu, die vorhandene Beurteilungsskala von z. B. 1—10 voll auszunutzen und verbiete grundsätzlich Benotungen wie 5— oder 6+, weil man dann kaum einen richtigen Mittelwert bilden kann.

Kleine menschliche Schwächen lassen sich auch hier nicht ausschließen. Es war immer wieder erheiternd zu sehen, wie z. B. die Prüfergruppe ein Ausgangsprodukt, das ihr Betrieb hergestellt hatte, mit 7—8 benotete und die Prüfergruppe des weiterverarbeitenden Betriebs bei der Eingangskontrolle dasselbe Produkt mit knapp 5 Punkten bewertete, um daraus selbst ein Endprodukt von 7 Punkten herzustellen. Auch hier wieder zeigt sich in nuce die ganze Problematik der Sensorik.

Erkältungen und Schnupfen beeinträchtigen die Geruchswahrnehmung sehr, die Prüfer sollten daher in diesem Fall von sich aus freiwillig auf die Teilnahme an sensorischen Prüfungen verzichten. Da man immer Standards mitlaufen läßt, merkt man auch unverzüglich, wenn ein guter Beurteiler durch Erkrankung in seinen organoleptischen Prüfungsqualitäten nachläßt oder gar ausfällt.

Bei der Prüfung verschiedener Kunststoffe/Kunststoffteile für die Verwendung in der Raumfahrt auf ihre geruchliche Unbedenklichkeit waren in den uns vorgelegten Spezifikationen medizinische Untersuchungen der Prüfer durch einen Hals-Nasen-Ohrenarzt vor und nach jedem Geruchstest empfohlen worden. Diese Forderung dürfte überspitzt sein; indes kann es sicher nicht schaden, Mitglieder einer eingespielten Prüfergruppe in gewissen zeitlichen Abständen prophylaktisch ärztlich untersuchen zu lassen.

Erfahrungsgemäß sind die sichersten Resultate der Prüfergruppe vormittags zwischen 10 und 12 Uhr zu erwarten. Auf jeden Fall vermeide man sensorische Beurteilungen unmittelbar nach einem Essen. Als vorteilhaft erwies sich, den Prüfern einzeln vor der Prüfung die Beurteilungsbögen zu geben mit dem Hinweis, in welcher Zeitspanne (1—2 Stunden) in welchen Kabinen die Produkte bereitstünden. Jeder Prüfer kann seine Beurteilung dann auf den ihm angenehmsten Zeitpunkt legen. Die ausgefüllten Beurteilungsbögen werden in einen verschlossenen ,,Briefkasten" geworfen, dessen Schlüssel der Prüfungsleiter hat, dem es nun obliegt, aus den abgegebenen Befunden einen Mittelwert zu bilden.

Was die Größe der Prüfergruppe betrifft, so ist man natürlich von lokalen Gegebenheiten abhängig, aber auch davon, welche Aufgabe die Gruppe primär lösen soll.

Wir haben bei den sensorischen Prüfungen in der Cocktail- und Produktentwicklung gute Erfahrung mit einer qualifizierten Dreiergruppe gemacht, deren Mitglieder imstande waren, Geschmackseindrücke direkt in ,,Chemie" umzusetzen, d. h. deren Urteil z. B. lautete ,,Isocapronsäure herabsetzen'', und deren Arbeit so in wenigen Jahren zu einem runden Dutzend Schlüsselpatenten führte.

Geht es jedoch um die Qualitätskontrolle in der laufenden Produktion oder beim Rohwareneinkauf, dann wird man möglichst eine Gruppe von 10 bis 20 Prüfern aufstellen, um auch bei Ausfällen durch Krankheit oder Urlaub noch ein hinreichend sicheres Urteil erhalten zu können. Unbedingt sollte diese Gruppe von Zeit zu Zeit auch wieder den Prototyp, das O-Muster der Serie, verkosten. Um zu vermeiden, daß man sich zu sehr an den eigenen ,,Nestgeschmack'' gewöhnt, sollte diese Gruppe auch gelegentlich chiffrierte Konkurrenzprodukte verkosten.

Befaßt sich die Prüfergruppe vorwiegend mit Kundenreklamationen, so sollte die Anzahl der Prüfer wenn möglich noch größer sein.

1.2 Aroma-Analytik

In den letzten 2 Dekaden nahm die Aroma-Analytik einen stürmischen Verlauf (260), vorwiegend durch Anwendung chromatografischer Methoden (119), insbesondere der Gaschromatografie. Zur Untersuchung *leichtflüchtiger* Komponenten bewährten sich auch Kombinationen von Fallen mit geeigneten Reagentienlösungen. Eine weitere Methode, die auch leichtflüchtige Verbindungen erfaßt, ist die Gaschromatografie der Substanzen aus dem Kopfraum über dem zu untersuchenden Lebensmittel, die sog. Headspace-Gaschromatografie (120). Die Probe wird in einem Gefäß, das oben mit einem Septum verschlossen ist, leicht erwärmt, man zieht mit einer Injektionsspritze eine Gasmenge aus dem Kopfraum und injiziert direkt in den Gaschromatograf. Vorteil dieser Methode ist es, daß man ohne Herstellung von Aromakonzentraten auskommt, wobei immer Verluste an leichtflüchtigen Komponenten auftreten können. Da das zeitaufwendige Herstellen von Aromakonzentraten entfällt, kann man mit der Headspace-Gaschromatografie leicht große Probenzahlen ,,durchziehen''. Nachteilig wirkt sich allerdings aus, daß man schlecht durch Zugabe eines inneren Standards quantitativ auswerten kann, ferner daß man oft bei höchster Empfindlichkeit des Detektors registrieren muß und daß dadurch das ,,Rauschen'' der Grundlinie schon Schwierigkeiten machen kann. Außerdem sind die injizierten Aromamengen meist zu gering, um den Gasstrom zu spalten und einen Strom dem Detektor zuführen und den anderen Strom ,,abschnüffeln'' zu können.

Aus all diesen Gründen stellt man sich meistens aus dem Lebensmittel zunächst ein Aromakonzentrat her. Dazu bieten sich Extraktionen mit verschiedenen Lösungsmitteln, Wasserdampfdestillation, Molekulardestillation oder Entgasung im Hochvakuum an, wie in Abb. 1 dargestellt.

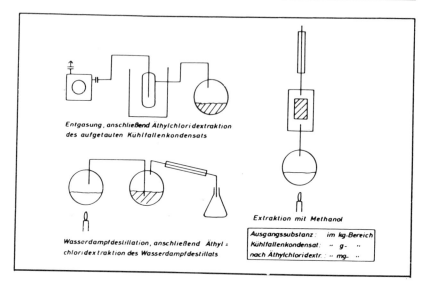

Abb. 1 Gewinnung der Aromakonzentrate

Gute Erfahrungen (119) wurden mit Entgasung im Vakuum einer rotierenden Ölpumpe an einem mit flüssigem Stickstoff gefüllten Kühlfinger gemacht (Vorsicht, Dewar-Gefäße, in denen früher schon einmal CO_2-Tabletten aufbewahrt worden waren, springen leicht, wenn man sie später mit flüssigem N_2 füllt, wahrscheinlich durch Mikro-Kratzer an der Glasoberfläche). Nach der Entgasung (8-24 Std.) taut man den am Kühlfinger festgefrorenen Eisklotz vorsichtig auf und extrahiert mit Ethylchlorid. Anschließend destilliert man das Ethylchlorid schonend ab — Kp 12 °C — und hat nun ein fett-, wasser- und salzfreies Aromakonzentrat. Man überzeuge sich durch Zumischversuche, daß sich keine Artefakte gebildet haben. Dieses Aromakonzentrat kann nun entweder direkt zur Gaschromatografie verwandt werden, oder man trennt es vorher nach Verbindungen mit funktionellen Gruppen auf (z. B. Säuren, Basen), oder man bestimmt nach Zusatz einer definierten Menge einer in dem Aroma nicht vorhandenen Substanz aus dem Verhältnis der Fläche des Peaks dieses „inneren Standards" zu den Flächen anderer Peaks die Konzentrationen der entsprechenden Substanzen.

Ein umfangreiches Angebot an Säulen zur Gaschromatografie mit diversen Trägern und Füllungen sowie auch an trägerlosen Kapillarsäulen steht industriell zur Verfügung; man muß sich nur für das Trennproblem die geeignete Säule auswählen. Die gaschromatografische Trennung selbst kann entweder bei einer konstanten Temperatur „isotherm" oder in einem Temperaturgradienten „programmiert" erfolgen, was besonders interessant ist, wenn die

Siedepunkte des zu untersuchenden Substanzgemisches über einen größeren Bereich streuen. Als Standarddetektor bewährte sich der Flammenionisationsdetektor; für halogenierte Verbindungen empfiehlt sich der Elektroneneinfangdetektor. Für Spezialfälle verwendet man noch immer den Wärmeleitfähigkeitsdetektor. Darüberhinaus gibt es aber noch eine Anzahl weiterer moderner Detektoren (121). Die Substanzen identifiziert man anhand ihrer Retentionsvolumina im Vergleich zu denen von Testsubstanzen. Stimmen die Retentionsvolumina auf 2 verschiedenen Säulen überein, so gilt die Substanz als nachgewiesen.

Eine hohe Sicherheit in der Identifizierung gewinnt man durch Kopplung der Gaschromatografie mit der Massenspektrometrie, wobei anhand der Massenspektren die Substanzen eindeutig bestimmt werden können. Natürlich ist eine solche GC-MS-Kombination sehr aufwendig, kann aber bereits fertig zusammengebaut industriell erworben werden. Selbstverständlich sind auch dieser Methode Grenzen gesetzt; sie gestattet z. B. ohne Anwendung spezieller chiraler Phasen üblicherweise nicht die Trennung von optischen Isomeren.

Sehr praktisch bei der Gaschromatografie ist, daß man, wie oben erwähnt, nach der Säule den Gasstrom spalten kann und einen Teil dem Detektor zuführt, während man den anderen Strom ,,abschnüffelt''. Man kann so den einzelnen Peaks, d. h. Verbindungen, definierte Gerüche zuordnen.

Die Dünnschichtchromatografie, z. T. nach Derivatisierung der Verbindungen, dient oft zur zusätzlichen Absicherung der Resultate.

Als Standardmethode zur Untersuchung von Aminosäuren verwendet man die Ionenaustauschchromatografie nach Moore und Stein, da sich alle Versuche, Aminosäuren nach Derivatisierung durch Gaschromatografie zu trennen, nicht durchgesetzt haben. Sonst spielen die klassischen säulenchromatografischen Verfahren in der Aroma-Analytik keine große Rolle. Trennungen über Sephadex oder DEAE-Sephadex gelangen nur ausnahmsweise zur Anwendung, beispielsweise bei der Untersuchung geschmacksaktiver Peptide.

Die Trennung von *nicht-flüchtigen* Verbindungen mittels Hochdruckflüssigkeitschromatografie (HPLC, High Pressure Liquid Chromatography) hat sich, von Einzelfällen abgesehen, nicht so gut entwickelt, wie man aufgrund der stürmischen Fortschritte der HPLC im letzten Jahrzehnt hätte erwarten können. Grund dafür dürfte einerseits sein, daß man allgemein die geschmackswirksamen Substanzen gegenüber den geruchsaktiven Stoffen unserer Meinung nach zu sehr vernachlässigt, andererseits kann die so erfolgreiche Technik des ,,Abschnüffelns'' in der Gaschromatografie nicht ohne weiteres auf ein ,,Abschmecken" bei der HPLC übertragen werden, da im Gegensatz zum geruchsfreien Gasstrom der Strom des bei der HPLC verwendeten Elutionsmittels im allgemeinen nicht ohne Eigengeschmack ist.

1.2.1 Isomerien

Isomere Verbindungen sind bezüglich ihres Aromas nicht a priori als identisch anzusehen (122). Während die Trennung von Positionsisomeren und geometrischen Isomeren mittels der üblichen chromatografischen Verfahren keine Schwierigkeiten bereitet, gelingt die Trennung von optischen Isomeren nur nach Überführung mittels optisch aktiver Verbindungen in die Diastereoisomeren (123) oder an chiralen Phasen. Bei der Untersuchung solcher Verbindungen muß natürlich eine Racemisierung ausgeschlossen werden. Racemisierungsgefahr besteht, wenn dicht neben dem asymmetrischen C-Atom eine C=O-Gruppierung vorhanden ist, so daß die Möglichkeit der Einstellung eines Keto-Enol-Gleichgewichtes besteht.

$$R_2-{}^xC(R_1)(H)-C(=O)- \rightleftharpoons R_2-C(R_1)=C(OH)- \rightleftharpoons R_2-{}^xC_x(R_1)(H)-C(=O)-$$

$$1 \qquad 2 \qquad 3$$

Im Formelschema ist Struktur 1 eine optisch aktive Verbindung, die an dem C-Atom, das dem asymmetrisch substituierten C-Atom ^xC benachbart ist, eine enolisierbare Carbonylgruppe trägt. In Struktur 2 ist diese Enolisierung erfolgt, und die Asymmetrie des früheren asymmetrischen C-Atoms ist dadurch aufgehoben. Bildet sich nun die Struktur 3, so entstehen zu gleichen Teilen die optischen Antipoden. Es ist also Racemisierung erfolgt, und somit ist keine optische Aktivität vorhanden. Da diese Enolisierung und damit Racemisierung im Alkalischen stabilisiert wird, empfiehlt sich in diesem Falle Aufarbeitung im Neutralen oder leicht Sauren.

Enthält die optisch aktive Verbindung benachbart zum asymmetrischen C-Atom wie z. B. bei sekundären Alkoholen, keine enolisierbare Carbonylgruppe,

$$R_1-{}^xC(H)(OH)-R_2$$

so ist kaum eine Racemisierung zu befürchten.

Bei Aminosäuren besteht allerdings aufgrund ihrer Konstitution diese Gefahr. Gerade am Beispiel der Aminosäuren läßt sich zeigen, wie wichtig optische Isomere für das Aroma sein können: Die (unnatürlichen) D-Aminosäuren sind süß (124), während die (natürlichen) L-Aminosäuren entweder neutral oder bitter schmecken bzw. geschmacksintensivierend wirken. Glycin, das keine Möglichkeiten zur optischen Isomerie hat,

$$H-\underset{\underset{NH_2}{|}}{\overset{\overset{H}{|}}{C}}-\overset{\overset{O}{\|}}{C}-OH$$

schmeckt übrigens auch süß (der Schwellwert entspricht in etwa dem von Saccharose).

1.2.2 Isotopenanalyse

Interessante Aspekte der Aromaanalyse liefert die Bestimmung der Isotopen des Kohlenstoffs (Isotop C_{12} [Hauptmenge], Isotope C_{13} und C_{14} [radioaktiv]).

C_{14}/C_{12}-Isotopenverhältnis

C_{14} ist ein strahlendes Kohlenstoffisotop, dessen Konzentration im Kohlendioxid der Luft durch kosmische Strahlung konstant gehalten wird. Die Halbwertszeit von C_{14} liegt bei 5568 Jahren. Wir können also anhand der Radioaktivität einer C-Probe entscheiden, wann sie aus dem CO_2 der Luft entstanden ist. So zeigen alle Produkte der Petro/Kohle-Chemie ihr ,,hohes'' Alter. Man kann auf diese Weise auch einfach feststellen, ob z. B. eine Isocapronsäure aus petrochemischen Produkten oder aus der derzeitigen Natur kommt, was für die lebensmittelrechtliche Beurteilung z. B. eines Aromas entscheidend sein kann (138).

C_{13}/C_{12}-Isotopenverhältnis

Noch sensibler ist die — allerdings sehr aufwendige — Bestimmung des Verhältnisses C_{13}/C_{12} (125). Je nach dem Syntheseweg, den verschiedene Pflanzen wählen, schwankt der C_{13}-Anteil in minimalen Grenzen, erlaubt aber eine Zuordnung. Um diese Möglichkeit an einem Beispiel zu erläutern: Die C_{14}-Bestimmung einer Probe Vanillin erlaubt den Schluß, ob ein Produkt der Petro/Kohle-Chemie vorliegt oder ein Pflanzenprodukt. Die Bestimmung von C_{13} hingegen erlaubt den Nachweis, ob man aus Harz partiell das Vanillin synthetisierte, oder ob es aus der Vanilleschote stammt (138).

1.3 Schlüsselverbindungen (Key Components, Impact Components)

Die chromatografische Analyse eines Lebensmittelaromas kann — wie schon erwähnt — mehrere hundert bis mehrere tausend verschiedene Verbindungen aufzeigen. Viele Verbindungen kommen in verschiedenen Aromen vor, so daß man vor einer wahren Flut von Angaben steht (266), oft ohne die Relevanz der Daten zu kennen.

Wesentlich ist nun, herauszufinden, welches die ,,Schlüsselverbindungen'' eines Aromas sind (88). Eine Schlüsselverbindung liegt dann vor, wenn ohne sie der entsprechende Aroma-Eindruck nicht entstehen kann. Nun besteht ein Aromakomplex nicht nur aus einer oder mehreren Schlüsselverbindungen, sondern oft aus einem ganzen Bukett von Verbindungen, die den Aroma-Eindruck abrunden. Darüberhinaus erfaßt die Analyse natürlich alle flüchtigen Stoffe des entsprechenden Lebensmittels, auch wenn diese überhaupt nicht zum Aroma beitragen, wie beispielsweise homologe n-Paraffine in Milchprodukten.

Der Begriff der Schlüsselverbindung bringt zwar eine gewisse Hilfe; die Gefahr besteht allerdings, daß man sich gerne an eine herausragende Verbindung klammert und die begleitenden und abrundenden Stoffe vernachlässigt. Beispielsweise ist Benzaldehyd für das Mandelaroma eine Schlüsselverbindung. Leider scheinen aber viele handelsübliche Mandelaromen außer Benzaldehyd kaum weitere relevante Komponenten zu enthalten. Oder man betrachte Vanillin, das die Schlüsselverbindung für Vanille-Aroma ist, das aber in der Vanilleschote von einer Reihe abrundender Verbindungen begleitet wird.

Wichtig erscheint auch, daß man die Konzentrationen der Schlüsselverbindungen im Lebensmittel möglichst quantitativ bestimmt. Dimethylsulfid kommt z. B. im Bereich von 1 ppm in vielen Aromen vor und dient dabei zur Abrundung des Aromas, während es in der vergleichsweise hohen Konzentration von 30-50 ppm die Schlüsselverbindung von gekochtem Spargel ist. Da sich ein Aroma-Eindruck eines Lebensmittels aus Geschmacks- und Geruchsempfindungen zusammensetzt, die man schwierig gleichzeitig wiedergeben kann, hat man versucht, in sog. Aromagrammen die wesentlichen Geruchs- und Geschmacksstoffe eines Lebensmittels darzustellen.

1.4 Aromagramme

Schlüsselverbindungen:

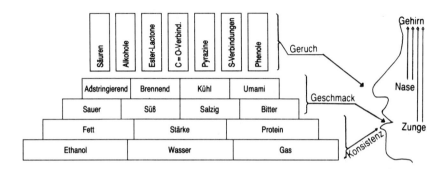

Abb. 2 Aromagramm von ... (Vordruck)

Abb. 2 zeigt den Vordruck zu einem Aromagramm, mit dem man das Aroma von jedem Lebensmittel umreißen kann und das erlaubt, das Zusammenwirken von Geschmack und Geruch darzustellen, und das auch den Einfluß der Konsistenz mit in Betracht zieht. In Kapitel 4 werden diese Aromagramme zur Beschreibung verschiedener Lebensmittel herangezogen; hier sei deshalb nur das Methodische erörtert.

Felder von Verbindungen, die Einfluß auf den organoleptischen Gesamteindruck haben, werden schraffiert. Die Schlüsselverbindungen werden zusätzlich aufgeführt.

Zunächst zu den flüchtigen Verbindungen.

Unter ,,Säuren" fallen die flüchtigen, organischen Säuren von Ameisensäure bis etwa Laurinsäure. Diese Verbindungen, insbesondere verzweigte Säuren, sind z. B. die wesentlichen Träger von Käsearomen.

Kohlensäure tritt im ,,Konsistenzsockel" unter Gas auf, da das, was man üblicherweise als Kohlensäure versteht, zum größten Teil nur physikalisch gelöstes Kohlendioxid ist.

Unter ,,Alkohole" fallen die aromaaktiven Alkohole ab Propanol. Ethanol, das nur ein schwaches Eigenaroma hat, ist im Aromagramm ebenfalls im ,,Konsistenzsockel" aufgeführt.

,,Ester/Lactone" sind aufgrund ihrer chemischen Verwandtschaft als eine Gruppe aufgeführt. Ester und Lactone sind die wesentlichen Träger von Fruchtaromen. Auch weitere Sauerstoff-Heterocyclen werden in dieser Gruppe aufgeführt.

Unter ,,C=O-Verbindungen'' fallen die wichtigen Gruppen der Aldehyde, Ketone, α-Ketosäuren, entscheidend für Fette und Milchprodukte.

,,Pyrazine'': Sie sind wesentliche Bestandteile von Röstaromen, umfassen alle ,,aromatischen'' Stickstoffverbindungen.

Unter ,,S-Verbindungen'' fallen sowohl aliphatische als auch ringförmige Schwefelverbindungen, insgesamt wichtig für Gemüsearomen.

Zur Gruppe der ,,Phenole'' gehören sowohl substituierte Mono- als auch Polyphenole. Räucheraromen sind ohne diese Verbindungen undenkbar.

Im Gehirn entsteht aus dem Geruchs- und Geschmackseindruck die Empfindung für das Gesamtaroma. Grob vereinfacht kann man sagen, daß der Geschmackseindruck den Untergrund bildet, während die Feinabstimmung durch die Nase erfolgt.

Es hat sich gezeigt (30.1), daß die vier klassischen Geschmackskategorien sauer-süß-salzig-bitter zur Geschmacksbeschreibung nicht ausreichen, sondern durch die Kategorien adstringierend-brennend-kühl-Umami zu ergänzen sind.

Kurz eine Beschreibung der einzelnen Felder der Geschmacksbasis:

,,Adstringierend'' ist ein Geschmackseindruck, den z. B. unreife Früchte aufweisen (126). Als Komponente ist er bei Getränken wie Kaffee, Tee und Kakao unverzichtbar. Chemisch scheinen Polyphenole Träger der Adstringenz zu sein (30.3, 127), wie sie auch in Gerbstoffen, insbesondere vom Typ der nicht hydrolysierbaren kondensierten Catechine vorkommen (siehe auch Kap. 3. 5., S. 105).

,,Brennend'' bezeichnet man den Geschmackseindruck, der z. B. von Pfeffer, Chilis, aber auch von Senf oder Radieschen hervorgerufen wird (30.3). Chemisch scheinen die Träger dieses Geschmackseindrucks entweder Vanillylamide mit einer aliphatischen Kette optimaler Länge vom Capsaicin-Typ oder entsprechend substituierte Isothiocyanate zu sein (siehe auch Kap. 3.6., S. 106).

,,Kühl'' ist eine Geschmacksempfindung, die praktisch nur von Menthol, der Schlüsselverbindung von Pfefferminz, hervorgerufen wird (siehe auch Kap. 3.7, S. 109).

,,Umami'' ist ein japanisches Wort, das für die geschmacksintensivierende Wirkung von Glutamat, Nucleotiden und verwandten Verbindungen benutzt wird. Da Kapitel 6 den Aromaverstärkern gewidmet ist, wird dort näher auf dieses interessante Phänomen eingegangen.

"Sauer" wird in Früchten durch nicht-flüchtige Polycarbonsäuren wie Bernsteinsäure, Äpfelsäure und Zitronensäure hervorgerufen, in Milchprodukten durch Milchsäure (siehe auch Kap. 2.1.1.1.2, S. 43). Die pH-Werte unserer Lebensmittel (Beispiel: Essig pH 2,82; Riesling pH 3,18; Bier pH 4,86; Tomatensaft pH 4,16; Schweinefleisch pH 5,81; Edamer pH 5,28) zeigen, daß sie (fast immer) sauer sind; ein basischer pH-Wert eines Lebensmittels deutet oft auf Verderb hin.

Daß „süß" im wesentlichen durch Zucker oder auch durch die für Diabetiker oder für kalorienreduzierte Diäten unverzichtbaren synthetischen Süßstoffe, bei denen sich nach den Diskussionen um Saccharin und insbesondere Cyclamat jetzt Aspartam, Aspartylphenylalaninmethylester, ein Dipeptid-Derivat, durchzusetzen scheint, hervorgerufen wird, ist wohl evident. Wichtig für den Geschmack von Früchten ist eine ausgewogene Balance zwischen süß und sauer.

„Salzig" ist der Geschmackseindruck, der am reinsten und intensivsten durch Natriumchlorid, Kochsalz, hervorgerufen wird. Da bei Hypertonikern eine Verminderung der Natrium-Aufnahme dringend geraten ist, hat es nicht an Versuchen gefehlt, zu einem Kochsalzersatz zu kommen (128, 129, 130, 131) (siehe auch Kap. 3.3., S. 92).

Der Geschmackseindruck „bitter" ist in kleiner Dosierung erwünscht, z. B. in Bier, Schokolade und Kaffee, bei zu hoher Dosierung wird er jedoch unangenehm.

Oft sind Peptide mit einem erhöhten Anteil an hydrophoben Aminosäuren Träger dieser Bitterkeit, man kann aus der Aminosäurezusammensetzung eines Peptides berechnen, ob es bitter ist (132, 267, 41.26, 133) (Näheres dazu in Kap. 2.2.1, S. 46).

Im Konsistenzsockel des Aromagramms befinden sich Verbindungsgruppen, die direkt nur wenig zum Geschmack beitragen, deren Verhalten aber weitgehend die Konsistenz des Lebensmittels und damit die Freigabe des Aromas bestimmen. Dieser „Sockel" wurde mit in die Betrachtung einbezogen, zumal er mengenmäßig den Hauptteil des Lebensmittels, oft über 99%, ausmacht.

„Ethanol" und „Gas" wurden bereits erwähnt; Sekt und Mineralwasser werden somit umfaßt.

Zur „Stärke" gehören alle hochmolekularen Kohlenhydrate, also auch z. B. Dickungsmittel und Stabilisatoren.

„Fette" geben Lebensmitteln insgesamt angenehme rheologische Eigenschaften, falls ihr Schmelzpunkt unter unserer Körpertemperatur von 37 °C liegt.

Fette, Kohlehydrate und Proteine werden als Ausgangsstoffe für Lebensmittelaromen in Kapitel 2 besprochen.

Abschließend sei bemerkt, daß sich die Aromagramme aufgrund ihres „Konsistenzsockels" auch zur Darstellung rheologischer Fakten eignen (134).

1.5 Aromabildung durch enzymatische oder mikrobielle Prozesse

Ein äußerst wichtiger Weg zur Aromabildung ist der über enzymatische Prozesse. Enzyme, synonym mit dem etwas älteren Ausdruck Fermente (135), sind Proteine mit speziellen katalytischen Fähigkeiten, die den Ablauf aller Lebensvorgänge bestimmen. Diese katalytischen Qualitäten sind charakterisiert durch
1. hohe Spezifität;
2. hohe Effizienz;
3. Wirksamkeit schon bei niederen Temperaturen;
4. einen hohen Temperaturkoeffizienten. Während — als Faustregel — eine Erhöhung der Reaktionstemperatur um 10 °C die Reaktionsgeschwindigkeit einer nicht-enzymatischen Reaktion etwa verdoppelt, werden die Reaktionsgeschwindigkeiten enzymatisch katalysierter Reaktionen bei Erhöhung der Reaktionstemperatur um 10 °C verdreifacht bis vervierfacht. Allerdings ist der Anwendung von höheren Temperaturen bei enzymatisch katalysierten Reaktionen eine Grenze gesetzt, da dann die Struktur von Proteinen zerstört wird. Im allgemeinen beträgt die Temperatur maximal 50 °C bis 60 °C.

Wir wollen uns hier nicht näher mit den Enzymen im Pflanzenstoffwechsel befassen, aus deren Zusammenspiel die Fruchtaromen, Terpene, die Gewürzsubstanzen und die „etherischen Öle" und ggf. die Alkaloide entstehen, sondern uns auf die Fälle beschränken, bei denen der Mensch durch gezielten Einsatz von Enzymen Aromen herstellt. Da reine Enzyme oft ausgesprochene Kostbarkeiten darstellen, setzt man seit jeher gern Kulturen von Mikroorganismen mit entsprechender Enzymwirksamkeit ein, wobei sich noch der Vorteil ergibt, daß sich der eingesetzte Katalysator, nämlich die Mikroorganismenkultur, selbständig vermehrt.

Die Enzyme lassen sich in verschiedene Klassen einteilen. Fermente, die die Aufnahme von Wasser katalysieren, bezeichnet man als Hydrolasen, Enzyme, die funktionelle Gruppen übertragen, als Transferasen und Fermente, die Aufnahme oder Abgabe von Sauerstoff katalysieren, als Oxidoreduktasen. Daneben bestehen noch die Klassen der Lyasen, der Ligasen und der Isomerasen.

Von den insgesamt bekannten etwa 2500 Enzymen sind
  800 Hydrolasen
  500 Transferasen
  600 Oxidoreduktasen
  250 Lyasen
  100 Isomerasen
  100 Ligasen.

In der Lebensmitteltechnologie werden davon bisher insgesamt 16 Enzyme eingesetzt, nämlich 12 Hydrolasen, 2 Oxidoreduktasen und 2 Isomerasen.

Lyasen, Ligasen und Transferasen warten noch auf eine technische Anwendung.

Zur Gruppe der Hydrolasen gehören Verdauungsenzyme, die Proteine spalten, nämlich die Proteasen, die fettspaltenden Lipasen und die Kohlehydrate abbauenden Carbohydrasen.

Die Bildung des Käsearomas geschieht z. B. mikrobiell primär durch Proteolyse und Lipolyse, daran schließen sich weitere enzymatische Reaktionen an. Auch die Reifung von Fleisch, z. B. von Steaks, erfolgt unter proteolytischem Abbau, allerdings nicht durch mikrobielle, sondern durch zelleigene Enzyme. Ähnliche Vorgänge laufen bei der Reifung von Matjes ab; hier liefern die enzymreichen Pylorusdrüsen des Matjes die Proteasen. Interessant ist auch der Einsatz des Enzyms Lactase, das aus der Lactose der Milch, einem nur mäßig süßen Disaccharid, die ungleich süßere Mischung von Galactose und Glucose erzeugt.

Bei der Herstellung von Hefe-Autolysaten, die als Würzmittel beliebt sind, läßt man abgetötete Hefezellen durch zelleigene Proteasen und Nucleasen zu den geschmacksaktiven Aminosäuren und Nucleotiden abbauen (41.5, 139, 140).

Die alkoholische Gärung wird durch Fermentsysteme der Hefe katalysiert, wobei auch z. B. die Aromastoffe des Weines entstehen. Biochemisch subtiler ist die Bierherstellung. Da die Hefezellen nur den Zucker, nicht aber die hochmolekulare Stärke vergären können, hilft man sich mit einem Umweg: Man läßt zunächst Gerste keimen; dabei entsteht das Enzym Diastase — eine Carbohydrase —, das die Stärke zu vergärbarem Zucker abbaut, der dann der alkoholischen Gärung unterworfen wird. Durch milde thermische Behandlung, das Rösten, entsteht Malz, das einen Teil der Aromastoffe von Bier liefert. Man kann mit der gekeimten und gerösteten Gerste, dem Malz, aufgrund ihres Gehaltes an Diastase auch die Stärke anderer Pflanzen, z. B. von Kartoffeln, abbauen und diese dann auch vergären. Wie im Falle von Malz erfolgt öfters nach einer ersten fermentativen Phase noch eine thermische Reaktion: Kaffee, Kakao, Tee, Tabak werden so, oft noch in den Erzeugerländern, fermentiert, um später einer Röstung unterzogen zu werden.

Bei der Fermentation von Kakao entstehen dabei aus den α-Aminosäuren mit Hilfe von Transferasen durch Transaminierung die entsprechenden α-Ketosäuren, die im Aroma eine Rolle spielen.

Was die dritte Gruppe der Enzyme betrifft, die Oxidoreduktasen, so seien als Beispiele die fermentative Oxidation von Ethanol zu Essigsäure oder die enzymatische Bräunung von Obst an Schnittflächen durch Polyphenoloxidasen erwähnt, die ebenfalls den Geschmack modifizieren. Polyphenoloxidasen spielen auch eine wichtige Rolle bei der Fermentierung von Kakao, wobei adstringierende Polyphenole weitgehend, aber nicht völlig abgebaut werden. Nur am Rande sei erwähnt, daß wichtige Aromabestandteile des Apfels durch enzymatische Oxidation aus ungesättigten Fettsäuren entstehen. Insgesamt gesehen, spielen bei der menschlich gesteuerten Anwendung von Enzymen zur Aromabildung die Hydrolasen wohl die wichtigste Rolle. Auf Isomerasen, Lyasen und Ligasen wollen wir hier nicht näher eingehen.

Dieses Kapitel soll nicht abgeschlossen werden, ohne an die gewaltigen Fortschritte zu erinnern, die die Aufklärung der Aminosäuresequenzen, Strukturen und Wirkungsmechanismen von Enzymen in den letzten Jahren gebracht hat. Dem steht gegenüber ein starkes Anwachsen der industriellen Enzymproduktion. Die Möglichkeiten für den Einsatz in der Lebensmittelindustrie und für die Aromaherstellung scheinen indes noch nicht voll genutzt.

1.6 Aromabildung durch thermische Prozesse

Wir unterscheiden zunächst zwischen Aromabildung beim Kochen von derjenigen beim Rösten und Braten. Daran schließt sich dann in der Temperaturskala die Bildung von Räucheraromen an, auf die die Bildung der Tabakaromastoffe in einer Glimmzone folgt. Da wir uns hier auf Lebensmittelaromen beschränken wollen, können wir Weihrauch, Räucherstäbchen etc. vernachlässigen.

Beim Kochen von Lebensmitteln werden primär Proteine unlöslich (der Ausdruck ,,hitzedenaturiert" wurde bewußt vermieden), Stärke und Cellulose werden aufgelockert, und Fett bleibt unverändert. Es handelt sich also insgesamt im wesentlichen um Veränderungen der Konsistenz. Darüberhinaus werden vorhandene Aromastoffe vermischt und teilweise in einer Art Wasserdampfdestillation aus dem Reaktionsgemisch entfernt, wodurch also primär ein Aromaverlust eintritt. Im Gegensatz dazu bildet sich im Falle von Spargel durch das Kochen aus dem Aromavorläufer S-Methylmethionin die Schlüsselsubstanz des Spargelaromas, nämlich Dimethylsulfid (119, 263, 24).

Durch Umsetzungen zwischen Zuckern und Proteinen/Aminosäuren entstehen zwischen 100 °C und ~200 °C durch Rösten, Braten und Backen in einer *Maillard*-Reaktion die für Produkte wie Bratfleisch, Gebäck, Kaffee und Kakao (88) typischen Aromastoffe (136, 137, 256). An flüchtigen Verbindungen entstehen vorwiegend Aldehyde und Pyrazine, während die nicht-flüchtigen, meist braunen Produkte (daher auch die Bezeichnung nicht-enzymatische Bräunung für diese Reaktion), entscheidend zum Geschmack beitragen (30.9).

Bei der Bereitung von Räucheraromen für z. B. Lachs, Aal und Schinken entsteht aus dem Syringin des Lignins des Holzes als Schlüsselverbindung des Räucherrauches Syringol, 2,6-Dimethoxyphenol.

Noch komplizierter sind die Vorgänge in der Glimmzone von Tabakwaren, wobei sich Verbrennung, Pyrolyse und Abtransport im Gasstrom, teilweise unter einer Art Wasserdampfdestillation, überlagern.

1.7 Aromabildung durch autoxidative Prozesse

Fette, insbesondere solche mit ungesättigten Fettsäuren, nehmen gern Sauerstoff auf (Autoxidation), wobei sich primär Hydroperoxide bilden. Diese zerfallen unter Bildung teilweise ungesättigter Aldehyde, das Fett wird ranzig. Bei diesem unerwünschten Vorgang entsteht ein Off-Flavour, und man ist normalerweise bestrebt, diese Autoxidation möglichst zurückzudrängen, sei es durch Verwendung von Antioxidantien, durch Ausschluß von Sauerstoff oder durch Lagern bei möglichst tiefen Temperaturen (s. auch Kap. 7).

Andererseits spielen diese Aldehyde in geringeren Konzentrationen eine wichtige Rolle beim „normalen" Fettaroma und beim Aroma von fetthaltigen Früchten wie z. B. von Nüssen und Mandeln.

2. Lebensmittelaromen aus den Lebensmittel-Hauptbestandteilen

2.1 Lebensmittelaromen aus Kohlenhydraten

Wenn man die für den Menschen unverdauliche Cellulose einmal außer Betracht läßt, stellt Stärke mengenmäßig das Hauptprodukt der durch die pflanzliche Photosynthese entstehenden Polysaccharide dar. Stärke hat praktisch keinen Eigengeschmack und begegnet uns nur im Konsistenzsockel des Aromagramms. Der „übliche" süße Geschmack der Saccharide ist auf die niedermolekularen Glieder beschränkt und tritt nur bei Mono- bis Tetrasacchariden auf. In Aromen von Lebensmitteln sind indes nur Mono- und Disaccharide von Bedeutung.

2.1.1 Zucker

Wichtig für den Geschmack von Lebensmitteln, insbesondere von Früchten, sind von den Monosacchariden vor allem die Hexosen Glucose (= Traubenzucker, Dextrose) und Fructose (= Laevulose, veralteter Ausdruck). An wichtigen Disacchariden seien genannt die Saccharose (Synonyme: Rohrzucker oder Sucrose), aufgebaut aus Glucose und Fructose, sowie die Lactose (Milchzucker), bestehend aus je einem Molekül Glucose und Galactose.

Die Zucker weisen eine unterschiedliche Süßkraft auf. Setzen wir die Süßkraft von Saccharose = 100, so ergeben sich die in Tab. 1 dargestellten Relationen.

Tab. 1 Relative Süßkraft verschiedener Zucker

Zucker	rel. Süßkraft
Saccharose	100
Fructose	90
Glucose	74
Galactose	32
Lactose	16
Xylose	50
Xylit	100

Wie man sieht, würde z. B. die durch enzymatische Spaltung von Saccharose entstehende Mischung von Glucose und Fructose weniger süß sein als das Ausgangsmaterial. Hingegen sind die bei der schon weiter oben angesprochenen enzymatischen Hydrolyse von Lactose sich bildenden Zucker

Glucose und Galactose süßer als das Ausgangsprodukt Lactose. Industriell wird von dieser Möglichkeit Gebrauch gemacht, ebenso von der Hydrierung der Pentose Xylose, die reichlich als Nebenprodukt der Holzverzuckerung anfällt, zu dem Zuckeralkohol Xylit, der, etwa gleich süß wie Saccharose, ein guter Diabetiker-Süßstoff ist. Monosaccharide sind aber noch zu weiteren, Aromastoffe liefernden Reaktionen befähigt.

2.1.1.1 Säuren aus Zuckern

Aus Zuckern können über das Zwischenprodukt Brenztraubensäure die für Lebensmittel entscheidenden Fruchtsäuren (253, 254), Citronensäure, Bernsteinsäure, Äpfelsäure, Weinsäure, und die Ketosäuren α-Ketoglutarsäure und Oxalessigsäure sowie die Hydroxysäure Milchsäure entstehen.

2.1.1.1.1 „Fruchtsäuren"

Citronensäure, Äpfelsäure, Weinsäure und Bernsteinsäure bezeichnet man aufgrund ihres Vorkommens in Früchten als Fruchtsäuren. Sie bestimmen zusammen mit Zuckern den süß-sauren Grundgeschmack, der für Früchte charakteristisch ist. Man hat (141) diesen Dicarbonsäuren aufgrund ihrer Struktur eine aromaintensivierende Wirkung zugeschrieben, die man vom Typ her mit der Glutamat-Wirkung vergleichen kann, wenn auch nicht deren Intensität erreicht wird. Citronensäure und Äpfelsäure in wechselnden Proportionen stellen den Hauptanteil des Sauren in Früchten.

Die Tricarbonsäure *Citronensäure*

$$\begin{array}{c} CH_2-COOH \\ | \\ HO-C-COOH \\ | \\ CH_2-COOH \end{array}$$

gehört zu den am weitesten verbreiteten Pflanzensäuren (253, 254). Sie kommt nicht nur in Zitronen, sondern auch in vielen anderen Früchten wie Johannisbeeren und Preiselbeeren vor. Außerdem ist sie im tierischen und menschlichen Organismus vorhanden.

Die *Bernsteinsäure*

$$\begin{array}{c} COOH \\ | \\ CH_2 \\ | \\ CH_2 \\ | \\ COOH \end{array}$$

kommt ebenfalls in vielen Früchten vor. Sie kann vorteilhaft eingesetzt werden, um in Lebensmitteln den pH-Wert zu senken.

Auch die *Äpfelsäure*, Monohydroxybernsteinsäure, und die *Weinsäure*, Dihydroxybernsteinsäure, findet man in vielen Früchten. Beide Säuren sind auch von großer geschichtlicher Bedeutung für die theoretische organische Chemie, weil an diesen Säuren, insbesondere der Weinsäure, die optische Isomerie entdeckt wurde. Weinsäure ist darüber hinaus historisch interessant als praktisch erste industriell aus dem Weinstein alter Weinfässer gewonnene Fruchtsäure.

Die beiden α-Ketodicarbonsäuren *α-Ketoglutarsäure* und *Oxalessigsäure* kommen ebenfalls in vielen Früchten vor. Sie werden im Zusammenhang mit den aus α-Aminosäuren durch Transaminierung entstehenden α-Ketosäuren weiter unten (Kap. 2.2.1.1.2) detailliert besprochen.

2.1.1.1.2 Milchsäure

Aus Lactose entsteht mikrobiell durch Hydrierung der Brenztraubensäure die Milchsäure, das saure Prinzip aller Milchprodukte. Sie kann z. B. in Käsen bis 2% ihres Gewichtes ausmachen. Milchsäure besitzt ein asymmetrisches C-Atom und hat damit die Möglichkeit zur optischen Isomerie, die in diesem Falle auch von Einfluß auf das Aroma ist.

$$CH_3 - \overset{H}{\underset{OH}{C^x}} - COOH$$

Während nämlich die im tierischen Gewebe vorkommende Milchsäure (älterer Ausdruck ,,Fleischmilchsäure'') rechtsdrehend ist, aber zur L-Serie gehört, also L(+), ist die Gärungsmilchsäure ein Gemisch von L(+)- und D(-)-Isomeren, wobei das Verhältnis der Isomeren stark zugunsten von L(+) liegen muß, da sonst unangenehme, leicht adstringierende Off-Flavours auftreten (41.26, 142).

2.1.1.1.3 Weitere aus Brenztraubensäure entstehende Verbindungen

Aus Brenztraubensäure $CH_3 - CO - COOH$ kann nicht nur Milchsäure entstehen; ein anderer Weg führt zur Propionsäure, die wichtig für das Aroma von Emmentaler-Käse ist.

Streptococcus diacetilactis, ein in Milchkulturen vorkommender Mikroorganismus, ist imstande, 2 Moleküle Brenztraubensäure zu Diacetyl, der Schlüsselsubstanz des Butteraromas, zu kondensieren.

$$2\ CH_3-\underset{O}{\underset{\|}{C}}-COOH \rightarrow CH_3-\underset{O}{\underset{\|}{C}}-\underset{O}{\underset{\|}{C}}-CH_3$$

Hefen überführen Brenztraubensäure in Ethanol, *Lactobacillus bulgaricus* macht aus Brenztraubensäure Acetaldehyd, eine der Schlüsselsubstanzen von Yoghurt-Aroma.

2.1.2 Reaktionen zwischen Kohlenhydraten/Zuckern und Proteinen/Aminosäuren

Diese Reaktionen vom *Maillard*-Typ, die zu Röstaromen und durch *Strecker*-Abbau zu Aldehyden und zu Pyrazinen führen, werden nach dem Kapitel über Proteine und ihre aromawirksamen Umwandlungsprodukte besprochen.

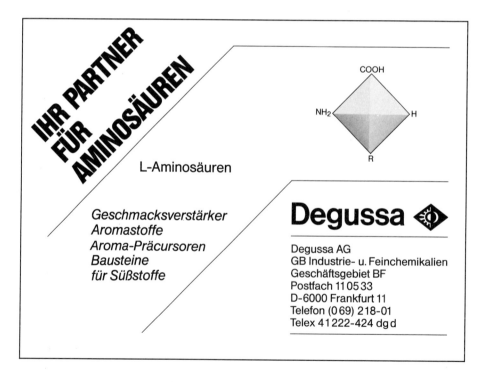

2.2 Lebensmittelaromen aus Proteinen

Während ernährungsphysiologisch Kohlenhydrate und Fette in der Nahrung sich gegenseitig ersetzen lassen, kommt den Proteinen eine besondere Bedeutung zu. Sie enthalten gewisse Aminosäuren, die der menschliche Körper nicht synthetisieren kann, die essentiellen Aminosäuren, insbesondere solche mit Verzweigungen in der Kohlenstoffkette, wie z. B. Valin und Leucin, oder mit aromatischen Ringen, wie z. B. Phenylalanin und Tyrosin. Im Gegensatz zu Kohlenhydraten und Fetten, die man eher als Reserven von Pflanzen oder Tieren betrachten kann, greifen viele Proteine als Enzyme aktiv in die Stoffwechselvorgänge ein. Proteine sind hochmolekulare Verbindungen, deren Aminosäuresequenz, die Primärstruktur, ihr räumliches Verhalten, d. h. die Sekundärstruktur (Helix, Faltblatt), bestimmt. Aus den Kombinationen mehrerer sekundärer Strukturen entstehen die tertiären und quarternären Strukturen von Proteinen, die oft entscheidend für die katalytische Wirkung von entsprechenden Proteinen, nämlich den Enzymen, sind (s. hierzu auch Kap. 1.5).

Proteine weisen — mit Ausnahme von zwei kürzlich gefundenen süßen Proteinen — keinen Geschmack und keinen Geruch auf. Allgemein ist bei reinen hochmolekularen Verbindungen aufgrund ihres niedrigen Dampfdrucks kein Geruch zu erwarten; riechen diese Produkte dennoch, so ist entweder eine partielle Zersetzung oder ein Freiwerden von vorher adsorbierten Geruchsstoffen anzunehmen. Die Adsorption von Geruchsstoffen an hochmolekulare Verbindungen, insbesondere an Stärke und Proteine, ist neben dem Verteilungskoeffizienten zwischen Fett- und Wasserphase sehr wichtig für die Aromabeständigkeit und wird uns später noch weiter beschäftigen.

Im Gegensatz zu ihrer zu vernachlässigenden Aromawirksamkeit tragen Proteine oft entscheidend zur Rheologie eines Lebensmittels bei und sind deshalb im Konsistenzsockel des Aromagramms aufgeführt.

Die vorwiegend auf enzymatischem Wege aus den Proteinen entstehenden Peptide sowie deren Abbauprodukte, die l-Aminosäuren und deren diverse Folgeprodukte, haben indes einen starken Einfluß auf das Aroma eines Lebensmittels. Dasselbe gilt für die durch Umsetzung zwischen Zuckern und Proteinen/Aminosäuren durch Rösten, Braten oder Backen entstehenden *Maillard*-Produkte, Pyrazine und Aldehyde aus dem Abbau nach *Strecker* (Näheres über *Maillard*-Reaktionen bzw. -Produkte s. Kap. 2.2.1.3).

2.2.1 Peptide, insbesondere bittere Peptide

Peptide spielen eine entscheidende Rolle bei der Reifung von Käse und für den dabei entstehenden Geschmack. Mittels Polyacrylamidgel-Elektrophorese kann man die sich dabei bildenden Peptide sichtbar machen. Man kann so einerseits die Peptidmuster verschiedener Käse verfolgen, wie Abb. 3 zeigt (268),

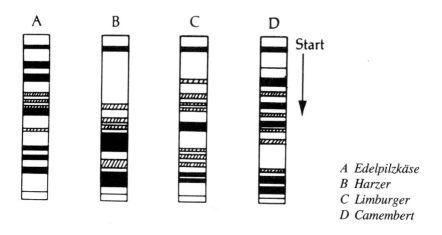

A Edelpilzkäse
B Harzer
C Limburger
D Camembert

Abb. 3 Peptidmuster verschiedener Käse

andererseits läßt sich auch bei einem definierten Käse-Typ die Reifung anhand der Peptidmuster bei konstanter Temperatur als Funktion der Zeit oder bei konstanter Zeit als Funktion der Temperatur verfolgen. Nun ist bekannt, daß im Verlauf der Käsereifung öfters Bitterkeit auftritt (255). Die mittels Polyacrylamidgel-Elektrophorese getrennten Peptide sind allerdings nicht einer unmittelbaren organoleptischen Untersuchung zugänglich. Dazu bedarf es säulenchromatografischer Trennungen, meist zunächst über Sephadex, anschließend über Diethylaminoethyl(=DEAE)-Sephadex, dann einer weiteren Feinreinigung über Kunstharzaustauscher. Nach Prüfung der getrennten Peptide mittels Polyacrylamidgel-Elektrophorese auf Einheitlichkeit können Geschmack und Aminosäuresequenz der Peptide bestimmt werden. Man kann nun in eine Sequenz z.B. einer wichtigen Proteinkomponente, nämlich dem α_{S1}-Casein, die bisher isolierten bitteren Peptide eintragen und erhält Abb. 4 (41.26). Die Namen der Wissenschaftler, die über die Isolierungen berichteten, sind bei den einzelnen Peptiden aufgeführt; auf

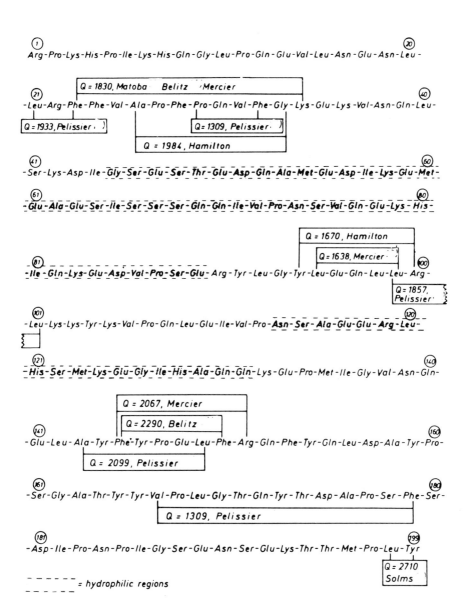

Abb. 4 Bittere Peptide aus α_{S1}-Casein

die Bedeutung der Q-Werte wird gleich näher eingegangen. Schon ein erster Blick auf Abb. 4 zeigt, daß die bitteren Peptide aus den hydrophoben Regionen des α_{S1}-Caseins stammen. Dazu ist folgendes zu sagen: Man nimmt heute allgemein an, daß hydrophobe Wechselwirkungen wichtig für die Proteinstrukturen sind. Das bedeutet, daß die hydrophoben Seitenketten von verzweigten oder aromatischen Aminosäuren durch Scharen von Wassermolekülen (Cluster) zusammengepreßt werden und so zur Helixbildung beitragen. Mit Hilfe der Festphasen-Methode nach *Merrifield* (Chemie-Nobelpreis des Jahres 1984 [273]) wurde in unserem Laboratorium eine Reihe von Peptiden als Modelle für die bei der Käsereifung auftretenden Substanzen synthetisiert (274). Anhand dieser Peptide wurde gefunden, daß deren Bitterkeit in einer Beziehung zu den hydrophoben Aminosäuren steht, es fehlte aber noch eine quantitative Beziehung.

Aus Veröffentlichungen war bekannt, daß die freie Energie ΔF für den Übergang eines Proteins aus der Helix- in die Knäuelform sich zusammensetzt aus der Summe der freien Energien Δf der Aminosäureseitenketten:

$$\Delta F = \Sigma \ \Delta f$$

Die Δ f-Werte (aus Löslichkeitsdaten) stellen ein Maß für das hydrophobe Verhalten der Aminosäurereste dar. Tab. 2 gibt die Δ f-Werte der verschiedenen Aminosäurereste an, wobei die Methylgruppe des Glycins = 0 gesetzt wird.

Durch Summation der Δ f-Werte der Aminosäuren eines Peptids und Division dieser Summe durch die Anzahl der Aminosäuren erhält man einen Wert Q, der ein Maß für den hydrophoben Charakter eines Peptids darstellt.

$$Q = \frac{\Sigma \ \Delta f}{n}$$

Aus dem Vergleich dieser Maßzahl aller aus der Literatur und aus eigenen Arbeiten bekannten bitteren Peptiden, etwa 120 synthetisierten und etwa 60 vorwiegend aus enzymatischen Proteinhydrolysaten isolierten, konnten die folgenden Schlüsse gezogen werden (30.6, 41.26, 132,133, 267): Ein aus den natürlichen 1-Aminosäuren aufgebautes Peptid schmeckt bitter, wenn sein Q-Wert über 1350 liegt und sein Molekulargewicht unter 6000 Dalton bleibt (Dalton ist die Einheit des Molekular-/Atomgewichts; 1 Dalton entspricht dem Atomgewicht des Wasserstoffs). Alle bitteren Peptide aus

α_{S1}-Casein der Abb. 3 passen in diese Regel. In Tab. 3 ist die Berechnung von Q-Wert und Molekulargewicht anhand des aus Käse isolierten Peptids Phenylalanyl-Tyrosyl-Prolyl-Glutaminyl-Leucyl-Phenylalanin vorgeführt.

Tab. 2 Δ f-Werte der Seitenketten der Aminosäuren

Aminosäure	Δ f-Wert (cal/mol)
Glycin (Gly)	0
Serin (Ser)	40
Threonin (Thr)	440
Histidin (His)	500
Asparaginsäure (Asp)	540
Glutaminsäure (Glu)	550
Arginin (Arg)	730
Alanin (Ala)	730
Methionin (Met)	1300
Lysin (Lys)	1500
Valin (Val)	1690
Leucin (Leu)	2420
Prolin (Pro)	2620
Phenylalanin (Phe)	2650
Tyrosin (Tyr)	2870
Isoleucin (Ile)	2970
Tryptophan (Try)	3000

Tab. 3 Berechnung von Q-Wert und Molekulargewicht des bitteren Peptids Phe-Tyr-Pro-Glu-Leu-Phe

Aminosäure	Δf	Molekulargewicht (Dalton)
Phe	2 650	165,19
Tyr	2 870	181,19
Pro	2 620	115,13
Glu	550	147,14
Leu	2 420	131,17
Phe	2 650	165,19
$\sum \Delta f =$	13 760	905,01 ($-5 \times H_2O = 90$)
$Q = \frac{\sum \Delta f}{n} =$ (n = 6)	2 293	815

Das Molekulargewicht liegt mit 815 unter 6000 Dalton und der Q-Wert mit 2293 über 1350; das Peptid ist dementsprechend bitter. In Tab. 4 ist am Beispiel des stufenweisen Aufbaus eines Heptapeptids, wobei nach jedem Syntheseschritt aus einem Teil des Versuchsansatzes das Peptid isoliert und sensorisch geprüft wurde, gezeigt, daß der Q-Wert der Di-,Tri- und Tetrapeptide unter 1350 liegt und daß diese nicht bitter sind.

Tab. 4 Synthese des Heptapeptids Glu-Asp-Ile-Ala-Met-Glu-Lys

Peptid	bitter	nicht bitter	Q
Glu-Lys		X	1025
Met-Glu-Lys		X	1116
Ala-Met-Glu-Lys		X	1020
Ile-Ala-Met-Glu-Lys	X		1410
Asp-Ile-Ala-Met-Glu-Lys		X	1265
Glu-Asp-Ile-Ala-Met-Glu-Lys		X	1163

Erst das stark hydrophobe Isoleucin mit seinem hohen Δf-Wert von 2970 erhöht bei seinem Einbau den Q-Wert des Pentapeptids auf 1410; entsprechend ist dieses Pentapeptid bitter. Fügt man im nächsten Syntheseschritt Asparaginsäure mit dem niederen Δf-Wert von 540 zu, so ist das erhaltene Hexapeptid mit Q = 1265 nicht bitter, und auch das Heptapeptid, das man durch Anbau von Glutaminsäure, $\Delta f = 550$, erhält, ist nicht bitter. Das Molekulargewicht bleibt, selbst beim Heptapeptid, weit unter 6000 Dalton. Interessant ist auch ein Vergleich der verschiedenen Proteine, aus denen man, meist durch enzymatische Hydrolyse, bittere Peptide isoliert hat oder nicht. Tab. 5 unterrichtet über die Resultate (267, 265, 30.6).

Tab. 5 Q-Werte von Proteinen und bittere Hydrolysate

Protein	Q	bittere Peptide bekannt?
Kollagen	1280	nein
Gelatine	1260	nein
Muskelfleisch (Rind)	1300	nein
Weizengluten	1420	ja
Zein (Maisprotein)	1480	ja
Sojaprotein	1540	ja
Kartoffelprotein	1567	ja
Casein	1600	ja

Alle diese Proteine haben Molekulargewichte von über 6000 Dalton, weisen also allgemein keinen bitteren Geschmack auf, gleichgültig wie hoch ihr Q-Wert ist. Bei Proteinen mit Q-Werten über 1350 besteht aber die Gefahr, daß sie beim Abbau bittere Peptide liefern, wenn deren Molekulargewicht unter 6000 Dalton sinkt. Durch Arbeiten in einem Membranreaktor, dessen Membranen eine Ausschlußgrenze von 6000 Dalton aufweisen oder durch andere geeignete Maßnahmen (133, 265, 267), die eine tiefergehende Proteolyse inhibieren, kann man auch aus ,,hydrophoben" Proteinen nichtbittere Hydrolysate erhalten. In Lehrbüchern wird oft die Grenze zwischen Polypeptiden und Proteinen bei etwa 60 Aminosäureresten gezogen; das entspricht größenordnungsmäßig 6000 Dalton. Nur der Vollständigkeit halber sei erwähnt, daß man Peptide mit bis zu 12 Aminosäureresten als Oligopeptide bezeichnet.

Man kann also die Bestimmung der Bitterkeit von Peptiden aus den natürlichen 1-Aminosäuren in 4 Formeln zusammenfassen:

1. $Q = \dfrac{\sum \Delta f}{n}$
2. wenn $Q \leq 1350$ → keine bitteren Peptide bei allen Molekulargewichten
3. wenn $Q > 1350$ → bittere Peptide, wenn das Molekulargewicht MW ≤ 6000 Dalton
4. wenn $Q > 1350$ → keine bitteren Peptide, wenn das Molekulargewicht MW > 6000 Dalton.

Es wurde kürzlich (133) auf dieser Basis ein Computerprogramm entwickelt, in das man nur die Aminosäurezusammensetzung eingibt, um dann die Antwort ,,bitter", ,,nicht-bitter" oder ,,nicht bitter, aber Gefahr der Bitterkeit bei weiterer Hydrolyse" zu erhalten. Ein breit angelegter Review-Artikel von dritter Seite bestätigte dieses Q-Konzept (154). Auch gelang es in Weiterführung dieses Ansatzes die Schwellwerte von bitteren Peptiden zumindest halbquantitativ vorherzuberechnen (30.4).

Enthalten Peptide eine größere Anzahl von Glutamyl-oder Aspartylresten, so wirken sie geschmacksintensivierend, Umami, wie die zugrundeliegenden Aminosäuren Glutaminsäure und Asparaginsäure. Offensichtlich ist hierfür die Häufung negativer Ladungen in einer gewissen Distanz entscheidend (30.6, 141) (s. auch Kap. 6).

Süß schmeckt das synthetische Peptidderivat Aspartylphenylalanylmethylester, Handelsname Aspartam, das sich für Diabetiker- oder kalorienreduzierte Diäten durchzusetzen scheint.

Manche Peptide weisen einen salzigen Geschmack auf. Man denkt daher an eine Verwendung als Kochsalzersatz für Hypertoniker (131).

Kürzlich wurde auch der adstringierende Geschmack von Peptiden beschrieben (143).

Saurer Geschmack tritt über den als Umami-Wirkung von Peptiden beschriebenen Effekt hinaus auf, wenn das Peptid zu wenig basische Gruppen aufweist.

Peptide mit den Geschmacksqualitäten ,,brennend'' und ,,kühl'' wurden offensichtlich bisher nicht beschrieben.

2.2.1.1 α-Aminosäuren

Wie schon erwähnt, erfolgt die Trennung der α-Aminosäuren, der Folgeprodukte des hydrolytischen Abbaus der Peptide, nach der standardisierten Ionenaustauschchromatografie von *Moore* und *Stein*. Abb. 5 stellt ein typisches *Moore* und *Stein*-Chromatogramm dar.

Abb. 6, das Foto einer Rundfilter-Papierchromatografie von α-Aminosäuren zeigt, daß es qualitativ auch einfacher geht.

Was nun den Geschmack der natürlichen α-1-Aminosäuren angeht, so kann zur Unterscheidung bitter — nicht bitter die Q-Regel angewandt werden (n = 1). Die Tab. 6 unterrichtet über die Resultate (132).

Tab. 6 Bitterer — nicht bitterer Geschmack von α-Aminosäuren

α-1-Aminosäure	bitter	nicht bitter	Q
Glycin		X	0
Serin		X	40
Threonin		X	440
Histidin		X	500
Asparaginsäure		X	540
Glutaminsäure		X	550
Arginin		X	730
Alanin		X	730
Methionin		X	1300
Lysin	X		1500
Valin	X		1690
Leucin	X		2420
Prolin	X		2620
Phenylalanin	X		2650
Tyrosin	X		2870
Isoleucin	X		2970
Tryptophan	X		3000

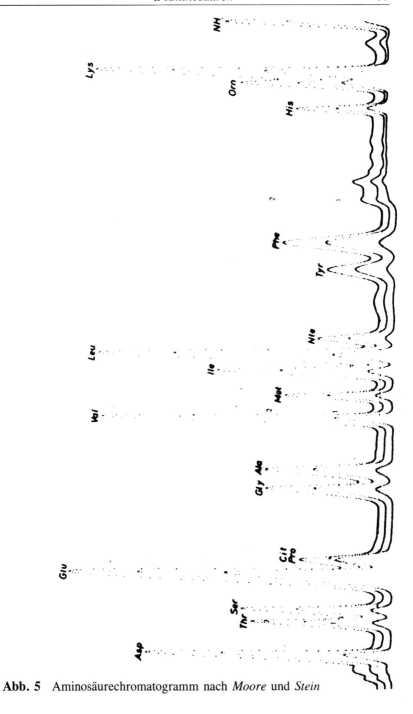

Abb. 5 Aminosäurechromatogramm nach *Moore* und *Stein*

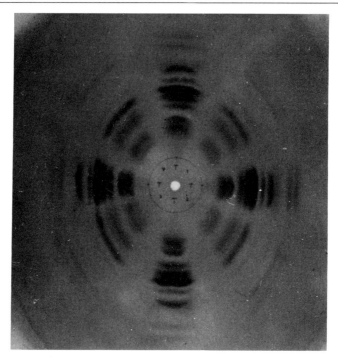

Abb. 6 Rundfilter-Papierchromatogramm von α-Aminosäuren

Darüber hinaus ist noch zu erwähnen, daß Glycin, Serin, Threonin und Alanin süß, Prolin süß-bitter und Lysin nur schwach bitter schmecken und daß Asparaginsäure und Glutaminsäure die als Umami bekannte Geschmacksintensivierung aufweisen (141).

Die nicht natürlich vorkommenden d-Formen der in ihrer 1-Form bitteren Aminosäuren Leucin, Phenylalanin, Tryptophan und Tyrosin schmecken süß (124). Auf den Geschmack von Aminosäuren wurde hier detaillierter eingegangen, weil die Aminosäuren einen ganz entscheidenden Faktor in Lebensmittelaromen darstellen, auch über Glutamat hinaus. So erhielt man z.b. volle Käsearomen erst durch die Kombination der flüchtigen Cocktails mit geschmackgebenden Mischungen von Aminosäuren, insbesondere von Glutaminsäure, Lysin, Methionin und Glycin (190). Diese 1-Aminosäuren sind in Lebensmittelqualität zu akzeptablen Preisen erhältlich und stellen durchaus eine Konkurrenz zu Proteinhydrolysaten, den klassischen Aromaverstärkern, dar (s. hierzu Kap. 6).

Wichtig sind reine Aminosäuren auch als Reaktionspartner für Zucker zur Herstellung von Röstaromen; doch auch dieser Punkt soll detailliert später behandelt werden.

2.2.1.1.1 Amine aus α-Aminosäuren

Aus Aminosäuren entstehen durch Decarboxylierung primäre Amine (41.26)

$$R-\underset{\underset{NH_2}{|}}{\overset{\overset{H}{|}}{C}}-COOH \rightarrow R-CH_2-NH_2$$

Ihre analytische Erfassung erfolgt gaschromatografisch problemlos auf den üblichen Säulen nach Überführung in die Trifluoracetamide durch Umsetzung mit Trifluoressigsäureanhydrid.

$$2R-NH_2 + (F_3C-\underset{O}{\overset{\|}{C}})_2O \rightarrow 2F_3C-\underset{O}{\overset{\|}{C}}-NHR$$

Eine weitere Absicherung ermöglicht die Dünnschichtchromatografie der durch Umsetzung mit 4-Dimethylamino-3,5-dinitrobenzoylchlorid in einer *Schotten-Baumann*-Reaktion erhaltenen 4-Dimethylamino-3,5-Dinitrobenzoylamide (41.26, 129).

$$R-NH_2 + \begin{array}{c}CH_3\\CH_3\end{array}N-\underset{O_2N}{\overset{O_2N}{\bigcirc}}-\underset{O}{\overset{\|}{C}}-Cl \longrightarrow \begin{array}{c}CH_3\\CH_3\end{array}N-\underset{O_2N}{\overset{O_2N}{\bigcirc}}-\underset{O}{\overset{\|}{C}}-NHR$$

Von der Verwendung anderer Derivate für die Dünnschichtchromatografie ist z.B. von den 2,5-Dinitrobenzoylamiden wegen der erforderlichen Anwendung von 2-Naphtylamin als Sprühreagenz aus gesundheitlichen Gründen abzuraten. 2,4-Dinitroanilide andererseits, die man leicht durch Umsetzung der Amine mit Dinitrofluorbenzol in einer Modifikation der bekannten *Sanger*-Reaktion erhält, sind lichtempfindlich, was die Handhabung erschwert.

Amine spielen eine Rolle vorwiegend im Aroma insbesondere von Käsen (241) und Meerestieren. In Tab. 7 sind als Beispiel die Amine aufgeführt, die in Cheddar-Käse nachgewiesen wurden.

Tab. 7 Amine in Cheddar-Käse

Name	Formel
Tyramin	HO–C$_6$H$_4$–CH$_2$–CH$_2$–NH$_2$
Cadaverin	NH$_2$–(CH$_2$)$_5$–NH$_2$
Putrescin	NH$_2$–(CH$_2$)$_4$–NH$_2$
Propylamin	CH$_3$–CH$_2$–CH$_2$–NH$_2$
Tryptamin	Indol–CH$_2$–CH$_2$–NH$_2$
Methylamin	CH$_3$–NH$_2$
Ethylamin	CH$_3$–CH$_2$–NH$_2$
Isopropylamin	(CH$_3$)$_2$–CH–NH$_2$
Butylamin	CH$_3$–(CH$_2$)$_3$–NH$_2$
Isobutylamin	(CH$_3$)$_2$–CH–CH$_2$–NH$_2$
Amylamin	CH$_3$–(CH$_2$)$_4$–NH$_2$
Isoamylamin	(CH$_3$)$_2$–CH–CH$_2$–CH$_2$–NH$_2$
Dimethylamin	(CH$_3$)$_2$–NH
Diethylamin	(CH$_3$–CH$_2$)$_2$–NH
Dipropylamin	(CH$_3$–CH$_2$–CH$_2$)$_2$–NH
Dibutylamin	(CH$_3$–CH$_2$–CH$_2$–CH$_2$)$_2$–NH
Ethanolamin	OH–CH$_2$–CH$_2$–NH$_2$

Dimethylamin stammt wahrscheinlich aus dem Abbau von Cholin, für die anderen sekundären Amine kann man eine Bildung aus Aldehyden annehmen, wobei in der ersten Stufe eine *Schiffsche* Base entsteht,

$$R-\underset{H}{\underset{|}{\overset{O}{\overset{\|}{C}}}} + NH_3 \rightarrow R-\underset{H}{\underset{|}{\overset{NH}{\overset{\|}{C}}}}$$

die dann entweder zum primären Amin hydriert wird

$$R-\underset{H}{\underset{|}{\overset{NH}{\overset{\|}{C}}}} \rightarrow R-CH_2-NH_2$$

oder mit einem zweiten Aldehyd-Molekül reduktiv nach

$$R_1-\underset{\underset{H}{|}}{\overset{\overset{NH}{\|}}{C}} + R_2-\underset{\underset{H}{|}}{\overset{\overset{O}{\|}}{C}} \rightarrow R_1-CH_2-NH-CH_2-R_2$$

zu einem sekundären Amin reagiert.

Doch zurück zu der Aroma-Wirksamkeit von Aminen. Insgesamt gesehen sind die Geruchseindrücke dieser Verbindungen nicht ausgesprochen angenehm, oft in Richtung Zersetzung, fischartig, aber ihre Rolle in Aromen von Lebensmitteln ist unbestritten (241, 252).

2.2.1.1.2 α-Ketosäuren aus α-Aminosäuren

Eine weitere enzymatische Reaktion, die von α-Aminosäuren ausgeht, ist die Transaminierung zu den entsprechenden α-Ketosäuren

$$R-\underset{\underset{NH_2}{|}}{\overset{\overset{H}{|}}{C}}-COOH \rightarrow R-\overset{\overset{}{\|}}{\underset{\underset{O}{}}{C}}-COOH$$

α-Ketosäuren sind entscheidende Bestandteile vieler Aromen, wie z.B. von Käsearomen oder Kakao-Aroma. Zu ihrem Nachweis bewährt sich die von *A. J. Virtanen* vorgeschlagene Reduktion der aus der Umsetzung der α-Ketosäuren mit 2,4-Dinitrophenylhydrazin erhaltenen 2,4-Dinitrophenylhydrazone zu den entsprechenden α-Aminosäuren, die man dann mittels der Methode von *Moore* und *Stein* erfassen kann.

$$\underset{R}{\underset{|}{\overset{COOH}{\underset{|}{C=O}}}} \xrightarrow{DNPH} \underset{R}{\underset{|}{\overset{COOH}{\underset{|}{C=N-NH-}}}}\!\!\!\left\langle\!\!\!\begin{array}{c}O_2N\\ \\ \end{array}\!\!\!\right\rangle\!\!\!-NO_2 \xrightarrow{H_2} \underset{R}{\underset{|}{\overset{COOH}{\underset{|}{H-C-NH_2}}}}$$

Moore und *Stein*-Chromatografie

↓

Wir wiesen in einigen Käsesorten die α-Ketosäuren in unterschiedlichen Konzentrationen nach. Zum Vorkommen der α-Ketosäuren im Kakao-Aroma sei darauf hingewiesen, daß dieses in zwei Stufen entsteht: Einer Fermentation, noch im Erzeugerland durchgeführt, und einer Röstung, mit der die weitere industrielle Aufarbeitung beginnt. Die α-Ketosäuren stammen dabei aus der ersten Stufe. Tab. 8 enthält als Beispiel die im Kakao nachgewiesenen α-Ketosäuren (144); daneben sind auch die durch Reduktion entstandenen α-Aminosäuren mit aufgeführt.

Tab. 8 α-Ketosäuren im Kakao-Aroma

Nach Umsetzung nachgewiesene α-Aminosäuren	In Kakao-Aroma vorliegende α-Ketosäuren	Formeln der α-Ketosäuren
Arginin	δ-Guanido-α-ketovaleriansäure	$\begin{array}{c}NH\\\parallel\\C-NH_2\\\mid\\NH\\\mid\\CH_2CH_2CH_2-\underset{\underset{O}{\parallel}}{C}-COOH\end{array}$
Asparaginsäure	Oxalessigsäure	$COOH-\underset{\underset{O}{\parallel}}{C}-CH_2-COOH$
Threonin	α-Keto-β-hydroxybuttersäure	$CH_3-\underset{\underset{OH}{\mid}}{CH}-\underset{\underset{O}{\parallel}}{C}-COOH$
Serin	Hydroxybrenztraubensäure	$\underset{\underset{OH}{\mid}}{CH_2}-\underset{\underset{O}{\parallel}}{C}-COOH$
Glutaminsäure	α-Ketoglutarsäure	$COOH-CH_2-CH_2-\underset{\underset{O}{\parallel}}{C}-COOH$
Glycin	Glyoxylsäure	$H-\underset{\underset{O}{\parallel}}{C}-COOH$
Alanin	Brenztraubensäure	$CH_3-\underset{\underset{O}{\parallel}}{C}-COOH$
Valin	α-Ketoisovaleriansäure	$\begin{array}{c}CH_3\\\mid\\CH-\underset{\underset{O}{\parallel}}{C}-COOH\\\mid\\CH_3\end{array}$
Leucin	α-Ketoisocapronsäure	$\begin{array}{c}CH_3\\\mid\\CH-CH_2-\underset{\underset{O}{\parallel}}{C}-COOH\\\mid\\CH_3\end{array}$
Isoleucin	α-Ketoanteisocapronsäure	$CH_3-CH_2-\underset{\underset{CH_3}{\mid}}{CH}-\underset{\underset{O}{\parallel}}{C}-COOH$
Tyrosin	p-Hydroxyphenylbrenztraubensäure	$HO-\langle\bigcirc\rangle-CH_2-\underset{\underset{O}{\parallel}}{C}-COOH$

Fortsetzung Tab. 8

Nach Umsetzung nachgewiesene α-Aminosäuren	In Kakao-Aroma vorliegende α-Ketosäuren	Formeln der α-Ketosäuren
Phenylalanin	Phenylbrenztraubensäure	$\text{C}_6\text{H}_5-\text{CH}_2-\underset{\underset{\text{O}}{\|}}{\text{C}}-\text{COOH}$
Histidin	α-Keto-β-imidazolylpropionsäure	$\underset{\underset{\text{CH}}{\diagdown \text{N} \diagup}}{\underset{\|}{\text{CH}}=\underset{\|}{\text{C}}-\text{CH}_2-\underset{\underset{\text{O}}{\|}}{\text{C}}-\text{COOH}}$ mit NH
Lysin	ε-Amino-α-ketocapronsäure	$\text{H}_2\text{N}-(\text{CH}_2)_4-\underset{\underset{\text{O}}{\|}}{\text{C}}-\text{COOH}$

Wie man sieht, ist der genannte Analysenweg die Umkehrung der biochemischen Bildung der α-Ketosäuren.

Über eine einfache präparative Herstellung von α-Ketosäuren aus den leicht zugänglichen α-Aminosäuren entweder durch enzymatische Reaktion oder durch eine bei erhöhter Temperatur durchgeführte *Van Slyke*-Reaktion mit anschließender Permanganatoxidation der erhaltenen Hydroxysäuren wurde kürzlich berichtet (145).

2.2.1.1.3 Alkohole aus α-Aminosäuren

Eine weitere wichtige aromabildende Reaktion führt von den α-Aminosäuren zu primären Alkoholen

$$R-\underset{\underset{\text{NH}_2}{\|}}{\overset{\overset{\text{H}}{\|}}{\text{C}}}-\text{COOH} \rightarrow R-\text{CH}_2\text{OH} \text{ oder ROH}$$

Bei der alkoholischen Gärung entsteht so aus Leucin der optisch inaktive Gärungsamylalkohol, 2-Methylbutanol-4

$$\text{CH}_3-\underset{\underset{\text{CH}_3}{\|}}{\text{CH}}-\text{CH}_2-\underset{\underset{\text{NH}_2}{\|}}{{}^x\text{CH}}-\text{COOH} \rightarrow \text{CH}_3-\underset{\underset{\text{CH}_3}{\|}}{\text{CH}}-\text{CH}_2-\text{CH}_2\text{OH}$$

und aus Isoleucin der optisch aktive Gärungsamylalkohol, 2-Methylbutanol-1

$$\text{CH}_3-\text{CH}_2-\underset{\underset{\text{CH}_3}{\|}}{{}^x\text{CH}}-\underset{\underset{\text{NH}_2}{\|}}{{}^x\text{CH}}-\text{COOH} \rightarrow \text{CH}_3-\text{CH}_2-\underset{\underset{\text{CH}_3}{\|}}{{}^x\text{CH}}-\text{CH}_2\text{OH}$$

Diese Amylalkohole, reichlich in den Fuselölen enthalten, sind stärker berauschend und giftiger als Ethylalkohol und gehören mit zu den ,,gefährlichen" Komponenten von jungem Wein und Obstweinen, setzen sich im weiteren Verlauf der Reifung mit Säuren zu Estern um, die wesentlich zum Bukett beitragen. Auch aus anderen Aminosäuren entstehen bei der alkoholischen Gärung höhere Alkohole, die aromawirksam sind. So wird z.b. über die Bildung von Tyrosol aus Tyrosin berichtet, das mit der Bitterkeit von Weinen in Zusammenhang stehen soll.

Auch in Käsearomen spielen die aus den Aminosäuren entstehenden Alkohole teilweise eine beachtliche Rolle. Sie sind z.B. Träger des typischen ,,hefigen" Aromas von Italico, einem italienischen Schnittkäse, der bei uns besser unter dem Markennamen ,,Bel Paese" bekannt ist.

Tab. 9 informiert über die Mengen dieser Alkohole, die in verschiedenen Proben von geschmacklich ausgezeichnet beurteiltem Italico nachgewiesen wurden. Zum Vergleich sind die Werte aus jungem Cheddar aufgeführt (41.26).

Tab. 9 Primäre Alkohole in Italico (ppm)

Alkohole	Italico-Probe Nr.			Junger Cheddar
	1	2	3	
1-Propanol	1,4	1,0	1,3	0,4
1-Isobutanol	1,7	3,1	1,3	0,1
1-Butanol	0,7	0,6	0,8	0,3
1-Isopentanol	6,4	12,1	8,2	<0,1
1-Hexanol	1,0	0,7	1,2	<0,1
2-Phenylethanol	1,8	3,3	2,3	<0,1

Interessant sind die im Vergleich zu Cheddar stark erhöhten Werte an Isopentanol und Phenylethanol, die für das Italico-Aroma entscheidend sind.

2.2.1.1.4 Phenole aus α-Aminosäuren

Aus Tyrosin können nach

$$HO-\text{C}_6\text{H}_4-CH_2-CH(NH_2)-COOH \longrightarrow HO-\text{C}_6\text{H}_4-R$$

Phenole entstehen. Zu ihrem Nachweis mittels Gaschromatografie eignen sich hervorragend die durch Umsetzung mit n-Trimethylsilylacetamid erhältlichen Trimethylsilylether.

$$\text{C}_6\text{H}_5\text{-OH} + \text{CH}_3\text{-C}(=\text{O})\text{-NH-Si(CH}_3)_3 \longrightarrow \text{C}_6\text{H}_5\text{-O-Si(CH}_3)_3$$

Tab. 10 unterrichtet als Beispiel über die im Italico nachgewiesenen Phenole (41.26)

Tab. 10 Phenole in Italico

Phenol	ppm
Phenol	0,02 — 0,03
m-Kresol	0,03 — 0,08
p-Kresol	0,10 — 0,18
p-Ethylphenol	0,01 — 0,02

Auch diese Verbindungen tragen zum Italico-Aroma bei. Wesentlich höheren Konzentrationen an Phenol und seinen Derivaten begegnet man bei geräucherten Produkten, wo diese Verbindungen allerdings nicht aus dem fermentativen Abbau von Aminosäuren, sondern aus der Pyrolyse des zum Räuchern verwendeten Holzes stammen.

2.2.1.1.5 Säuren aus α-Aminosäuren

Aus den α-Aminosäuren können nach

$$\text{R-CH(NH}_2\text{)-COOH} \rightarrow \text{R-CH}_2\text{-COOH}$$

oder nach

$$\text{R-CH(NH}_2\text{)-COOH} \rightarrow \text{R-COOH}$$

Säuren entstehen. Diese Reaktion ist z.B. in Käse wichtig, wo sie sich mit der Lipolyse von Triglyceriden überlagert, die auch zu Säuren führt. Aus Aminosäuren allein entstehen aber die kurzkettigen, verzweigten Säuren mit

4—6 C-Atomen, die für Käse-Aromen entscheidend sind. Isosäuren riechen viel intensiver, d.h. sie haben einen viel niedereren Schwellwert als die geradkettigen Verbindungen. Als Beispiel zeigt Abb. 7 das Gaschromatogramm der niederen Fettsäuren aus Edelpilzkäse, einem deutschen Blauschimmelkäse von demselben Typ wie seine international bekannten Verwandten Roquefort, Stilton oder Gorgonzola.

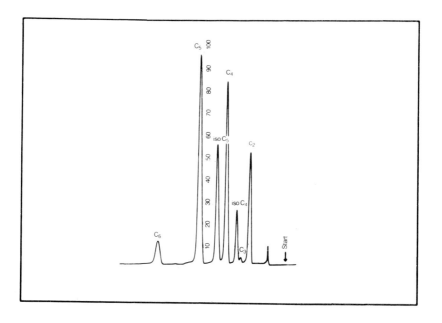

Abb. 7 Gaschromatogramm der niederen Fettsäuren aus Edelpilzkäse (41.26)

Die Isobuttersäure (iso C_4) und die Isovaleriansäure (iso C_5) stammen völlig aus dem Aminosäureabbau, da diese Säuren nicht im Triglyceridverband des Butterfettes vorkommen, also nicht durch Lipolyse entstanden sein können. Insbesondere wirken bei Tilsiter-Käse Isobuttersäure, Isovaleriansäuren und Isocapronsäuren als Schlüsselverbindungen (44).
Die Struktur der Isobuttersäure ist eindeutig. Die verzweigten Valerian- und Capronsäuren können indes als Iso- oder Anteisosäuren vorliegen, wobei im letzteren Fall die Möglichkeit von optischen Isomeren auftaucht. Die Abb. 8 zeigt die Zusammenhänge zwischen Valin, Leucin, Isoleucin und Isobuttersäure sowie den verzweigten Valerian- und Capronsäuren auf.

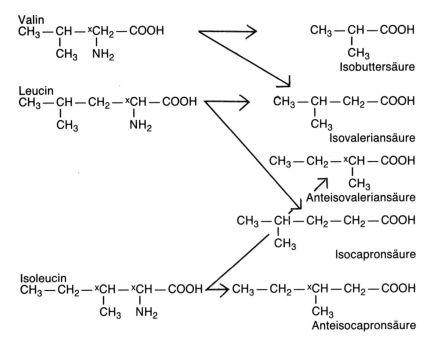

Abb. 8 Tilsiter-Aroma
Zusammenhänge zwischen Valin, Leucin, Isoleucin und Isobuttersäure, Isovaleriansäure, Isocapronsäure, Anteisovaleriansäure, Anteisocapronsäure

Aus Valin entsteht Isobuttersäure, während Isovaleriansäure aus Valin und Leucin entstehen kann. Isoleucin hingegen liefert die Anteisocapronsäure und die Anteisovaleriansäure, und aus Leucin entstehen Isovaleriansäure und Isocapronsäure. Die üblichen Säulen der Gaschromatografie trennen allerdings nicht die Isosäuren von den entsprechenden Anteisosäuren.

2.2.1.1.6 Schwefelwasserstoff aus α-Aminosäuren

H_2S ist das Endglied des Abbaus der schwefelhaltigen Aminosäuren wie Cystein oder Methionin. Allgemein als Gestank von faulen Eiern bekannt, zählt Schwefelwasserstoff nicht gerade zu den beliebten Aromakomponenten, er spielt aber offensichtlich in minimalen Konzentrationen in vielen Aromen von Milch-, Fleisch- und Gemüse-Produkten eine wichtige Rolle. Zur quantitativen Erfassung von H_2S kann die Bildung von Methylenblau (41.26, 263) aus Schwefelwasserstoff und N, N-Dimethylphenylendiammoniumdichlorid herangezogen werden:

$$H_2S \longrightarrow + 2 \underset{NH_2 \cdot HCl}{\underset{|}{\bigcirc}}^{N(CH_3)_2 \cdot HCl} \longrightarrow \left[\underset{N(CH_3)_2 \quad N(CH_3)_2}{\bigcirc \underset{S}{N} \bigcirc} \right]^+ Cl^-$$

N, N-Dimethylphenylendiammoniumdichlorid

Methylenblau

Spektrophotometrie bei 665 nm

Tab. 11 H_2S in Milch und verschiedenen Käsen

Käse/Milch		H_2S/kg [µg/kg]
Cheddarbruch	A	41
Cheddarbruch	B	15
Cheddar	A	20
Cheddar	B	170
Limburger	A	81
Limburger	B	96
Schmelzkäse	A	0
Schmelzkäse	B	0
Milch	pasteurisiert	41
Milch	mikrobiell gesäuert	59

2.2.1.1.7 Dimethylsulfid aus S-Methylmethionin

Während fast alle bisher genannten Reaktionen von Proteinen zu Aminosäuren und deren Folgeprodukten auf enzymatischem Wege erfolgen, werden nun Reaktionen beschrieben, die bei höheren Temperaturen ablaufen, ohne die katalytische Wirkung von Fermenten. Hier bietet sich eine Einteilung nach dem Temperaturbereich der Reaktionen an.

Es ist bekannt, daß Spargel relativ große Mengen einer speziellen Aminosäure, des S-Methylmethionins, enthält.

$$CH_3 - \overset{\overset{\oplus}{\underset{|}{S}}}{\underset{CH_3}{|}} - (CH_2)_2 - \underset{\underset{NH_2}{|}}{CH} - COOH \quad Cl^{\ominus}$$

Beim Kochen von Spargel entsteht daraus Dimethylsulfid, die wesentliche Komponente des Spargelaromas. Wegen der hohen Flüchtigkeit des Dimethylsulfids (Kp 38 °C) wird der Nachweis zweckmäßigerweise mit einer Kombination von Fallen durchgeführt, über die Abb. 9 berichtet (24, 264).

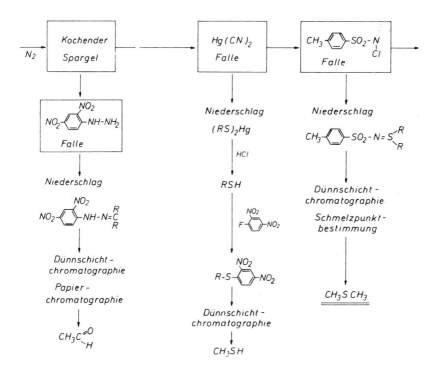

Abb. 9 Fallen-Kombination zur Untersuchung des Spargelaromas

Überraschenderweise zeigte sich, daß Dimethylsulfid in der vergleichsweise hohen Konzentration von 30-50 ppm die Schlüsselverbindung des Spargelaromas ist. Dimethylsulfid ist sonst in Lebensmittelaromen in Konzentrationen um 1 ppm vorhanden, und niemand würde es beim (vorsichtigen) Riechen an einer Flasche mit Dimethylsulfid für möglich halten, die Schlüsselsubstanz des Spargelaromas in Händen zu haben.

2.2.1.1.8 Strecker-Abbau von α-Aminosäuren

Eine für die Aromabildung bei erhöhten Temperaturen, d.h. beim Backen, Braten und Rösten, äußerst bedeutende Reaktion ist die von *A. Strecker* (146) beschriebene Umsetzung von Aminosäuren mit Oxidationsmitteln, hier Zuckern, die nach dem allgemeinen Schema

$$R-\underset{\underset{NH_2}{|}}{\overset{\overset{H}{|}}{C}}-COOH \xrightarrow[\text{Zucker (allgemein: Oxidationsmittel)}]{t\uparrow} R-\overset{\overset{O}{\|}}{C}-H$$

unter Desaminierung und Decarboxylierung von der α-Aminosäure zu dem um 1 C-Atom ärmeren Aldehyd führt.

Um einen Überblick über die dabei entstehenden Aldehyde und ihre Geruchsnoten zu geben, sind in Tab. 12 die Geruchsnoten aufgeführt, die man durch Erhitzen verschiedener Aminosäuren mit Glucose erhält:

Tab. 12 Geruch der Reaktionsprodukte aus α-Aminosäuren und Glucose

Aminosäure	Geruchseindruck
Glycin	Karamellen, Brötchen
Alanin	gekochte Kartoffeln
Valin	Schokolade, Karamellen
Leucin	Schokolade, Kartoffeln
Isoleucin	beißend
Phenylalanin	Honig, Primeln, Phlox, Marzipan
Glutaminsäure	angebrannter Zucker, Kartoffeln
Asparaginsäure	Kartoffeln
Lysin	Karamellen
Methionin	Kohl
Prolin	gebrannte Mandeln, warmer Kuchen, Bratkartoffeln
Tyrosin	schwach Schokolade
Tryptophan	Kartoffeln
Serin	Kartoffeln

Interessant sind diese Befunde als Modell für die beim Röstprozess von Kakao (88), einem 20- bis 50minütigen trocknen Erhitzen auf 110-130 °C der in einer vorhergehenden Stufe fermentierten Kakaobohnen, entstehenden Produkte.

Wir überzeugten uns gaschromatographisch, daß aus den Aminosäuren die um 1 C-Atom ärmeren Aldehyde entstanden waren, nämlich aus

    Valin   → Isobutyraldehyd
    Leucin   → Isovalerialdehyd
    Phenylalanin → Phenylacetaldehyd

Eine Variation der Temperaturen zeigte, daß bei 100 °C nur eine schwache Reaktion eintrat, bei 150 °C war sie optimal. Der Austausch der Glucose durch andere Zucker ergab Ausbeuten in sinkender Reihenfolge:

Fructose > Saccharose > Glucose > Lactose > Mannit > Sorbit.

Ähnliche Reaktionen laufen ab beim Rösten von Kaffee, beim Braten von Fleisch oder beim Backen von Brot und Kuchen.

2.2.1.1.9 Pyrazine

Eine weitere wichtige Verbindungsklasse, die für geröstete, getoastete, gebratene und gebackene Lebensmittel oft die entscheidenden Schlüsselverbindungen stellt, sind die Pyrazine (30.9, 41.4, 147). Sie entstehen aus der Reaktion von Zuckern mit Aminosäuren durch Kondensation intermediär gebildeter Aminoketone nach

$$CH_3-C=O \atop CH_3-CH-NH_2 \quad + \quad H_2N-CH-CH_3 \atop O=C-CH_3 \quad \longrightarrow \quad \text{2,3,5,6-Tetramethylpyrazin}$$

Intensiv erforscht werden Pyrazin und seine Derivate seit etwa Mitte der 60er Jahre, nachdem sich allerdings schon 1928 *T. Reichstein* und *H. Staudinger* im englischen Patent 260 960 die Anwendung von Pyrazin, 2,5-Dimethylpyrazin und 2,6-Dimethylpyrazin als Kaffee-Aromen schützen ließen.

2,6-Dimethylpyrazin wurde nachgewiesen in gebratenem Rindfleisch, getrocknetem Casein, Kakaoprodukten, Kaffee, (muffigem) Trockenmilchpulver, gerösteten Erdnüssen, Kartoffelchips und sprühgetrockneter Molke. Diese Aufzählung ist sicher nicht vollständig, und da andererseits die Schwellwerte der Pyrazine sehr niedrig liegen und sich vom ppm-Bereich bis hinunter zum ppb-Bereich erstrecken (parts per billion, Vorsicht! Amerikanische Billion entspricht „nur" unserer Milliarde, also ppb = mg/1000 kg), ist überall in gerösteten oder gebratenen Lebensmitteln mit einem entscheidenden Einfluß der Pyrazine zu rechnen.

2-Ethyl-3-methylpyrazin

wurde in geröstetem Hafer, gerösteten Erdnüssen, in Kartoffelchips, in Brot und Kaffee nachgewiesen; ferner 2-Acetylpyrazin in Kakaoprodukten, gerösteten Erdnüssen, Popcorn und Kartoffelchips.

Auch in Bier wurden verschiedene Pyrazine nachgewiesen, die hier aus dem gerösteten Malz kommen. Tab. 13 versucht, das scharenweise Auftreten einiger Pyrazine deutlich zu machen, ohne indes Anspruch auf Vollständigkeit zu erheben (147, 41.4).

Tab. 13 Vorkommen einiger Pyrazine in verschiedenen gerösteten Lebensmitteln

Verbindung	Formel	nachgewiesen in gerösteten(m)					
		Hafer-flocken	Kaffee	Kakao	Pop-corn	Kar-toffeln	Rind-fleisch	Erd-nüssen
Pyrazin		X	X		X			
2-Methyl-pyrazin		X	X	X	X		X	X
2,3-Dimethyl-pyrazin		X	X	X	X	X	X	X
2,5-Dimethyl-pyrazin		X	X	X	X	X	X	X
2,6-Dimethyl-pyrazin			X	X		X	X	X

Fortsetzung Tab. 13 Vorkommen einiger Pyrazine in verschiedenen gerösteten Lebensmitteln

Verbindung	Formel	nachgewiesen in gerösteten(m)						
		Hafer-flocken	Kaffee	Kakao	Pop-corn	Kar-toffeln	Rind-fleisch	Erd-nüssen
2,3,5-Tri-methyl-pyrazin			X	X	X	X	X	X
2,3,5,6-Tetramethyl-pyrazin		X	X	X	X	X	X	X
2-Ethyl-pyrazin		X	X	X	X	X	X	X
2-Ethyl-3-methyl-pyrazin		X	X					X

Fortsetzung Tab. 13 Vorkommen einiger Pyrazine in verschiedenen gerösteten Lebensmitteln

Verbindung	Formel	Hafer-flocken	Kaffee	Kakao	Pop-corn	Kar-toffeln	Rind-fleisch	Erd-nüssen
2-Ethyl-5-methyl-pyrazin		X	X	X	X	X	X	X
2-Ethyl-6-methylpyr-azin			X	X	X	X		X
2,5-Diethyl-pyrazin			X	X				X
2,6-Diethyl-pyrazin			X			X		
2,5-Dimethyl-3-ethyl-pyrazin		X	X	X	X	X	X	X

Fortsetzung Tab. 13 Vorkommen einiger Pyrazine in verschiedenen gerösteten Lebensmitteln

Verbindung	Formel	nachgewiesen in gerösteten(m)						
		Hafer-flocken	Kaffee	Kakao	Pop-corn	Kar-toffeln	Rind-fleisch	Erd-nüssen
2,6-Dimethyl-3-ethylpyrazin		X	X	X		X		X
2,3-Dimethyl-5-ethylpyrazin				X				
2-Vinylpyrazin		X	X					X
2-Methyl-5-vinylpyrazin			X			X		X
2-Isobutyl-3-methylpyrazin			X					X
2-Methyl-6-vinylpyrazin			X			X		X

Auch in Gemüsepaprika hat man ein Pyrazinderivat, das 2-Methoxy-3-isobutylpyrazin, nachgewiesen.

Interessanterweise fand man dieselbe Verbindung auch in der Traubensorte Cabernet Sauvignon. Am Rande sei noch erwähnt, daß man Pyrazine auch im Tabakrauch gefunden hat.

Inzwischen wurden über 100 verschiedene Pyrazine nachgewiesen. Da das Pyrazingebiet noch recht jung ist, existieren hier zahlreiche valide Patente, sowohl bezüglich der Synthese als auch der Anwendung.

2.2.1.2 Aminosäuren als Aromavorläufer

Es bietet sich aufgrund des bisher Ausgeführten an, Mischungen von Aminosäuren und Zuckern (oder anderen Oxidationsmitteln) als Aromavorläufer (flavor precursor) dem Lebensmittel zuzusetzen und dort sich das Aroma insbesondere bei den erhöhten Temperaturen des Backens und Bratens bilden zu lassen. Wenn das Lebensmittel genügend Zucker enthält, kann auch der Zusatz von Aminosäuren allein genügen. So erhält man aus
— Fructose + Prolin einen Precursor des Gebäckaromas
— Fructose + Phenylalanin einen Precursor des Honigaromas
— Zeinpartialhydrolysat einen Precursor des Käsegebäckaromas
— schwefelhaltigen Aminosäuren, wie Methionin und Cystein mit diversen Zuckern Vorläufer des Fleischaromas.

Mischungen von Aminosäuren und Lactoflavin, Vitamin B_2, das als Oxidationsmittel dient, geben einem Schmelzkäse aus junger Rohware ein angenehmes Käsearoma, das bei längerer Lagerung allerdings zu intensiv wird.

2.2.1.3 Maillard-Produkte

Wir wir sahen, liefert die beim Rösten, Backen, Braten, Toasten erfolgende Umsetzung zwischen Aminosäuren und Zuckern die für den Geruch der Lebensmittel wichtigen flüchtigen Pyrazine und Aldehyde. Es hinterbleibt dabei aber ein meist brauner Rückstand. Nach *L. C. Maillard*, der bereits 1912 über die Umsetzung zwischen Glucose und Glycin berichtete, spricht man deshalb von *Maillard*-Reaktion und *Maillard*-Produkten. Die *Maillard*-Reaktion wird auch als nicht-enzymatische Bräunung bezeichnet (30.9, 136, 137).

Diese kompliziert aufgebauten *Maillard*-Produkte tragen selbst auch zum Geschmack der Lebensmittel bei. Einerseits können sie eine bittere Note in den Geschmack bringen (256), die durchaus erwünscht und für das Gesamtaroma entscheidend sein kann, andererseits ist teilweise ein adstringierender Geschmack nicht zu verkennen. Vom nicht völlig umgesetzten Zucker bleibt oft noch ein süßer Geschmack. Im Zusammenspiel dieser Geschmacksnoten mit den Geruchskomponenten entstehen die für uns so angenehmen Aroma-Eindrücke von gebratenem Fleisch, von Brot, Kaffee und Kakao, von gerösteten Erdnüssen und Kartoffelchips. Will man bei einer Röstung bewußt eine intensive Bräunung, so ist Lactose der Zucker der Wahl.

2.3 Lebensmittelaromen aus Fetten

Das Verhalten von Fetten wird weitestgehend durch die Natur ihrer Fettsäuren bestimmt. Ungesättigte, insbesonders mehrfach ungesättigte Fettsäuren, nehmen Sauerstoff aus der Luft auf, wobei primär Hydroperoxide entstehen. Deren Zerfall liefert uns eine Serie von Aldehyden, gesättigte sowie einfach oder mehrfach ungesättigte, die für die Geschmacksreversion beim Lagern, für das Ranzigwerden und das Auftreten von Fischgeruch verantwortlich sind.

Durch enzymatische Oxidation ungesättigter Fettsäuren entstehen indes auch die typischen Aromastoffe von Pilzen wie Champignons oder von Früchten wie Äpfeln. Die Aromen von Milchprodukten wie Butter oder Käse werden hingegen weitgehend von den aus dem Butterfett durch Lipolyse erhaltenen Fettsäuren und ihren Umwandlungsprodukten bestimmt; hier können die Produkte aus der Autoxidation vernachlässigt werden. Bevor wir uns diesen Aromen zuwenden, zunächst in Tab. 14 eine Auflistung der wichtigsten Fettsäuren.

Tab. 14 Wichtige Fettsäuren

Name	C-Atome	Lage der Doppelbindung(en)
Gesättigte Fettsäuren		
Buttersäure	C_4	—
Capronsäure	C_6	—
Caprylsäure	C_6	—
Caprinsäure	C_{10}	—
Laurinsäure	C_{12}	—
Myristinsäure	C_{14}	—
Palmitinsäure	C_{16}	—
Stearinsäure	C_{18}	—
Arachinsäure	C_{20}	—
Behensäure	C_{22}	—
Ungesättigte Fettsäuren		
Palmitoleinsäure	C_{16}	9:10
Ölsäure	C_{18}	9:10
Linolsäure	C_{18}	9:10, 12:13
Linolensäure	C_{18}	9:10, 12:13, 15:16
Arachidonsäure	C_{20}	5:6, 8:9, 11:12, 14:15

Wie man sieht, sind diese Fettsäuren alle geradzahlig. Geradzahlige Fettsäuren stellen auch die Hauptbestandteile der Fette dar. Daneben hat man aber in kleineren Mengen auch ungeradzahlige Fettsäuren als Fettbestandteile nachgewiesen, ebenso Fettsäuren mit verzweigter Kette, die für Aromen äußerst wichtig sein können. Der Nachweis dieser in geringen Mengen vorkommenden Komponenten war in den letzten 3 Dekaden eine fruchtbare und reizvolle Aufgabe der Fettchemie.

Als Beispiele für die Zusammensetzung von Fetten/Ölen sind in Tab. 15 Butterfett aus Kuhmilch, Kokosfett, Olivenöl, Sojaöl und Leinöl angeführt. Wie man sieht, unterscheiden sich die Fette bzw. Öle verschiedener Species signifikant; auch bestehen bei den einzelnen Ölen je nach Provenienz und Züchtung beträchtliche Unterschiede in der Fettsäurezusammensetzung.

Tab. 15 Fettsäurezusammensetzung von Butterfett, Kokosfett, Oliven-, Soja- und Leinöl [%]

Fettsäure	Butterfett	Kokosfett	Olivenöl	Sojaöl	Leinöl
Buttersäure	3,5	—	—	—	—
Capronsäure	1,9	—	—	—	—
Caprylsäure	0,7	7,8— 9,5	—	—	—
Caprinsäure	2,1	4,5— 9,7	—	—	—
Laurinsäure	1,9	44,1—55,3	—	0,1— 0,2	—
Myristinsäure	7,9	13,1—18,5	0,1— 0,2	0,1— 0,4	4,0— 9,0
Palmitinsäure	25,8	7,5—10,5	6,9—15,6	2,3—10,6	4,0— 9,0
Stearinsäure	12,7	1,0— 3,2	1,4— 3,3	2,4— 7,0	2,0— 8,0
Arachinsäure	1,5	—	0,1— 0,3	~ 1,5	0,2— 1,0
Palmitoleinsäure	2,4	—	—	—	—
Ölsäure	34,0	5,0— 8,2	64,6—84,4	23,5—30,8	13,0—31,6
Linolsäure	3,7	1,0— 2,6	3,9—15,0	49,2—51,2	4,5—23,1
Linolensäure	—	—	—	1,9—10,7	25,8—58,0

2.3.1 Lebensmittelaromen aus Fetten durch Autoxidation

Als Primärprodukte der Autoxidation ungesättigter Fette entstehen nach der heute allgemein akzeptierten Ansicht Hydroperoxide. So bildet sich etwa aus Linoleaten und Sauerstoff das Hydroperoxid

$$CH_3-(CH_2)_4-CH=CH-CH_2-CH=CH-(CH_2)_7-COOR$$

$$O_2 \downarrow$$

$$CH_3-(CH_2)_4-CH=CH-CH_2-\underset{\underset{\underset{H}{|}}{\underset{O}{|}}}{\overset{}{CH}}-CH=CH-(CH_2)_6-COOR$$

das dann unter Zerfall eine Radikalkette auslöst:

$$\downarrow RH$$

$$CH_3-(CH_2)_4-CH=CH-CH_3 + R^\bullet + OHC-CH=CH-(CH_2)_6\text{-}COOR$$

Auch der Aldehyd

$$CH_3-(CH_2)_4-CH=CH-CH_2-\overset{O}{\underset{}{\overset{\|}{C}}}-H$$

kann entstehen.

Das Bruchstück $CH_3-(CH_2)_4-CH=CH-CH_3$ kann selbst auch wieder O_2 aufnehmen und das Hydroperoxid

$$CH_3-(CH_2)_4-\underset{\underset{\underset{H}{|}}{\underset{O}{|}}}{\overset{}{CH}}-CH=CH_2$$

bilden, das wiederum zerfallen kann und weitere Aldehyde entstehen läßt.

Bei der Linolensäure, die mit ihren 3 Doppelbindungen noch weitere Möglichkeiten ins Spiel bringen kann, sind die entstehenden Verbindungen noch vielfältiger. Außerdem können Linol- und Linolensäure gemeinsam in Fetten vorkommen, oft noch begleitet von kleineren Anteilen anderer isomerer Fettsäuren, so daß ganze Serien von Verbindungen entstehen.

2.3.1.1 ,,Umschlagen" des Geschmackes beim Lagern von Sojaöl; Ranzidität von Ölen

Bei der Lagerung von Sojaöl beobachtet man öfters schon nach relativ kurzer Zeit das Auftreten eines unangenehmen, als ,,saatig" oder ,,grün" bezeichneten Geschmackes, von Fachleuten als ,,Umschlagen" oder ,,Reversion" des Soja-Aromas bezeichnet. Die Untersuchung des ,,umgeschlagenen" Sojaöls (148, 149) ergab neben den gesättigten Aldehyden von C_2-C_9

als Träger des Reversionsgeruchs die einfach ungesättigten Aldehyde 2-Pentenal, 2-Hexenal, 2-Heptenal, 2-Octenal und 2-Nonenal sowie die zweifach ungesättigten Aldehyde 2,4-Hexadienal, 2,4-Heptadienal, 2,4-Octadienal, 2,4-Decadienal und 2,4-Undecadienal. Die Bildung dieser Dienale erfolgt nach dem oben angeführten Reaktionsschema aus Linolsäure und Linolensäure. Zur Ergänzung sei noch angeführt, daß hier sowohl die Enale als auch die Dienale in trans-Konfiguration vorliegen. Ähnliche Reaktionen wie oben beschrieben laufen auch ab beim Ranzigwerden von Ölen und beim Braten und Fritieren — man kann z. B. in Modellversuchen durch Zusatz von definierten Mengen trans, trans-2,4-Decadienal zu einem einwandfreien Öl für die Sensorik ,,standardisiert" ranziges Öl herstellen — tragen aber andererseits in erwünschter Weise zum Aroma von Nüssen bei und bestimmen auch das Fischaroma.

2.3.1.2 Aromabildung in Ölen und Fetten unter oxidativ-thermischer Belastung

Öle und Fette reagieren auch unter oxidativ-thermischer Belastung ähnlich wie oben beschrieben. Selbstverständlich verlaufen die Reaktionen bei den erhöhten Temperaturen schneller ab, darüberhinaus können sich in der Folge (150)

$$-CH_2-CH-CH_2- \;+\; -CH=CH- \;\rightarrow\; -CH-CH-$$
$$\quad\quad\quad |\quad\quad\quad\quad\quad\quad\quad\quad\quad\quad\quad\quad\quad\quad\quad \setminus\;/$$
$$\quad\quad\quad O\quad\quad\quad\quad\quad\quad\quad\quad\quad\quad\quad\quad\quad\quad\quad O$$
$$\quad\quad\quad |$$
$$\quad\quad\quad O$$
$$\quad\quad\quad |$$
$$\quad\quad\quad H$$

Epoxide bilden, die weiter zu Ketonen isomerisieren

$$-CH-CH- \;\rightarrow\; -CH_2-C-$$
$$\;\setminus\;/\quad\quad\quad\quad\quad\quad\quad\quad\quad\;\;\|$$
$$\;\;O\quad\quad\quad\quad\quad\quad\quad\quad\quad\quad O$$

oder auch polymerisieren können.

Entscheidend für das Aroma ist z. B. oft beim Braten von Fleisch und Fisch der Eigengehalt an ungesättigten Fettsäuren (151). Tab. 16 unterrichtet darüber.

Der Vollständigkeit halber sei erwähnt, daß außer den beim Braten entstehenden besprochenen gesättigten und ungesättigten Aldehyden, insbesondere Dienalen wie 2,4-Decadienal, weitere Carbonylverbindungen wie Ketone, insbesondere 2-Alkanone, niedere Säuren, Alkohole und Alkane vorkommen.

Tab. 16 Ungesättigte Fettsäuren im Fett und im Muskelfleisch verschiedener Tiere [%]

Fettsäure	Schaf	Rind	Schwein	Huhn	Fisch
$C_{18:1}$	19,51	33,44	12,78	20,25	19,59
$C_{18:2}$	18,49	10,52	35,08	14,20	5,88
$C_{18:3}$	0,43	1,66	0,33	0,90	8,07
$C_{20:2}$	0,34	0,69	—	—	0,20
$C_{20:3}$	0,62	2,77	1,31	1,30	0,36
$C_{20:4}$	13,20	8,51	9,51	11,60	3,75
$C_{20:5}$	—	0,76	1,31	1,55	7,16
$C_{22:4}$	—	0,88	0,98	2,10	0,65
$C_{22:5}$	—	0,92	2,30	5,75	2,39
$C_{22:6}$	—	—	2,30	5,75	2,39

Acrolein

Werden Fette übermäßig erhitzt, so entsteht aus dem Glycerin das Acrolein,

$$CH_2=CH-\overset{O}{\underset{\|}{C}}-H$$

der niedrigste ungesättigte Aldehyd, eine Verbindung von stechendem und beißendem Geruch.

2.3.1.3 (±) 1-Octen-3-ol aus gelagertem Sojaöl

(±) 1-Octen-3-ol (25) entsteht aus Linoleat unter Bildung eines 10-Hydroperoxids, das beim Zerfall ein Allylradikal bildet. Nach Allylumlagerung und Rekombination mit einem Hydroxylradikal bildet sich racemisches 1-Octen-3-ol.

$$CH_3-(CH_2)_4-CH=CH-CH_2 \dashv \underset{\underset{O}{\overset{|}{HO-}}}{\overset{|}{C}H}-CH=CH-(CH_2)_6-COOR$$

$$\downarrow$$

$$CH_3-(CH_2)_4-CH=CH-\overset{\bullet}{C}H_2$$

$$\updownarrow$$

$$CH_3-(CH_2)_4-\overset{\bullet}{C}H-CH=CH_2 + \overset{\bullet}{O}H \rightarrow CH_3-(CH_2)_4\underset{\underset{OH}{|}}{C}H-CH=CH_2$$

2.3.2 Lebensmittelaromen aus Fetten durch enzymatische Oxidation

Die Oxidation von Fetten/Fettsäuren kann auch enzymatisch katalysiert sein und zu interessanten Aromastoffen führen.

Aus Champignons, *Psalliotra campestris*, konnte als Schlüsselverbindung des Champignon-Aromas (—)-1-Octen-3-ol isoliert werden (25), dieselbe Verbindung, die, wie oben berichtet, auch in gelagertem Sojaöl gefunden wurde. Racemat und 1-Form weisen praktisch die gleichen sensorischen Eigenschaften auf. Auch das enzymatisch von der Pflanze synthetisierte 1-Octen-3-ol stammt aus Linolsäure (152).

2.3.3 Lebensmittelaromen aus Fetten nach deren enzymatischer Hydrolyse zu Fettsäuren

Bei der enzymatischen Hydrolyse der Fette — der Lipolyse — werden aus den Triglyceriden die Fettsäuren frei, die für die Aromen gewisser Lebensmittel wie Milchprodukte, insbesondere Käse, entscheidend sind. Außer den Fettsäuren entstehen nach

$$\begin{array}{c}H_2C-O-\overset{O}{\overset{\|}{C}}-R_1 \\ | \\ H-C-O-\overset{O}{\overset{\|}{C}}-R_2 \\ | \\ H_2C-O-\overset{O}{\overset{\|}{C}}-R_3\end{array} \xrightarrow{+H_2O} \begin{array}{c}H_2-C-OH \\ | \\ H-{}^xC-O-\overset{O}{\overset{\|}{C}}-R_2 \\ | \\ H_2-C-O-\overset{O}{\overset{\|}{C}}-R_3 \\ +R_1COOH\end{array} \xrightarrow{+H_2O} \begin{array}{c}H_2-C-OH \\ | \\ H-{}^xC-OH \\ | \\ H_2-C-\overset{O}{\overset{\|}{C}}-OR_3 \\ +R_2COOH\end{array} \xrightarrow{+H_2O} \begin{array}{c}H_2-C-OH \\ | \\ H-C-OH \\ | \\ H_2-C-OH \\ +R_3COOH\end{array}$$

auch die nicht-flüchtigen Verbindungen Glycerin, Monoglyceride und Diglyceride. Glycerin besitzt einen schwach süßen Geschmack, die Mono- und Diglyceride weisen einen bitteren Geschmack auf. So hatte beispielsweise die Fraktion der Partialglyceride aus Manchego, einem spanischen Schafsmilchkäse, einen seifigen und bitteren Geschmack. Bitterkeit von Mono- und Diglyceriden hängt mit der hydrophoben Wechselwirkung der Moleküle zusammen (153). Man kann im voraus die Bitterkeit von Partialglyceriden berechnen, indem man die numerische Summe der C-Atome n_C durch die Summe der Hydroxylgruppen n_{OH} dividiert und damit einen sog. R-Wert erhält, der für bittere Verbindungen zwischen 2 und 6,99 liegt:

$$R = \frac{n_C}{n_{OH}}$$

Tab. 17 Bitterkeit einiger Partialglyceride

Verbindung	n_C	n_{OH}	bitter	nicht bitter	$R = \dfrac{n_C}{n_{OH}}$
Monobutyrin	7	2	+		3,50
Monocaprin	13	2	+		6,50
Monolaurin	15	2		+	7,50
Monomyristin	17	2		+	8,50
1,3-Dicaprylin	19	1		+	19,00

Weitere Inkremente gestatten, auch die Bitterkeit von Phosphatiden zu erfassen. Aber auch Hydroxyfettsäuren schmecken bitter, ein interessanter Befund, zumal in Zuckern der süße Geschmack durch eine Akkumulation von Hydroxylgruppen hervorgerufen wird.

2.3.3.1 Fettsäuren

Fettsäuren gehören mit zu den entscheidenden Aromabestandteilen von Milchprodukten, insbesondere der verschiedenen Käsesorten. Als Beispiel sind in Tab. 18 die flüchtigen Fettsäuren aufgeführt, die aus Aromakondensaten von Edelpilzkäse, einem deutschen Schimmelpilzkäse, isoliert wurden (41.26, 197). Vollständigkeitshalber sind alle Säuren zusammengestellt, auch solche, die nicht durch Lipolyse, sondern aus Lactose oder verschiedenen Aminosäuren entstanden sind. Für die lipolytisch entstandenen Säuren ist zum Vergleich jeweils der %-Gehalt im Butterfett angegeben.

Man findet also neben den aus Lactose entstehenden niederen Gliedern Ameisen-, Essig- und Propionsäure die verzweigten Säuren mit 4 bis 6 C-Atomen aus den Aminosäuren und ferner alle Fettsäuren, die im Triglyceridverband vorkommen, auch als freie Säuren. Dabei treten außer den üblichen geradkettigen geradzahligen Säuren auch die in geringeren Mengen vorkommenden ungeradzahligen und verzweigten Säuren auf.

Wie man der Tabelle entnehmen kann, kommen im Aroma von Edelpilzkäse auch ungesättigte Fettsäuren vor. Im Gaschromatogramm kann man ungesättigte Fettsäuren einfach nachweisen: Man ozonisiert oder hydriert das Aromakonzentrat und wiederholt dann die gaschromatografische Bestimmung. Die Peaks, die den ungesättigten Fettsäuren entsprechen, verschwinden dann.

Der Beitrag der höheren Fettsäuren zum Aroma ist nur minimal; als Faustregel kann man sagen, daß Fettsäuren mit mehr als 10 C-Atomen zu vernachlässigen sind.

Tab. 18 Fettsäuren im Aroma von Edelpilzkäse

Fettsäure	entstanden aus	%-Gehalt im Butterfett
Ameisensäure	Lactose	—
Essigsäure	Lactose	—
Propionsäure	Lactose	—
Isobuttersäure	Valin	—
Buttersäure	Butterfett	2,70
Isovaleriansäure	Leucin	—
Valeriansäure	Norleucin	—
Isocapronsäure	Leucin	—
Capronsäure	Butterfett	2,34
Oenanthsäure (C_7)	Butterfett	0,02
Caprylsäure	Butterfett	1,06
Pelargonsäure (C_9)	Butterfett	0,03
Caprinsäure	Butterfett	2,82
Decensäure	Butterfett	0,27
Undecansäure	Butterfett	0,03
Laurinsäure	Butterfett	2,87
Isotridencansäure	Butterfett	0,04
Tridecansäure	Butterfett	0,14
Isotetradecansäure	Butterfett	0,10
Tetradecansäure	Butterfett	8,94
Tetradecensäure	Butterfett	0,76
Anteisopentadecansäure	Butterfett	0,12
Isopentadecansäure	Butterfett	0,12
Pentadecansäure	Butterfett	0,79
Isohexadecansäure	Butterfett	0,17
Palmitinsäure (Hexadecansäure)	Butterfett	23,60
Palmitoleinsäure (Hexadecensäure)	Butterfett	1,79
Anteisoheptadecansäure	Butterfett	0,35
Heptadecansäure	Butterfett	0,20
Stearinsäure	Butterfett	13,20
Ölsäure (Octadecensäure)	Butterfett	29,60

Im Verlauf der Reifung kann man an ein und demselben Käsetyp große quantitative Veränderungen im Fettsäurespektrum feststellen.

Als Beispiel bringen wir in Tab. 19 die niederen freien Fettsäuren in einem milden und in einem pikaten Tilsiter-Käse, in einem Holländer-Käse und auch in einem Schmelzkäse (44).

Tab. 19 Quantitative Bestimmung der freien, niederen Fettsäuren in mildem und pikantem Tilsiter-Käse, in einem Holländer-Käse und in Schmelzkäse [ppm]

Fettsäure	Tilsiter mild	Tilsiter pikant	Holländer	Schmelzkäse
Essigsäure	129	418	108	91
Propionsäure	40	301	7	1
n-Buttersäure	415	932	139	12
Isobuttersäure	63	485	4	1
n-Valeriansäure	1	63	2	1
Isovaleriansäure	185	722	22	1
n-Capronsäure	23	75	88	7
Isocapronsäure	7	10	1	1
Oenanthsäure	2	4	1	1
n-Caprylsäure	13	33	49	9
Pelargonsäure	1	5	8	1
Caprinsäure	32	55	73	13

Wie man sieht, bestehen bei gleichem Käsetyp beachtliche Unterschiede zwischen einer jungen, milden Variante und einem reifen, pikanten Typ.

Die Käsereifung ist nämlich ein dynamischer Vorgang, der nicht zu einem thermodynamisch stabilen Endprodukt führt: Wir unterbrechen einen natürlich ablaufenden Reifeprozeß, den wir durch entsprechende Temperaturführung steuern können, zu einem uns angenehmen Zeitpunkt. Bei Schmelzkäse verändert sich die Aromazusammensetzung nicht. Durch den Schmelzprozeß werden die Reifungsbakterien abgetötet und die Enzyme inaktiviert; Schmelzkäse hat also quasi ein ,,konstantes'' Aroma.

Holländer-Käse weist andererseits beachtliche Unterschiede zu Tilsiter auf, hier spiegelt sich die unterschiedliche biochemische Aktivität der verschiedenen Mikroorganismen wider, die sich nicht nur auf die lipolytische Spaltung, sondern auch auf die Folgevorgänge erstreckt.

2.3.3.1.1 Aldehyde aus Fettsäuren

Nach der Reaktion

$$R-COOH \rightarrow R-\overset{\overset{\displaystyle O}{\|}}{C}-H$$

können enzymatisch die Fettsäuren zu Aldehyden reduziert werden. Neben der Gaschromatografie bietet sich zum Nachweis der Aldehyde die Dünnschichtchromatografie der durch Umsetzung mit 2,4-Dinitrophenylhydrazin erhaltenen 2,4-Dinitrophenylhydrazone an.

$$R-C{\overset{=O}{\underset{H}{}}} + NH_2-NH-\underset{}{\bigcirc}-NO_2 \longrightarrow R-CH=N-NH-\underset{}{\bigcirc}-NO_2$$

(mit O_2N am Ring)

Diese Aldehyde sind wichtige Aromabestandteile. In Provolone, einem italienischen Hartkäse, konnten z. B. die in Tab. 20 aufgeführten Aldehyde nachgewiesen werden (41.26, 237).

Tab. 20 Aldehyde in Provolone

Acetaldehyd	Oenanthaldehyd
Propionaldehyd	Caprylaldehyd
n-Butyraldehyd	Pelargonaldehyd
Isobutyraldehyd	Caprinaldehyd
n-Valeraldehyd	Laurylaldehyd
Isovaleraldehyd	Tridecylaldehyd
n-Capronaldehyd	

2.3.3.1.2 Primäre Alkohole aus Fettsäuren

Nach der Reaktion $R-\overset{O}{\underset{\|}{C}}-H \rightarrow R-CH_2-OH$

können Aldehyde enzymatisch zu primären Alkoholen reduziert werden. Diese Verbindungen können entscheidend in Lebensmittelaromen eingehen, wie bei der Überführung von Aminosäuren in die entsprechenden Alkohole bereits berichtet wurde. Als Beispiel bringt Tab. 21 die Serie von geradkettigen primären Alkoholen, die in Provolone nachgewiesen wurden (41,26).

Tab. 21 Primäre Alkohole in Provolone

Methanol	1-Pentanol
Ethanol	1-Hexanol
1-Propanol	1-Heptanol
1-Butanol	1-Octanol

2.3.3.1.3 Methylketone aus Fettsäuren

Bei dem üblichen physiologischen Abbau der Fettsäuren werden jeweils C_2-Bruchstücke abgespalten, und als Zwischenprodukte treten dabei β-Ketosäuren auf. Gewisse Schimmelpilze haben nun Fermentsysteme für einen ungewöhnlichen Abbau dieser β-Ketosäuren, indem sie daraus nach

$$R-\underset{\underset{O}{\|}}{C}-CH_2-COOH \rightarrow R-\underset{\underset{O}{\|}}{C}-CH_3 + CO_2$$

Kohlendioxid abspalten, so daß aus den üblicherweise geradzahligen Fettsäuren die ungeradzahligen Methylketone entstehen.

Homologe Serien dieser 2-Alkanone liegen in allen Käsen in geringeren Konzentrationen vor, Schlüsselverbindungen sind sie indes für Blauschimmelkäse wie Stilton, Gorgonzola und Roquefort. Tab. 22 führt als Beispiel die 2-Alkanone an, die aus Edelpilzkäse, einem einheimischen Blauschimmel-Käse aus Kuhmilch, isoliert wurden (41.26, 236).

Tab. 22 Methylketone in Edelpilzkäse

Aceton
2-Pentanon
2-Heptanon
2-Nonanon
2-Undecanon

Diese Methylketone haben einen frischen, fruchtigen Geruch. Sie kommen, wohl aufgrund von Schimmelbefall, auch in rohem Kokosfett vor und können bei dessen Raffination aus den Dämpfbrüden isoliert werden.

Wie weiter oben beim Fettabbau erwähnt wurde, treten 2-Alkanone auch als Sekundärprodukte der Fettautoxidation auf, sind allerdings nicht aromabestimmend. Schlüsselverbindungen indes sind Methylketone, insbesondere 2-Undecanon und 2-Nonanon, in der Raute *(Ruta Graveolens)*, die als pikantes, leicht exzentrisches Gewürz für Fisch und Fleisch Anwendung findet. Nur am Rande sei erwähnt, daß das etherische Rautenöl auch ein geschätzter Rohstoff für die Parfümerie darstellt.

Die Methylketone können nach

$$R-\underset{\underset{O}{\|}}{C}-CH_3 \rightarrow R-\underset{\underset{OH}{|}}{\overset{\overset{H}{|}}{^xC}}-CH_3$$

enzymatisch zu sekundären Alkoholen, 2-Alkanolen, reduziert werden. In Tab. 23 sind die sekundären Alkohole aufgeführt, die aus Edelpilzkäse isoliert wurden.

Tab. 23 Sekundäre Alkohole in Edelpilzkäse

2-Pentanol
2-Heptanol
2-Nonanol

Wie man der Formel für die 2-Alkanole entnimmt, liegt ein asymmetrisches ^xC-Atom vor und damit die Möglichkeit des Auftretens chiraler Verbindungen.

Nun liegen für Aroma-Untersuchungen oft nur geringe Mengen an isolierten Verbindungen vor, und die Polarimetrie in sehr verdünnten Lösungen kann Schwierigkeiten bereiten. So wurde z. B. festgestellt (25), daß bei einigen Substanzen eine Abhängigkeit der spezifischen Rotation von der Konzentration besteht. Diese Schwierigkeiten lassen sich mit Hilfe eines dünnschichtchromatografischen Verfahrens zur Trennung von optischen Isomeren sekundärer Alkohole (123) umgehen. Durch Reaktion der 2-Alkanole mit (+)- oder (-)-1-Phenylethylisocyanat erhält man die Diastereoisomeren n-(1-Phenylethyl)urethane, die sich dünnschichtchromatografisch gut trennen lassen. Folgende Formeln erläutern die Umsetzung:

$$2\ CH_3-\overset{*}{C}H-N=C=O\ +\ R-\overset{*}{\underset{OH}{C}}-CH_3\ +\ R-\overset{*}{\underset{H}{C}}-CH_3 \longrightarrow$$

$$CH_3-\overset{*}{C}H-NH-C\overset{O}{\underset{O-\overset{*}{C}-R}{}}\overset{CH_3}{\underset{H}{}}\ +\ R-\overset{*}{\underset{H}{C}}-O\overset{CH_3}{\underset{}{}}C-NH-\overset{*}{C}H-CH_3$$

Der Nachweis von optischen Isomeren ist nicht als analytische Spitzfindigkeit zu betrachten, denn einerseits können optische Isomere sich in ihren Aroma-Wirkungen beachtlich unterscheiden, andererseits wird man bei Cocktail-Formulierungen aus Preisgründen gern Racemate einsetzen, wenn dies sensorisch vertretbar ist. So kann in gewissen Fällen mittels Erfassung der optischen Isomeren ein erster Hinweis vorliegen, ob ein im Handel befindliches Aroma natürlich oder naturidentisch ist bzw. ob korrekt deklariert wurde.

2.3.3.1.4 Ester aus Fettsäuren und Alkoholen

Die Reaktionsprodukte aus Alkoholen und Säuren nach

$$R'-COOH + R''OH \rightarrow R'-COO-R' + H_2O,$$

nämlich die Ester, stellen für viele Fruchtaromen die Schlüsselverbindungen dar und spielen auch in Käsearomen eine entscheidende Rolle.

So enthält Tab. 24 die Ester, die im Provolone-Aroma mittels GC/MS nachgewiesen wurden (41.26).

Tab. 24 Ester in Provolone

Säure-Komponente	Alkohol-Komponente			
Buttersäure	—	Ethyl	n-Propyl	—
Capronsäure	—	Ethyl	n-Propyl	sek. Butyl
Caprylsäure	Methyl	Ethyl	n-Propyl	n-Butyl
Caprinsäure	Methyl	Ethyl	n-Propyl	n-Butyl

Dabei stellen Ethylcapronat und Ethylcaprylat die Hauptmengen.

2.3.3.1.5 Lactone aus Hydroxysäuren

Lactone sind die inneren Ester von Oxycarbonsäuren und stellen oft die Schlüsselverbindungen insbesondere der Aromen von Früchten und Milchprodukten. Am stabilsten sind die γ-Lactone, aber auch δ-Lactone sind noch recht stabil.

γ-Lactone $\qquad\qquad$ δ-Lactone

So sind z. B. die γ-Lactone von γ-Hexalacton bis zum γ-Decalacton sowie das δ-Decalacton die Schlüsselverbindungen des Pfirsich-Aromas (15). Außer den oben erwähnten ungeradzahligen Methylketonen sind die geradzahligen δ-Lactone von δ-Hexalacton bis zum δ-Tetradecalacton, insbesondere das δ-Octalacton, die Schlüsselverbindungen des Aromas der Kokosnuß.

Zu Butteraroma tragen als Schlüsselverbindungen neben Diacetyl δ-Decalacton und δ-Dodecalacton bei.

2.3.3.1.6 Amide aus Fettsäuren und Ammoniak

Nach der Reaktion

$$R-COOH \xrightarrow{NH_3} R-CONH_2$$

können sich aus den Fettsäuren auch die entsprechenden Amide bilden. Tab. 25 berichtet über die in verschiedenen Käsen nachgewiesenen Amide (41.26, 272).

Tab. 25 Amide in Käsen

	Cheddar	Emmentaler	Edelpilz	Manchego
Acetamid	+	+	+	+
Propionamid	+	+	+	+
Butyramid	+	+	+	+
Isobutyramid	+	+	+	+
Valeramid	+	+	+	+
Isovaleramid	+	+	+	+

Der Einfluß der Amide auf das Käsearoma ist unverkennbar; Schlüsselverbindungen sind die Amide hier indes nicht. Wichtig sind sie hingegen in Verbindungen wie Capsaicin, dem Vanillylamid der 8-Methyl-(trans)-nonen-6-säure, dem Hauptträger des brennenden Geschmacks von Cayennepfeffer, Chillies und Gewürzpaprika (155).

3. Lebensmittel-Nebenbestandteile als Aromaquellen

Als Gliederungsschema wollen wir in diesem Kapitel zunächst den vier klassischen Geschmackskategorien sauer — süß — salzig — bitter folgen und dann den vier ,,modernen" Geschmackskategorien adstringierend — brennend — kühl — Umami, wobei letztere Klasse eingehender in Kapitel 6 bei den Aromaverstärkern behandelt wird. Anschließend wird in diesem Kapitel über die sensorisch entscheidenden Komponenten von Gewürzen berichtet. Dabei wird auch die Gruppe der ,,Etherischen Öle" (in der angelsächsischen Literatur besser ,,Essential Oils" genannt) gestreift, ein mehr historischer Begriff, denn ,,Etherische Öle" haben chemisch weder etwas mit den ,,Ethern" noch mit ,,Ölen" zu tun (sie waren dadurch charakterisiert, daß sie restlos verdunsten, sich in den ,,Äther" auflösten, ohne daß ein — fettiger — Rückstand zurückblieb). Wenn an irgendeiner Stelle dieses Buches der Begriff ,,Etherische Öle" auftaucht, so geschieht dies immer mit dem oben erwähnten Vorbehalt und nur weil er als terminus technicus offensichtlich unausrottbar in der einschlägigen Literatur verwurzelt ist.

3.1 Saure Komponenten aus Lebensmittel-Nebenbestandteilen

Hier ist an die Kohlensäure von Mineralwässern zu denken, wobei allerdings beachtet werden muß, daß der größte Teil des Kohlendioxids nur physikalisch im Wasser gelöst ist und als Gas in den ,,Konsistenzsockel" des Aromagramms eingeht, und nur ein ganz geringer Teil an echter Kohlensäure vorliegt, die zumal nur in geringem Maße dissoziert ist. Erwähnt sei hier noch, daß Phosphorsäure in Cola-Getränken als saures Prinzip eingesetzt wird. Wie weiter oben besprochen, stammen sowohl Milchsäure, die saure Komponente von Milchprodukten, als auch die Fruchtsäuren, insbesondere Citronensäure und Äpfelsäure, aus den Kohlenhydraten. Die durch Hydrolyse der Fette erhaltenen Fettsäuren tragen aufgrund ihrer geringen Dissoziation kaum zum sauren Geschmack bei, ihre niederen Glieder, von C_2 bis etwa C_6, sind indes durch intensiven Geruch ausgezeichnet.

3.2 Süße Komponenten aus Lebensmittel-Nebenbestandteilen

Die Süßkraft verschiedener Zucker wurde weiter oben beschrieben, und es wurden auch die synthetischen Süßstoffe Saccharin, Cyclamat und Aspartam erwähnt, deren Süßkraft die der Zucker um Zehnerpotenzen übertrifft; auf die Syntheseprodukte kann hier aber nicht weiter eingegangen werden. Im folgenden sei indes auf einige interessante natürliche und naturmodifizierte Süßstoffe hingewiesen (155, 156).

3.2.1 Glycyrrhizinsäure

Glycyrrhizinsäure, das 3-O-Diglucuronid der β-Glycyrrhetinsäure, ist das süß schmeckende Prinzip der Süßholzwurzel

Glycyrrhizinsäure

Sie gibt Lakritz den typischen Geschmack und stellt zusammen mit NH_4Cl die entscheidende Aromakomponente von Salmiakpastillen dar.

3.2.2 Monellin

Monellin ist ein Glycoproteid vom Molekulargewicht von etwa 10 000 Dalton aus den roten Beeren, Serendipity-Beeren, von *Dioscoreophyllum cuminsii*, einer im Sudan, Zaire und Zimbabwe vorkommenden Pflanze. Die Süßkraft ist an den Kohlenhydrat-Teil gebunden, da durch Proteasewirkung eine Verbindung von intensiver Süße erreicht wird. Ein lakritzartiger Beigeschmack zur Süßnote wird allgemein hier beklagt.

3.2.3 Thaumatine

Thaumatin I und II sind Proteine vom Molekulargewicht 20 000 bis 22 000 Dalton aus *Thaumatococcus daniellii*, einer in westafrikanischen Küstenländern, im Sudan und in Uganda vorkommenden Staude. Da Proteasen, Hitze und Säuren die Süßkraft der Thaumatine zerstören, scheint die Süßkraft an das intakte Molekül gebunden zu sein. Auch hier ist eine Lakritz-Note störend.

3.2.4 Hernandulcin

Kürzlich isolierte man aus der in Mittel- und Südamerika heimischen *Verbenacee Lippia dulcis trev.* (160) ein süßes Sesquiterpen, das Hernandulcin

Hernandulcin

Die Benennung erfolgte nach dem spanischen Arzt *Francisco Hernandez*, der in seiner zwischen 1570 und 1576 geschriebenen „Historia Natural de Nueva Espana" von einem den Azteken bekannten Süßkraut berichtete, das aufgrund der Abbildungen in dem Werk als *Lippia dulcis* identifiziert wurde.

3.2.5 Miraculin

Miraculin ist ein Glycoproteid vom Molekulargewicht 42 000 bis 48 000 Dalton, das in Früchten von *Synsepalum dulcificum*, einem westafrikanischen Baum, vorkommt. Miraculin selbst schmeckt nicht süß, läßt aber saure Speisen süß erscheinen. Diese Geschmacksumwandlung — sie hält etwa ein bis zwei Stunden an — gab den Früchten den Namen Wunderbeeren (Miracle Fruit). Bei dieser Wirkung laufen ähnliche sinnesphysiologische Vorgänge ab, wie sie sich bei den in Kap. 6 beschriebenen Aromaverstärkern abspielen.

Wir kommen nun zu zwei interessanten Umwandlungsprodukten aus Naturstoffen, die ihre Süßkraft erst durch chemische Umwandlung erhalten.

3.2.6 Perillaaldehyd-Aldoxim

Das „etherische Öl" der Pflanze *Perilla fructescens* enthält etwa 40-55 % Perillaaldehyd, den man zum 1-anti-Aldoxim, dem Perillartin umsetzt.

Perillaaldehyd   Perillartin

3.2.7 Dihydrochalkone

Die in Citrusfrüchten vorkommenden bitteren Flavanon-7-O-Glucoside Naringin und Neohesperidin können durch Ringöffnung im Alkalischen und anschließende katalytische Hydrierung in die süßen Dihydrochalkone überführt werden.

Flavanon

Dihydrochalkon

3.2.8 Vergleich der Süßkraft der verschiedenen Verbindungen

Wir hatten schon erwähnt, daß die Süßkraft dieser Verbindungen die von Zuckern weit übertrifft. Tab. 26 gibt einen Vergleich der Zahlenwerte, wiederum ist Saccharose der Vergleichsstandard, um aber Stellen einzusparen, ist im Gegensatz zu Tab. 1, wo Saccharose = 100 gesetzt wurde, hier Saccharose = 1. Man erschrecke nicht, wenn hier Angaben wie 200-700fach oder 1000-3000fach auftreten, die Süßkraft dieser Verbindungen hängt nämlich deutlich vom Milieu ab.

Tab. 26 Süßkraft verschiedener Süßstoffe

	Süßkraft
Saccharose	1
Vollsynthetische Produkte	
Cyclamat	30 — 70
Saccharin	200 — 700
Aspartam	100 — 200
Naturstoffe	
Hernandulcin	~ 1000
Glycyrrhizinsäure	50 — 60
Monellin	3000
Thaumatin I und II	~ 1600
Modifizierte Naturstoffe	
Perillartin	2000
Neohesperidin-Dihydrochalkon	1000 — 3000
Naringin-Dihydrochalkon	300

SCHUMANN UND SOHN

Ihr Lieferant für:

Aromen · Essenzen · Lebensmittelfarben
Färbende Lebensmittel · Spezialprodukte
Rohstoffe für die Lebensmittel-Industrie

Schumann & Sohn GmbH
Degenfeldstraße 4 · Postfach 58 11
7500 Karlsruhe 1
Telefon 07 21/69 50 95-96 · Telex 7 826 996 assa d

Ihr Lieferant für:

Sprühgetrocknete Frucht- und Gemüsepulver,
mit und ohne Trägerstoff;
Spezialgetrocknete Frucht- und Gemüseflocken,
mit und ohne Trägerstoff;
Andere Trockenprodukte und Spezialitäten;
Rohstoffe für die Lebensmittel-Industrie

LEBENSMITTEL-SPRÜHTROCKNUNGS-INDUSTRIE
SYSTEM ATOM GMBH
DEGENFELDSTRASSE 4 · POSTFACH 20 22
7500 KARLSRUHE 1 · TELEFON 07 21 / 69 50 97
TELEX 7 826 996 asaa d

3.3 Salzige Komponenten aus Lebensmittel-Nebenbestandteilen

Schon seit Urzeiten würzte der Mensch seine Nahrung mit Kochsalz, Natriumchlorid, ,,the poor men's flavor enhancer" (128, 129, 130, 131). Darüberhinaus spielt Kochsalz eine wichtige physiologische Rolle. Zur Aufrechterhaltung des Elektrolyt-Haushaltes benötigt der menschliche Körper die Zufuhr von Natrium- und Kalium-Ionen. Nun enthält pflanzliche Nahrung verhältnismäßig mehr Kalium als tierische Kost. Als daher im Verlauf ihrer Stammesentwicklung unsere Ahnen von der Stufe der Jäger, d. h. von vorwiegend tierischer Nahrung, zur Seßhaftigkeit, zum Ackerbau, zur pflanzlichen Nahrung übergingen, mußte das Natriumdefizit auf irgendeine Weise kompensiert werden, und das geschah am einfachsten durch das Würzen von Speisen mit Kochsalz. Darüber hinaus war Salz ein beliebtes Handelsgut, man denke nur z. B. an die Salzstraße, die von den Salinen Lüneburgs zur Ostsee führte und den gesamten ,,salzarmen" baltischen Raum belieferte.

3.3.1 Physiologische Wirkung von Kochsalz

Der erwachsene Mensch enthält etwa 300 g Natriumchlorid, und da ein Teil davon laufend vorwiegend durch Schweiß und Urin ausgeschieden wird, benötigt er täglich einen Nachschub von etwa 3 g Kochsalz. Leider liegt in der Bundesrepublik Deutschland und allgemein in den westlichen Industrieländern die tägliche Aufnahme bei 15 g.

3.3.2 Toxikologische Wirkung von Kochsalz

Als Faustregel kann man sich merken: 3 g Kochsalz täglich sind lebensnotwendig, 30 g schädlich und 300 g tödlich. Gefährlich ist die erhöhte Kochsalzaufnahme insbesondere für Personen mit erhöhtem Blutdruck und für Migräneanfällige, wobei der Natriumanteil des Kochsalzes die gefährliche Komponente darstellt. Bei Hypertonikern wird nämlich zu viel Natrium angesammelt, da einerseits die Nieren zu wenig Natrium ausscheiden, aber andererseits auch zu viel Natrium in den Zellen zurückgehalten wird. Bluthochdruck, Arteriosklerose und Herztod stehen in unmittelbarem Zusammenhang, und hier liegt die große Bedeutung einer Natrium-reduzierten Diät. In der Bundesrepublik Deutschland haben immerhin etwa 10-15 % der erwachsenen Bevölkerung erhöhte Blutdruckwerte.

3.3.3 Sensorik der Alkalihalogenide

Die sensorischen Untersuchungen der verschiedenen Alkalihalogenide ergaben die in Tab. 27 zusammengestellten Resultate.

Tab. 27 Geschmack von Alkalihalogeniden

Vorwiegend salzig	salzig und bitter	bitter
NaCl	KBr	CsCl
KCl		RbBr
LiCl		CsBr
RbCl		KJ
NaBr		RbJ
LiBr		CsJ
NaJ		
LiJ		

Der reine salzige Geschmack des Kochsalzes wird von keiner anderen Verbindung erreicht. Ordnet man die Salze in steigender Reihenfolge der Summe ihrer Ionendurchmesser (Tab. 28), so findet man eine eindeutige

Tab. 28 Geschmack, Summe der Ionendurchmesser, Löslichkeit von Alkalihalogeniden

Salz	Summe der Ionendurchmesser in Å	Geschmack bitter	Geschmack salzig	Löslichkeit g/100 ml H_2O	Molekulargewicht in Dalton
LiCl	4,98		+	63,7	42,39
LiBr	5,28		+	145,0	86,85
NaCl	5,56		+	35,7	58,44
LiJ	5,76		+	151,0	133,84
NaBr	5,86		+	116,0	102,90
KCl	6,28		+	34,7	74,56
NaJ	6,34		+	184,0	148,89
RbCl	6,56		+	77,0	120,92
KBr	6,58	+	+	53,5	119,01
RbBr	6,86	+		98,0	165,38
CsCl	6,96	+		162,2	168,36
KJ	7,06	+		127,5	166,01
CsBr	7,26	+		124,3	212,81
RbJ	7,34	+		152,0	212,37
CsJ	7,74	+		44,0	259,81

Beziehung zwischen der Summe der Ionendurchmesser eines Alkalihalogenids und seinem salzigen oder bitteren Geschmack. Von LiCl bis RbCl überwiegt der salzige Geschmack. KBr ist salzig und bitter, und von RbBr bis CsJ dominiert der bittere Geschmack. Um nur einen Blick auf die im Periodischen System benachbarte Gruppe der Erdkalien zu werfen: $MgCl_2$ mit einem Ionendurchmesser von 8.50 Å ist ebenfalls bitter; dasselbe gilt für $MgSO_4$. Von den Alkalihalogeniden der Tab. 27 mit salzigem Geschmack scheiden Lithiumsalze wegen ihrer pharmakologischen Wirkung für eine Verwendung im Lebensmittelbereich aus; sie werden nämlich zur Bekämpfung gewisser Geisteskrankheiten verwandt. Auch Bromide sind physiologisch nicht unbedenklich, und Jodide sind zwar sehr wertvoll bei der Kropfbekämpfung, können aber wohl kaum in den hier besprochenen hohen Dosen zur Anwendung kommen. Vom Geschmack und Preis her käme Kaliumchlorid in Frage, für Nierenkranke kann allerdings das Kalium gefährlich werden.

Zwischen der Löslichkeit der Alkalihalogenide und ihrem Geschmack sowie zwischen ihrem Molekulargewicht und Geschmack sind keine Beziehungen zu erkennen.

3.3.4 Kochsalz als Konservierungsmittel

Kochsalz wird in der Lebensmittelindustrie in immensem Umfang als Konservierungsmittel für Milch- und Fleischprodukte, für Fisch und Gemüse eingesetzt, oft in Kombination mit einer Fermentation. Der Kochsalzgehalt stellt dabei eine gewissermaßen konstante Komponente im Aroma dar, während sich der Gehalt an freien Fettsäuren, freien Aminosäuren und sonstigen Aromakomponenten im Verlauf der Reifung von z. B. Käse oder Matjes laufend verändert.

Als Faustregel gilt für den Mikrobiologen, daß eine 10%ige Kochsalzlösung die Tätigkeit von Mikroorganismen ausschaltet, abgesehen von der Gruppe der Halophilen. (Die 10% Kochsalz beziehen sich selbstverständlich auf die Wasserphase.) Stark gesalzene Butter enthält beispielsweise 1—3% Kochsalz; da die Wasserphase von Butter bei etwa 20% liegt, beträgt ihre Kochsalzkonzentration 5—15%, d. h. wir liegen im konservierenden Bereich. In Abb. 10 ist die Konservierung durch Salzung den anderen Konservierungsmethoden gegenübergestellt.

Fast alle diese Konservierungsmethoden haben Einfluß auf das Aroma der konservierten Lebensmittel, insbesondere Verfahren wie Räucherung, Zuckerung oder Salzung.

Abb. 10 Konservierungsmethoden

biochemisch durch	Konservierung chemisch durch	physikalisch durch	Hemmung des Mikroorganismen-Wachstums durch
Fermentation Milchsäuregärung z.b. bei Bohnen		→	Senkung des pH-Wertes
	Säuren z.b. Essigsäure für Gurken	→	Senkung des pH-Wertes
	Konservierungsmittel z.b. Sorbinsäure	→	Chemische Reaktionen
	Räucherung	→	Chemische Reaktionen
		Pasteurisierung →	Zerstörung der DNS
		Sterilisierung →	Zerstörung der DNS
		Bestrahlung →	Zerstörung der DNS
		Trocknung →	Senkung der Wasseraktivität
		Zuckerung →	Senkung der Wasseraktivität
		Salzung →	Senkung der Wasseraktivität
		Gefrierlagerung →	Niedere Temperaturen

Bei allen Vorbehalten gegenüber KCl scheint nur diese Verbindung Kochsalz als Konservierungsmittel ersetzen zu können; man denke nur an die oft flankierend angewandte mikrobielle Fermentation, bei der nie eine Veränderung zugesetzter organischer Verbindungen auszuschließen ist.

3.3.5 Natrium-reduzierte Lebensmittel

Im Sinne der Diätverordnung der Bundesrepublik Deuschland werden Lebensmittel klassifiziert in ,,streng Natrium-arm'' = unter 40 mg Na/100 g und in ,,Natrium-arm'' = unter 120 mg Na/100 g Lebensmittel. Als ,,Natrium-hoch'' betrachtet man Nahrungsmittel, deren Natriumgehalt unter 400 mg Na/100 g bleibt (das entspricht 1 % Kochsalz), und als „sehr hoch" bezeichnet man Produkte, deren Natriumgehalt über 400 mg Na/100 g liegt. Tab. 29 unterrichtet über den Natriumgehalt verschiedener Lebensmittel.

Tab. 29 Natriumgehalt verschiedener Lebensmittel

Klassifikation	unter ... mg Na/100 g Lbm.	Lebensmittel-Typ	Lebensmittel	mg Na/100 g Lbm.
„streng Na-arm"	40	Fett		
			Palmöl	1
			Kokosfett	4
		Gemüse (frisch)	Erbsen	2
			Rotkohl	4
		Obst		
			Ananas	1
			Äpfel	1
			Bananen	1
		Nüsse (ungesalzen)	Walnüsse	4
		Süßwaren		
			Marzipan	3
			Schokolade	3
		Alkoholika		
			Whisky	1
			Wein	4—7
„Natrium-arm"	120	Fleisch (frisch)	Rinderfilet	51
			Kotelette	62
		Fisch (frisch)	Forelle	39
		Frischmilch-produkte		
			Quark	36
		Diätrange		unter 120
„hoch"	400	Brot		
			Roggenbrot	220
			Grahambrot	370

Fortsetzung Tab. 29 Natriumgehalt verschiedener Lebensmittel

Klassifikation	unter ... mg Na/100 g Lbm.	Lebensmittel-Typ	Lebensmittel	mg Na/100 g Lbm.
„sehr hoch"	Über 400, nach oben offen	Dosengemüse	Dosenspargel	236
		Salzfisch	Bismarckhering	1000
		Schinken	roher Schinken	2530
		Wurst	Salami	1260
		Käse	Edamer	737
		Salzknabber-produkte	Salznüsse	600
			Chips	1000
			Salzstangen	2500

Sehr hohe Kochsalzgehalte findet man außer in Pökelwaren und Salzknabberprodukten in Käse, wobei sich die einzelnen Käsesorten stark in ihrem Kochsalzgehalt unterscheiden, worüber Tab. 30 berichtet.

Tab. 30 Kochsalz in verschiedenen Käsesorten

Käse	% NaCl
Roquefort	4,1 — 5,0
Feta	2,4 — 4,4
Parmesan	2,1 — 3,5
Fontina	1,9 — 2,1
Edamer	1,7 — 1,8
Cheddar	1,6 — 1,7
Emmentaler	0,9 — 1,0
Crescenza	0,8 — 0,9

Zur Erläuterung: Feta ist ein griechischer Frischkäse aus Schafsmilch; der hohe Kochsalzgehalt wird hier aus Konservierungsgründen angewandt. Fontina stellt eine italienische Käsespezialität dar, ein Schnittkäse mit einem Aroma, das zwischen dem vom Emmentaler und dem vom Tilsiter liegt. Als Crescenza schließlich bezeichnet man einen italienischen Frischkäse.

3.3.6 Kochsalzersatzmittel

An ein ideales Kochsalzersatzmittel sind folgende Forderungen zu stellen:
1. dominierender Kochsalzgeschmack
2. kein Nebengeschmack
3. physiologische Unbedenklichkeit
4. möglichst dem Kochsalz chemisch verwandt, d. h. ein Chlorid

Die Tabelle 31 zeigt, inwieweit verschiedene als Kochsalzersatz vorgeschlagene Einzelsubstanzen oder Handelsprodukte den 4 Forderungen entsprechen (131).

Tab. 31 Kochsalzersatzmittel

Substanz/Produkt	Forderung			
	1	2	3	4
Kaliumchlorid	±	±	−	+
Kalium-l-glutamat	±	±	−	−
Kaliumadipat	±	±	−	−
Kaliumlactat	±	±	−	−
Kaliumsuccinat	±	±	−	−
Kaliumcitrat	±	±	−	−
Kaliumguanylat	±	±	−	−
Kaliuminosinat	±	±	−	−
Kaliumsulfat	±	±	−	−
Kaliumphosphat	±	±	−	−
Calciumadipat	±	±	−	−
Magnesiumadipat	±	±	−	−
Ammoniumchlorid	±	±	+	+
Ammonium-l-glutamat	±	±	+	−
Cholinacetat	±	±	+	−
Cholinlactat	±	±	+	−
Cholincitrat	±	±	+	−
Handelsprodukt 1	±	±	+	−
Handelsprodukt 2	±	±	−	−
Handelsprodukt 3	±	±	−	+
Handelsprodukt 4	±	±	−	+
Handelsprodukt 5	±	±	−	+
Handelsprodukt 6	±	±	−	−
Handelsprodukt 7	±	±	−	−
Handelsprodukt 8	±	±	−	−

Keines der Kochsalzersatzmittel trifft voll den Kochsalzgeschmack, daher die Benotung ± in den beiden ersten Spalten.

3.3.7 l-Histidinhydrochlorid als Kochsalzersatz

Eigene Untersuchungen über die Verwendung von l-Aminosäuren als Kochsalzersatzmittel ergaben, daß l-Histidinhydrochlorid alle 4 Postulate der Tab. 31 erfüllt.

3.3.8 Maßnahmen zur Senkung der Natriumaufnahme

Im Sinne der Volksgesundheit sollte die Natriumaufnahme so weit wie möglich reduziert werden. Dies könnte geschehen durch
1. Verminderung der Kochsalzmenge auf das sensorisch unumgängliche Minimum,
2. Ersatz von NaCl als Konservierungsmittel durch KCl,
3. In Brot Ersatz von 25% des NaCl durch KCl,
4. Wo möglich, Ersatz von Mononatriumglutamat durch Glutaminsäure,
5. In Lebensmittelzusatzstoffen Ersatz des Natriumions durch das Ammoniumion,
6. Histidinhydrochlorid als Kochsalzersatz.

3.4 Bittere Komponenten aus Lebensmittel-Nebenbestandteilen

Amara, Bitterstoffe (ursprünglich wesentlicher Bestandteil der Medizin, 30 von 250 Arzneimitteln aus der Schule des Hippokrates gehörten dazu), sind heute aus der Pharmazie weitgehend verdrängt, spielen aber noch eine Rolle in Aperitifs oder bitteren Spirituosen (157, 158).

Interessant ist, daß in der Pharmazie die Wertbestimmung der Bitterdrogen sensorisch erfolgte, indem man in Verdünnungsreihen die Schwellwerte bestimmte, da dies einfacher als eine chemische Analyse war.

Zu erwähnen sind hier auch die Bitterstoffe des Hopfens, die zu den bitteren Komponenten des Bieres umgewandelt werden, ferner die angenehm bitteren Verbindungen in Lebensmitteln wie Oliven und Zichorie, aber auch die unangenehmen Komponenten, die manchmal tiefgekühlte Möhren oder ,,normale'' Gurken ungenießbar machen, sowie die Purine Coffein, Theobromin und Theophyllin, die mit zum bitteren Geschmack von Kaffee, Kakao und Tee beitragen, sowie Amygdalin, das bittere Prinzip bitterer Mandeln. Aus methodischen Gründen empfiehlt sich eine Aufgliederung in terpenoide und nicht-terpenoide Bitterstoffe. Wir wollen mit den terpenoiden Bitterstoffen beginnen.

Hier kurz einige Worte zur Naturstoffklasse der Terpene (159): *L. Ruzicka* sprach schon 1921 die Vermutung aus, daß die Terpene aus Isopren-Einheiten aufgebaut seien.

Zwei Moleküle Isopren können ringförmig zusammentreten:

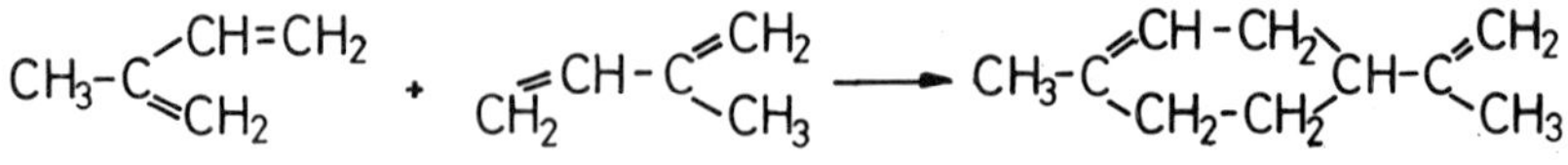

$$CH_3-C{\overset{CH=CH_2}{\underset{CH_2}{}}} + C{\overset{}{\underset{CH_2}{}}}{\overset{}{=}}CH-C{\overset{CH_2}{\underset{CH_3}{}}} \longrightarrow CH_3-C{\overset{CH-CH_2}{\underset{CH_2-CH_2}{}}}CH-C{\overset{CH_2}{\underset{CH_3}{}}}$$

So entstehen aus 2 Molekülen Isopren die Monoterpene, $C_{10}(H)$,
aus 3 Molekülen Isopren die Sesquiterpene, $C_{15}(H)$,
aus 4 Molekülen Isopren die Diterpene, $C_{20}(H)$,
aus 6 Molekülen Isopren die Triterpene, C_{30} (H),
und aus 8 Molekülen Isopren die Tetraterpene, $C_{40}(H)$.

Auch Sauerstofffunktionen können hinzukommen (159).

Die Polymerisation von Isopren-Molekülen kann aber auch zu Ketten führen, d. h. zu Kautschuk, einem Polyterpen.

3.4.1 Gentiopikrin

In Enzianwurzel findet man das bittere Monoterpenglucosid Gentiopikrin

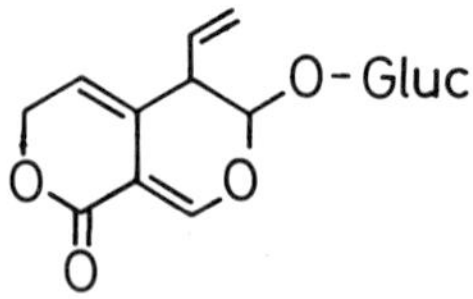

Gentiopikrin

Enzianwurzel ist die am meisten benutzte Bitterstoffdroge und kommt in vielen Aperitifs vor.

3.4.2 Oleuropeinsäure

Oleuropeinsäure stellt die bittere Komponente im Fruchtfleisch der Oliven dar

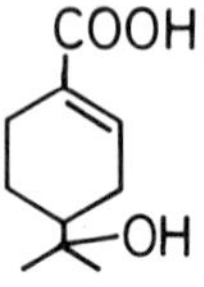

Oleuropeinsäure

Es handelt sich auch hierbei um ein Monoterpen; in der Olive liegt es als Monosaccharosid vor.

3.4.3 Picrocrocin

Das Gewürz Safran enthält als Bitterstoff Picrocrocin, ein Terpenglucosid:

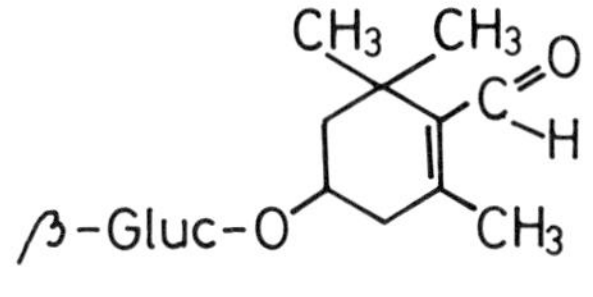

Picrocrocin

3.4.4 Cucurbitacine

In den Klassen der Sesquiterpene und Diterpene kommen zwar auch Bitterstoffe vor, ihre Bedeutung für Lebensmittel ist indes nicht so groß. Cucurbitacin I, das für den manchmal auftretenden bitteren Geschmack von Gurken verantwortlich ist (157, 158), gehört in die Klasse der Triterpene. An der gelegentlichen Bitterkeit von Zucchinis soll das verwandte Cucurbitacin E schuld sein (278).

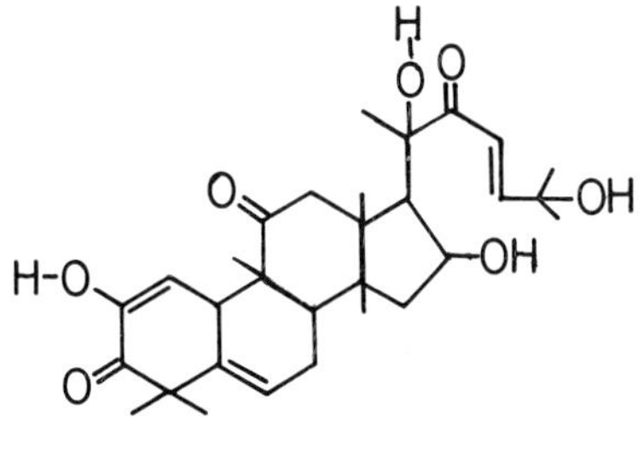

Cucurbitacin I

Soweit die Terpene.

3.4.5 3-Methyl-6-methoxy-8-hydroxy-3,4-dihydro-Isocumarin

In Möhren wurde nach Kaltlagerung gelegentlich Bitterkeit beobachtet, die auf 3-Methyl-6-methoxy-8-hydroxy-3,4-dihydro-Isocumarin zurückgeführt wird:

3-Methyl-6-methoxy-8-hydroxy-3,4-dihydro-Isocumarin

3.4.6 Lactucin und Lactucopikrin

Der angenehm bittere Geschmack von Zichorien (Chicoree) wird durch Lactucin und Lactucopikrin hervorgerufen:

Lactucin

Lactucopikrin ist der p-Hydroxyphenylessigsäuremonoester des Lactucins.

3.4.7 Cynaropikrin

Ähnlich gebaut wie das Lactucin ist der Bitterstoff der Artischockenblätter, das Cynaropikrin:

Cynaropikrin

3.4.8 Amygdalin

Bittere Mandeln — man erntet sie von der „Naturform" des Mandelbaumes, süße Mandeln kommen nur von speziell veredelten Bäumen — enthalten 3—5% Amygdalin, das Mandelsäurenitril-ß-gentiobiosid:

$$\text{C}_6\text{H}_5-\text{CH}(\text{O}-\beta\text{-Gluc-Gluc})-\text{CN} \quad \text{Amygdalin}$$

3.4.9 Carnosol

Salbei und Rosmarin enthalten — neben ihren flüchtigen Aromabestandteilen — als Bitterstoff Carnosol:

Carnosol

3.4.10 Alkaloide

3.4.10.1 Chinin

Chinin, aus der Rinde des tropischen Chinabaumes, setzt man als Bitterstoff ein bei der Herstellung von Tonic Water. Ursprünglich zur Malariaprophylaxe der Engländer in Indien gedacht, ist aus dem Medikament nun ein Aromastoff geworden, der indes wegen seiner pharmakologischen Wirkung nicht unumstritten blieb. Da genügend Bitterstoffe ohne Medikamentenwirkung vorliegen, ist es verständlich, daß man die Verwendung von Chinin als Aromastoff möglichst zurückdrängen möchte.

Chinin

3.4.10.2 Coffein, Theobromin und Theophyllin

Aus der Gruppe der Alkaloide mit bitterem Geschmack sind auch Coffein, Theobromin und Theophyllin zu nennen, die außer ihren sonstigen Wirkungen Kaffee, Kakao und Tee einen bitteren Geschmack verleihen.

	R_1	R_2	R_3
Coffein	CH_3	CH_3	CH_3
Theobromin	H	CH_3	CH_3
Theophyllin	CH_3	CH_3	H

Purine

Zur Bitterkeit von Kaffee tragen allerdings auch noch Röststoffe und Chlorogensäure bei, und im Falle von Kakao sind es die aus je 2 Aminosäuren kondensierten Diketopiperazine (85,86), die hauptsächlich den bitteren Geschmack verursachen (siehe auch Kap. 4.5).

Diketopiperazin

In Tee verschwindet die schwache Bitterkeit fast völlig infolge der stark hervortretenden Adstringenz.

3.4.11 „α-Säuren" in Hopfen und „iso-α-Säuren" in Bier

Der bittere Geschmack von Hopfen beruht weitgehend auf den sog. α-Säuren wie Humulon, Cohumulon, Adhumulon, weniger auf den sog. β-Säuren wie Lupulon, Colupulon und Adlupulon.

α-Säuren   iso-α-Säuren

Diese α-Hopfen-Bitterstoffe findet man im Bier nicht mehr. Sie wurden durch den Brauprozess verändert und in wasserlösliche iso-α-Säuren, Isohumulone etc. überführt, die dem Bier seine unverzichtbare Bitternote geben.

3.4.12 Flavanonglucoside

Die Überführung der in Citrusfrüchten vorkommenden bitteren Flavanon-7-0-glucoside Naringin und Neohesperidin in die süßen Dihydrochalkone wurde unter 3.2.7 beschrieben.

3.5 Adstringierende Komponenten aus Lebensmittel-Nebenbestandteilen

Wie schon in Kap. 1.4 erwähnt, wird der Geschmackseindruck „adstringierend" von Verbindungen mit Gerbstoffcharakter hervorgerufen. Von *K. Freudenberg* stammt die Einteilung der Gerbstoffe in 2 Gruppen, in hydrolysierbare Gerbstoffe, die sich meistens von der Gallussäure ableiten, und in kondensierte Gerbstoffe, die keine Ester sind und deren meist aromatische Kerne durch C-C-Bindungen zusammengehalten werden, wie z. B. die Catechine und Hydroxyflavone:

Gallussäure   Catechin

In Lebensmitteln spielen adstringierende Verbindungen vom nicht-hydrolysierbaren Typ, insbesondere Catechin, eine wichtige Rolle. Oft sind mehrere Catechin-Einheiten kondensiert, und es scheint so zu sein, daß in unreifen Früchten noch höhere Konzentrationen der adstringierenden niedrigkondensierten Catechine vorhanden sind, die dann im Verlauf der Fruchtreifung zu höherkondensierten und weniger adstringierenden Verbindungen kondensieren (41.25, 126). Dem Polycyanidin Typ B z. B. aus Bananen schreibt man folgende Struktur zu:

Polycyanidin Typ B

Die adstringierende Gerbstoffwirkung von Polyphenolverbindungen (126, 127) in alkoholischen Getränken wie Bier, Wein und Brandy und auch in nicht-alkoholischen Getränken wie Tee, Kaffee und Kakao ist unbestritten, weiterhin treten sie auch sonst in Lebensmittel wie Bananen, Walnüssen, Rhabarber, Birnen, Pflaumen, Avocados, Blaubeeren und Grapefruits auf (41.25).

3.6 Komponenten mit „brennendem" Geschmack aus Lebensmittel-Nebenbestandteilen

Stoffe mit brennendem Geschmack (30.3, 155) (siehe auch Kap. 1.4) lassen sich chemisch in 4 Hauptgruppen teilen:

1. O-Methoxy(methyl)-phenol-Verbindugnen wie Myristicin und die Gingerole
2. Säureamid-Verbindungen wie Capsaicin und Piperin
3. Senföle wie Allylsenföl
4. Disulfide

Gemeinsam ist den Molekülen von Verbindungen mit brennendem Geschmack meistens, daß sie 2 Zentren mit beweglichen π-Elektronen aufweisen, wobei das eine Zentrum aus einer Amid-, Keton-, Aldehyd-, Allyl- oder Rhodanidgruppe besteht und das andere Zentrum ein aromatisches oder Vinyl-System enthält. Die Entfernung beider Zentren voneinander scheint einen Einfluß auf die Intensität des brennenden Geschmacks zu haben.

3.6.1 Myristicin

Myristicin ist die „brennende" Komponente der Muskatnuß, in der es zu 10% enthalten ist. Daneben sind noch α- und β-Pinen vorhanden, die hauptsächlich in den Geruch eingehen.

Myristicin

3.6.2 Gingerole

Für die „brennende" Komponente von Ingwer sind Gingerole und Methylgingerole verantwortlich:

Gingerole
n = 4,6,8

Durch verschiedene Reaktionen entstehen daraus die Shogaole, die Paradole sowie Zingeron und eine Serie von Aldehyden.

3.6.3 Capsaicin

Capsaicin ist das brennend schmeckende Prinzip von Gewürzpaprika, Cayennepfeffer, Chillies. Als Gemüsepaprika bevorzugt man indes Sorten, die möglichst Capsaicin-frei sind.

Capsaicin

3.6.4 Piperin

Piperin ist die scharf schmeckende Komponente von schwarzem und weißem Pfeffer:

Piperin

Die unreifen Beerenfrüchte des Pfefferstrauches werden geerntet und getrocknet, dabei verfärben sie sich schwarzbraun, man erhält den schwarzen Pfeffer. Zur Gewinnung des weißen Pfeffers erntet man die reifen Früchte, fermentiert 2—3 Tage, trocknet und schält.

3.6.5 Allylsenföl

Senföle (= Isothiocyanate) kommen immer an Glucose gebunden als Glucosinolate vor. Ein eigenes Enzym, die Myrosinase, eine β-Thioglucosidase, setzt sie daraus unter Spaltung der S-C-Bindung frei, und es erfolgt eine nicht-enzymatische *Lossen*-Umlagerung.

$$\underset{S-C_6H_{11}O_5}{\overset{N-O-SO_3^\ominus \ Na^\oplus}{R-C}} \xrightarrow{\text{Myrosinase}} \underset{S-C_6H_{11}O_5}{\overset{O-SO_3^\ominus \ Na^\oplus}{R-N=C}} \longrightarrow R-N=C=S$$

Senföle = Isothiocyanate

Schwarzer Senf enthält etwa 1% Sinigrin aus dem 0,1% Allylsenföl entstehen:

$$CH_2 = CH-CH_2-N=C=S \qquad \text{Allylsenföl}$$

3.6.6 p-Hydroxybenzylsenföl

Weißer Senf enthält 2,5% Sinalbin, aus dem das nicht flüchtige, brennend schmeckende p-Hydroxybenzylsenföl entsteht:

$$HO-\underset{}{\bigcirc}-CH_2-N=C=S$$

p-Hydroxybenzylsenföl

Weißer Senf wirkt milder als schwarzer.

3.6.7 Sulforaphen

Aus dem Glucosinolat Glucoraphanin entsteht die brennend schmeckende Verbindung des Rettichs und der Radieschen, Sulforaphen:

$$CH_3-\overset{\overset{O}{\uparrow}}{S}-CH=CH-CH_2-CH_2-N=C=S \qquad \text{Sulforaphen}$$

3.6.8 Allicin

Beim Zerkleinern der Knoblauchzwiebel entsteht aus dem geruchlosen Alliin durch Einwirkung des Enzyms Alliinase das Allicin mit dem typischen Knoblaucharoma einschließlich der brennenden Komponenten (262).

$$2\ CH_2=CH-CH_2-\overset{\overset{O}{\uparrow}}{S}-CH_2-\underset{\underset{NH_2}{|}}{CH}-COOH$$
Alliin

$$\xrightarrow{\text{Alliinase}} CH_2=CH-CH_2-\overset{\overset{O}{\uparrow}}{S}-S-CH_2-CH=CH_2$$
Allicin

3.7 Komponenten mit „kühlem" Geschmack aus Lebensmittel-Nebenbestandteilen

„Kühl" ist eine Geschmacksempfindung, die praktisch nur von Menthol, der Schlüsselverbindung von Pfefferminz, hervorgerufen wird (siehe Kap. 1.4).

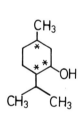

(—)-Menthol

Der cyclische Monoterpenalkohol Menthol hat 3 asymmetrische C-Atome und bildet damit 8 Stereoisomere. (-)-Menthol ist am weitesten verbreitet und Hauptbestandteil verschiedener Pfefferminzsorten. Das (-)-Menthol hat den typischen Pfefferminzgeruch (19) und übt die kühlende Wirkung aus, von der man gern in Zahncremes bzw. Mundwässern Gebrauch macht. Natürlich wäre es für die Mundkosmetik äußerst wertvoll, die Kühl- und damit die Frischewirkung des Menthols zu protrahieren. Dazu bieten sich folgende Möglichkeiten:

1. Chemische Veränderungen wie Acetalisierung, Veresterung
2. Einarbeiten des Menthols in Kunststoffe, aus denen es dann langsam frei wird. Die Menthol-Kunststoffkörner können dabei in Zahnpasten als Putzkörper dienen.
3. Applikation des Menthols in einer Öl/Wasser-Emulsion. Ein dünner Fettfilm, der aufgrund des *Nernst*'schen Verteilungssatzes das Menthol angereichert enthält, würde dann die Oberfläche des Mundinnenraumes überziehen und langsam das Menthol freigeben.
4. Anwendung von Aromaverstärkern wie Maltol oder Methylcyclopentenolon.
5. Mikroenkapsulierung von Menthol.

Pharmazeutisch zur Stillung von Juckreiz, zum Einreiben bei Neuralgien und in Schnupfenmitteln benutzt, denkt man bei der Anwendung im Lebensmittelsektor zunächst nur an Pfefferminztee und -tabletten und an Filterzigaretten. Die englische Küche kennt Pfefferminzsoße zu Hammelbraten und auch in Schmelzkäse verwendet man Menthol wegen seiner kühlenden Wirkung.

- **Problemlösungen**
- **Grundstoffe für Gewürze**
- **Entkeimung von Gewürzen**
- **AROMEN**
- **Biotechnologie**
- **Auftragsentwicklungen**

ARO-Laboratorium GmbH
2070 Ahrensburg · Lübecker Straße 124

3.8 Gewürze

Gewürze waren die Pioniere des Welthandels, machten Venedig reich, ließen *Kolumbus* den Seeweg nach Indien suchen und die Holländer in Insulinde ihr Gewürzimperium aufbauen. Im Zusammenhang mit dem Thema des vorliegenden Buches sind Gewürze insofern von Interesse, als sie oft reine Schlüsselverbindungen darstellen und für die Küche eine geradezu ideale Form der Lebensmittelaromatisierung ermöglichen. Ihr Einsatz in der Lebensmittelindustrie stellt allerdings wegen ihrer oft recht hohen Keimbelastung ein ernstes Problem für die Lagerfähigkeit der damit hergestellten Produkte dar. Hier bevorzugt man daher die Anwendung der aus den Gewürzen erhältlichen Gewürzöle.

Einige Gewürze, die nur die verschiedenen Geschmackskategorien ansprechen, wurden bereits erwähnt. Hier sollen die wichtigsten Gewürze, die auf Geruch und Geschmack einwirken, in alphabetischer Reihenfolge aufgeführt werden (19, 155).

3.8.1 Anis

Hauptaromabestandteil von Anis ist trans-Anethol

$$CH_3O-\text{C}_6H_4-CH=CH-CH_3 \text{ (trans)}$$

trans-Anethol

Anethol wird in großen Mengen zur Fabrikation von Alkoholika wie Ouzo und Pernod und für Mundpflegemittel verwendet.

3.8.2 Basilikum

Basilikum vom europäischen Typ enthält als Hautpkomponenten Linalool und Methylchavicol

Linalool

$$CH_3O-\text{C}_6H_4-CH_2-CH=CH_2$$

Methylchavicol

3.8.3 Bohnenkraut

Hauptaromakomponente von Bohnenkraut ist Carvacrol, das Isomere des Thymols.

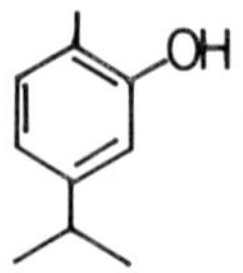

Carvacrol

3.8.4 Dill

Hauptaromakomponente von Dill ist das cyclische Monoterpenketon (+)Carvon.

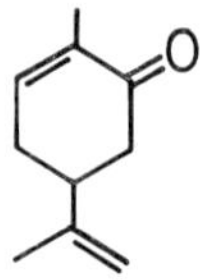

(+)Carvon

3.8.5 Estragon

Den Hauptaromabestandteil des Estragons stellt Estragol, ein Methylchavicol (wie im Basilikum).

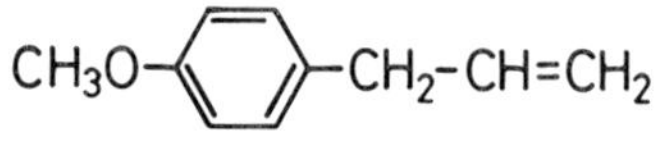

$CH_3O-\langle\bigcirc\rangle-CH_2-CH=CH_2$

Methylchavicol

Daneben findet man relativ große Mengen der Monoterpenkohlenwasserstoffe cis- und trans-Ocimen.

Ocimen

3.8.6 Fenchel

Hauptaromabestandteile von Fenchel sind trans-Anethol, das uns schon im Anis begegnete, und Fenchon, ein Trimethylbicycloheptanon.

Fenchon

3.8.7 Koriander

Hauptaromabestandteile von Koriander sind Linalool, das uns schon im Basilikum begegnete, begleitet von α-Pinen, γ-Terpinen sowie Campher.

α-Pinen   γ-Terpinen   Campher

3.8.8 Kümmel

Als Hauptaromakomponenten von Kümmel findet man (+)Carvon, das schon beim Dill genannt wurde, und (+)Limonen.

(+)Limonen

3.8.9 Liebstöckel

Die Hauptaromakomponenten von Liebstöckel, dem ,,Maggistrauch", sind Phthalide, insbesondere 3-n-Butylphthalid und 4,5-Dihydro-3-n-butylphthalid (Sedaneolid).

3-n-Buthylphthalid   Sedanenolid = 4,5-Dihydro-3-n-butylphthalid

Diese Verbindungen kommen übrigens auch als Schlüsselkomponenten in Sellerie vor (Kap. 4.2.8).

3.8.10 Lorbeer

Als Hauptaromakomponente von Lorbeer fand man 1,8-Cineol, daneben kommt Linalool vor.

Cineol

3.8.11 Majoran

Die Hauptaromakomponenten von Majoran sind Sabinen sowie cis- und trans-Thujanol-4.

Sabinen   Thujanol

3.8.12 Nelken

Als Hauptbestandteile des Aromas von Nelken fand man Eugenol.

$$\text{HO–C}_6\text{H}_3(\text{OCH}_3)\text{–CH}_2\text{–CH=CH}_2$$

Eugenol

3.8.13 Thymian

Die Hauptkomponente des Aromas von Thymian stellt Thymol, daneben findet man das Isomere Carvacrol.

Thymol

3.8.14 Vanille

Hauptaromakomponente von Vanille ist das auch sonst oft in geringen Mengen vorkommende Vanillin, ein 4-Hydroxy-3-methoxy-benzaldehyd.

Vanillin

3.8.15 Zimt

Der Hauptaromabestandteil von Zimt ist der Zimtaldehyd, 3-Phenyl-2-propenal.

Zimtaldehyd

MERO.
WERTZUWACHS DURCH NATUR.

Seit 150 Jahren erforscht Mero weltweit die feinsten Aromastoffe. Mero fängt die Natur für Sie ein und verfügt heute über eine der breitesten Paletten an natürlichen Aromastoffen. Zahlreiche Produkte in der Lebensmittel- und Getränkeindustrie verdanken ihren Erfolg der Qualität und der Vielfalt von Mero Aromastoffen. Eingebunden in eine französische Unternehmensgruppe von internationalem Ruf im Lebensmittel- und Pharmabereich, verfügt Mero über eine solide Basis für Investitionen und Innovationen in der Biotechnologie. Gewinnen Sie Marktanteile. Mero bedeutet Wertzuwachs für Ihre Produkte.

MERO INTERNATIONAL

Mero Rousselot Satia GmbH, Postfach 33 04 80
Kanzlerstraße 6, D–4000 Düsseldorf 30, Telefon: 02 11 / 65 808 00, FS: 858 8479

4. Aromagramme von Lebensmitteln

Mit Hilfe der in Kapitel 1.4 erläuterten Aromagramme werden nachfolgend die verschiedenen Lebensmittelaromen beschrieben.

4.1 Obstfrüchte und Nüsse

Während Nüsse durch ihren hohen Fettanteil und das Fehlen von süß/sauren Komponenten gekennzeichnet sind, enthalten Obstfrüchte (258) Wasser als mengenmäßig wichtigsten Bestandteil. Darin gelöst sind Zucker, meist Mischungen von Saccharose, Fructose und Dextrose, sowie Fruchtsäuren, hier insbesondere Citronensäure, Äpfelsäure, Weinsäure und Bernsteinsäure. Dieses süß-saure Geschmacksgrundmuster verschiebt sich im Verlauf der Reifung in Richtung süß; gleichzeitig nimmt die Adstringenz, die vor allem in unreifen Früchten auftritt, ab, indem die stärker adstringierenden niedrigmolekularen Tannine zu höherkondensierten, aber schwächer adstringierenden Verbindungen kondensieren. Die Geschmackskategorien salzig, bitter, brennend, kühl, Umami sind für Obstfrüchte kaum von Bedeutung. Für ihren Geruch stellen Ester die wichtigsten Komponenten, gefolgt von Lactonen, Carbonylverbindungen, hier insbesondere Aldehyden, ferner von Alkoholen und flüchtigen Säuren.

4.1.1 Heimische Obstfrüchte

4.1.1.1 Äpfel

Schlüsselverbindungen: 2-Methylbuttersäureethylester

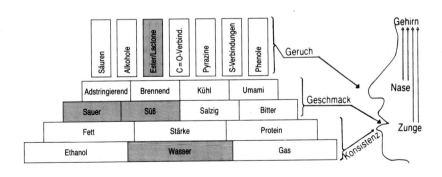

Abb. 11 Aromagramm von Äpfeln

Schlüsselverbindung aus der ganzen Schar der Ester ist der 2-Methylbuttersäureethylester (1,2).

$$CH_3-CH_2-CH-COOC_2H_5$$
$$|$$
$$CH_3$$

An nicht-flüchtigen Säuren enthalten Äpfel 2700—10 200 ppm Äpfelsäure und 0—300 ppm Citronensäure (9).

Apfelsaft

Schlüsselverbindung in Apfelsaft ist trans-Hexen-2-al:

$$CH_3-CH_2-CH_2-\overset{trans}{CH}=CH-\overset{\overset{O}{\|}}{C}-H$$

Bei der Apfelsaftbereitung wird der natürliche Zellverband zerstört, Enzyme kommen in Kontakt mit ihren Substraten, und es bilden sich einerseits durch hydrolytische Wirkung der Esterasen aus den Estern die Alkohole und Säuren, andererseits entsteht durch oxidativen Abbau mittels Lipoxidasen aus der Linolsäure das Hexanal-1 und aus der Linolensäure das trans-Hexen-2-al (3,4,5), das aufgrund seines niedrigen Schwellwertes wesentlich aromaintensiver wirkt als die gesättigte Verbindung. Trans-Hexen-2-al wurde übrigens auch in zerkleinerten Erdbeeren nachgewiesen und dürfte praktisch in allen Obstsäften vorkommen, sofern bei deren Herstellung nicht unter striktem Sauerstoffausschluß oder unter Anwendung von Enzyminhibitoren oder unter Fermentinaktivierung durch Erhitzen, d. h. Blanchieren, gearbeitet wurde. Abgesehen von der Verschlechterung des Aromas führen diese Vorgänge zu einem analytischen Problem: Bei der Aufarbeitung von Lebensmitteln, um daraus Aromakonzentrate für die weiteren analytischen Untersuchungen herzustellen, besteht immer die Gefahr, daß sich das Lebensmittel durch die Aufarbeitung verändert. Die oben empfohlene Anwendung von Enzyminhibitoren oder die Anwendung erhöhter Temperaturen verursachen selbst auch wieder Veränderungen. Man wird also immer gut daran tun, die einzelnen Schritte der Gewinnung eines Aromakonzentrates sorgfältig mittels Headspace-Gaschromatografie zu überwachen. Experimentum crucis ist der Zusatz eines Teiles des Aromakonzentrates zu einem ,,leeren", dem Ausgangsprodukt der Aromagewinnung in Struktur und Zusammensetzung möglichst ähnlichen Substrat, und die anschließende sensorische Prüfung. Treten dann schon ungewohnte oder abweichende Aroma-Eindrücke auf, ist es natürlich sinnvoller, den Arbeitsgang der Aromagewinnung zu überprüfen und zu verbessern, als ein fehlerhaftes Aromakonzentrat zu untersuchen.

Trockenäpfel

Stellvertretend für die gesamte Gruppe der Trockenfrüchte seien hier Trockenäpfel besprochen. Trockenäpfel, oft in Form von Apfelringen, erhält man durch sorgfältiges Trocknen der geschälten und vom Kerngehäuse befreiten Früchte. Man bringt den Wassergehalt auf unter 20%, die Haltbarkeit der Produkte wird durch Schwefeln verbessert.

Im Aroma ist einerseits ein Verlust an flüchtigen Verbindungen zu erwarten, andererseits entstehen bei der enzymatischen Bräunung, die schon für das „Anlaufen" frisch geschnittener Äpfel verantwortlich ist, durch die Wirkung der Polyphenoloxidasen auf Catechine in der Frucht braun gefärbte Komponenten, die auch mit für den „stumpfen" Geschmack der Trockenäpfel verantwortlich sein dürften.

Weitere Früchte, die man auf diese Weise durch Trocknen konserviert, sind Aprikosen, Birnen und Zwetschen. Rosinen kann man als Trockenfrüchte der Weintraube betrachten.

4.1.1.2 Birnen

Schlüsselverbindungen: trans, cis-2,4-Decadiensäuremethyl-, -ethyl, -propyl, -butylester

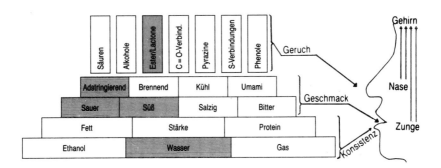

Abb. 12 Aromagramm von Birnen (Bartlett-Birnen)

Schlüsselverbindungen sind die Methyl-, Ethyl-, Propyl-, und Butylester der trans, cis-2,4-Decadiensäure (6):

$$CH_3-CH_2-CH_2-CH_2-CH_2-\overset{cis}{CH=CH}-\overset{trans}{CH=CH}-\underset{\underset{\underset{\underset{-C_4H_9}{-C_3H_7}}{-C_2H_5}}{O-CH_3}}{\overset{\overset{O}{\|}}{C}}$$

Die schwache Adstringenz von Birnen dürfte durch niedrig-kondensierte Tannine verursacht werden, die im Verlauf der Reifung in weniger adstringierend wirkende höher-kondensierte Catechine übergehen.

An nicht-flüchtigen Säuren enthält das Aroma von Birnen etwa 1200 ppm Äpfelsäure und etwa 2400 ppm Citronensäure.

4.1.1.3 Erdbeeren

Schlüsselverbindungen:

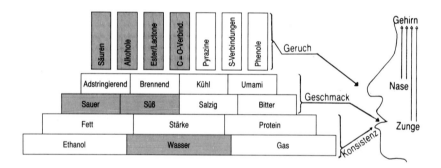

Abb. 13 Aromagramm von Erdbeeren

Wie man sieht, sind für ein naturidentisches Erdbeeraroma (7) Mischungen von Alkoholen, hier insbesondere dem sog. Blattalkohol cis-3-Hexen-1-ol, flüchtigen Säuren von C_2-C_6, Diacetyl und Estern wichtig, intensiviert durch Verbindungen wie Vanillin und Maltol; an nicht-flüchtigen Fruchtsäuren enthalten Erdbeeren etwa 1600 ppm Äpfelsäure und 10 800 ppm Citronensäure.

Natürlich vorkommende Schlüsselverbindungen des Erdbeeraromas konnten bisher nicht nachgewiesen werden. Interessant ist die Tatsache, daß es eine synthetische Substanz von ungemein intensivem Erdbeergeruch gibt, nämlich das Ethyl-l-methyl-2-phenylglycidat.

$$\text{C}_6\text{H}_5-\text{CH}(\text{O}-)-\overset{\text{CH}_3}{\underset{}{\text{C}}}-\text{C}(=\text{O})\text{OC}_2\text{H}_5$$

Man sieht hier den Unterschied zwischen einem Aroma, für das eine oder auch nur wenige Schlüsselverbindungen existieren, und einem Aroma, das aus einem Bukett von Einzelkomponenten besteht. Ziel jeder Aromaforschung ist natürlich, die Schlüsselverbindung(en) eines Aromas aufzuklären. Gelingt dies nicht, so versucht man, sich mit einer Mischung der nachgewiesenen Verbindungen dem Ziel zu nähern.

4.1.1.4 Himbeeren

Himbeeraroma enthält als Schlüsselverbindung p-Hydroxyphenyl-3-butanon, das sog. Himbeerketon (8).

$$\text{HO}-\text{C}_6\text{H}_4-\text{CH}_2-\text{CH}_2-\underset{\text{O}}{\overset{\|}{\text{C}}}-\text{CH}_3$$

Schlüsselverbindungen: p-Hydroxyphenyl-3-butanon

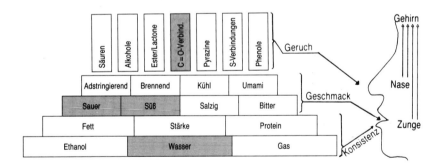

Abb. 14 Aromagramm von Himbeeren

An Fruchtsäuren enthalten Himbeeren etwa 400 ppm Äpfelsäure und 13 000 ppm Citronensäure (9).

4.1.1.5 Pfirsiche

5 verschiedene γ-Lactone und das δ-Decalacton sind die Schlüsselverbindungen des Pfirsicharomas (11):

$$CH_3-(CH_2)_n-\overset{\displaystyle CH_2-CH_2}{\underset{\displaystyle \diagdown O \diagup}{CHC=O}}\qquad CH_3-(CH_2)_4-\overset{\displaystyle CH_2}{\overset{\displaystyle CH_2CH_2}{\underset{\displaystyle \diagdown O \diagup}{CHC=O}}}$$

γ-Lactone $C_6 - C_{10}$ \hspace{2cm} δ-Decalacton
n = 1 − 4

Abgesehen von den unterschiedlichen Schlüsselverbindungen ähnelt das Aromagramm von Pfirsichen dem von Äpfeln (s. Abb. 11).

An Fruchtsäuren enthalten Pfirsiche etwa 3700 ppm Äpfelsäure und 3700 ppm Citronensäure.

4.1.1.6 Aprikosen

Eine Schlüsselverbindung für das Aroma von Aprikosen wurde bisher nicht beschrieben. Im Bukett scheinen flüchtige Säuren (Essigsäure, 2-Methylbuttersäure, Capronsäure) und Lactone (γ-Lactone: γ-Caprolacton, γ-Octalacton, γ-Decalacton, γ-Dodecalacton sowie δ-Decalacton) neben dem in Steinfrüchten ubiquitär vorkommenden Benzaldehyd wichtig zu sein (12). Nebenbei sei erwähnt, daß in eingedosten, nicht entkernten Aprikosen bis zu 33 ppm Blausäure nachgewiesen wurden. Benzaldehyd und Blausäure stammen aus den „cyanogenen" Glucosiden, die außer in Aprikosenkernen auch in Mandeln (Amygdalin) oder in Kernen von Kirschen, Pfirsichen und Äpfeln vorkommen. Selbst in den entsprechenden Obstbranntweinen ist die Blausäure noch nachweisbar.

Schlüsselverbindungen:

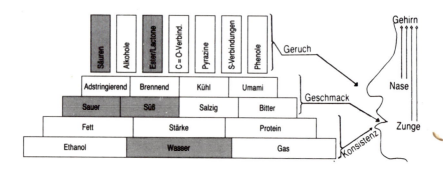

Abb. 15 Aromagramm von Aprikosen

Aprikosen enthalten etwa 3300 ppm Äpfelsäure und 10 600 ppm Citronensäure.

4.1.1.7 Kirschen

Auch für Kirschen wurde bisher keine Schlüsselverbindung nachgewiesen. Man nimmt ein Bukett aus den üblichen flüchtigen Säuren, Alkoholen, Estern und Aldehyden an.

Das Aromagramm von Kirschen hat somit eine gewisse Ähnlichkeit mit dem von Erdbeeren (s. Abb. 13).

An nichtflüchtigen Fruchtsäuren enthalten Kirschen etwa 12 500 ppm Äpfelsäure und 100 ppm Citronensäure.

4.1.1.8 Schwarze Johannisbeeren

Mischt man die analytisch nachgewiesenen Komponenten des Aromas der Schwarzen Johannisbeere aus den üblichen Gruppen der flüchtigen Säuren, Alkohole, Ester, Lactone und Carbonylverbindungen, so gelingt es nicht, den typischen Geruch zu rekonstituieren. Interessant ist, daß man aus dem ,,etherischen Öl'' der Bucco-Blätter (von den in Südafrika sowohl wild wachsenden als auch kultivierten Sträuchern *Agathosma betulina* und *Agathosma crenulata*, Familie der *Rutaceen*) ein schwefelhaltiges Pulegonderivat isoliert hat ((13), das p-Menthan-8-thiol-3-on, das im Bucco-Blattöl in Mengen bis zu 0,5 % vorkommt und in 2 diastereomeren Formen I und II im Verhältnis 7:3 vorliegt,

und das typische Aroma Schwarzer Johannisbeeren aufweist (13, 19). Bucco-Öl wird deshalb schon seit längerem in der Aroma-Industrie verwandt. Schwarze Johannisbeeren enthalten 4000 ppm Äpfelsäure und 30 300 ppm Citronensäure.

Das Aromagramm der Schwarzen Johannisbeeren ähnelt dem von Erdbeeren (s. Abb. 13).

4.1.1.9 Holunderbeeren

Schlüsselverbindungen der Holunderbeeren sind Phenylacetaldehyd und 2-Furaldehyd (14).

Phenylacetaldehyd   2-Furaldehyd

Abgesehen von den unterschiedlichen Schlüsselverbindungen ähnelt das Aromagramm dem von Himbeeren (s. Abb. 14).

4.1.2 Exotische Obstfrüchte

Außer den schon „klassischen" exotischen Früchten wie Bananen, Zitrusfrüchten und Ananas kommen in den letzten Jahren auch ausgesprochen fremdländische Südfrüchte wie Mango, Passionsfrucht und Papaya auf den Markt, oft leider nur in Form von Zubereitungen oder Säften, da die Transportprobleme z. T. noch nicht gelöst sind.

4.1.2.1 Ananas

Schlüsselverbindungen des Ananas-Aromas sind die Methyl- und Ethylester der Thiomethylpropionsäure, offensichtlich Abbauprodukte von Methionin (15, 16, 17, 18).

Schlüsselverbindungen: Thiomethylpropionsäuremethylester
Thiomethylpropionsäureethylester

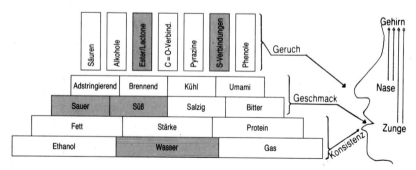

Abb. 16 Aromagramm von Ananas

CH₃—S—CH₂—CH₂—C=O   CH₃—S—CH₂—CH₂—C=O
                | |
                O—CH₃   O—CH₂H₅

Thiomethylpropionsäuremethylester   Thiomethylpropionsäureethylester

An Fruchtsäuren enthalten Ananas etwa 1200 ppm Äpfelsäure und 7700 ppm Citronensäure.

4.1.2.2 Bananen

Wie man dem Aromagramm von Bananen entnimmt, ist Essigsäureisoamylester die Schlüsselverbindung des Bananenaromas.

$$CH_3-\underset{\underset{O}{\|}}{C}-O-CH_2-CH_2-CH\begin{smallmatrix}CH_3\\ \\CH_3\end{smallmatrix}$$

Versuche mit radioaktiv markierten Verbindungen haben gezeigt, daß die Aminosäure l-Leucin in der Pflanze die Ausgangssubstanz für diese Verbindung ist (36).

An Fruchtsäuren enthalten Bananen etwa 5000 ppm Äpfelsäure und 1500 ppm Citronensäure.

Die Adstringenz im Aroma von Bananen, vor allem in noch nicht voll reifen Früchten, dürfte durch die niedrig-kondensierten Tannine verursacht werden, die bei weiterer Reifung in weniger adstringierend wirkende höherkondensierte Catechine übergehen.

Schlüsselverbindungen: Essigsäureisoamylester

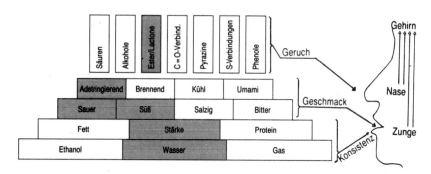

Abb. 17 Aromagramm von Bananen

Zur mehligen Konsistenz der Bananen trägt die Stärke bei. Der Gesamtkohlehydratanteil der Bananen liegt mit 22 % etwa doppelt so hoch wie im Durchschnitt bei anderen Früchten.

4.1.2.3 Zitronen

Schlüsselverbindung des Zitronenaromas sind die cis-trans-Isomeren des Citrals, Citral A und Citral B. Citral kommt in der Natur meist als Gemisch der beiden Isomeren vor (19).

Citral

Zitronen enthalten neben 150 ppm Äpfelsäure etwa 38 400 ppm Citronensäure.

Abgesehen von den Schlüsselverbindungen ähnelt das Aromagramm dem von Himbeeren (s. Abb 14).

4.1.2.4 Grapefruits

Die bei uns angebotenen Grapefruits, welche die verwandten (größeren) Pampelmusen auf die Märkte Südostasiens zurückgedrängt haben, enthalten Nootkaton als Schlüsselverbindung (19):

Nootkaton

Schlüsselverbindungen: Nootkaton

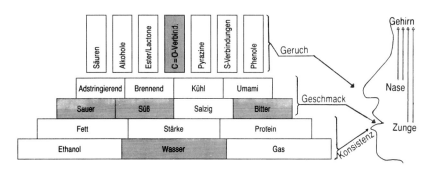

Abb. 18 Aromagramm von Grapefruits

Grapefruits enthalten an nichtflüchtigen Säuren 800 ppm Äpfelsäure und 14 600 ppm Citronensäure.

4.1.2.5 Orangen

Die Schlüsselverbindungen vom Orangenaroma sind α- und β-Sinensal (15, 20).

α-Sinensal

Orangen enthalten neben Spuren von Äpfelsäure etwa 9800 ppm Citronensäure.

Abgesehen von den unterschiedlichen Schlüsselverbindungen zeigt das Aromagramm eine gewisse Ähnlichkeit mit dem von Himbeeren (s. Abb. 14).

4.1.2.6 Mangos

Mangos (259) repräsentieren in der Weltwirtschaft nach Bananen und Zitrusfrüchten die wichtigste tropische Frucht. Ursprünglich insbesondere in Indien zuhause (21), haben sie aber inzwischen auch in Afrika und Südamerika eine neue Heimat gefunden. Für eine breitere Verwendung in den westlichen Industriestaaten sind allerdings noch Transport- und Lagerprobleme zu lösen. Entscheidend für das Aroma der Mangos scheint ein Bukett von Estern (Ethylacetat, Methylpyruvat, n-Butylbutyrat, Isobutylbutyrat, Isoamylbutyrat, Ethyldecanoat, Ethyllaurat), Alkoholen (Isoamylalkohol), Terpenverbindungen und Lactonen (Butyrolacton, γ-Hexalacton) zu sein. Unverkennbar für Mango ist ein ganz schwaches Terpentin-Aroma, wahrscheinlich verursacht durch 0,1 % α-Pinen und 0,1 % β-Pinen (22).

Wegen der schon angesprochenen Transportprobleme kommt Mango oft in Form einer Fruchtpülpe zu den Verarbeitern in der Eiscreme-, Fruchtsaft- und Gebäckindustrie. Durch das übliche 10minütige Erhitzen dieser Pülpe, das zum Inaktivieren fruchteigener Fermente und zur Abtötung unerwünschter Mikroorganismen notwendig ist, treten allerdings Aroma-Verschlechterungen auf: Aus Monoterpenen bildet sich zusätzliches α-Terpineol,

α-Terpineol

dessen Gehalt durch Erhitzen auf etwa das 40fache ansteigt. Aus Ascorbinsäure entstehen durch das Erhitzen Furfural, das der Pülpe einen „gekochten" Geruch verleiht, und Furfurylalkohol, der eine unangenehme stechende Note einbringt (22). Die Verschlechterung von Fruchtaromen durch thermische Prozesse ist nicht nur auf Mango beschränkt. Man muß hierbei allerdings auch die in den Erzeugerländern vorherrschenden primitiven Techniken der Verarbeiter in Betracht ziehen.

Schlüsselverbindungen:

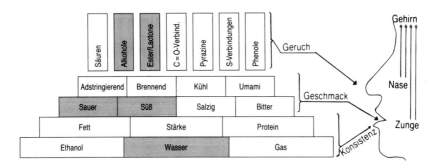

Abb. 19 Aromagramm von Mangos

4.1.2.7 Passionsfrüchte

Passionsfrüchte (Rote Passionsfrucht, auch Maracuja genannt) fallen durch ihr intensives Aroma auf, das im wesentlichen durch ein Bukett von Estern bestimmt wird: Ethylbutanoat, Ethylacetat, Ethylhexanoat, Hexylbutanoat, Hexylhexanoat (21). Die Passionsfrüchte enthalten mit etwa 50 ppm des Buketts ca. fünfmal so viel Ester wie durchschnittlich andere Früchte. Schlüsselverbindung der gelben Passionsfrucht soll 2-Methyl-4-propyl-1,3-oxathian sein (229, 230):

2-Methyl-4-propyl-1,3-oxathian

An Fruchtsäuren enthalten Passionsfrüchte hauptsächlich Citronensäure, gefolgt von Äpfelsäure. An Zuckern kommen etwa gleiche Mengen an Glucose, Fructose und Saccharose vor.

Passionsfrüchte eignen sich hervorragend dazu, die Aromen anderer Früchte, wie z. B. von Äpfeln oder Stachelbeeren, in Lebensmitteln, wie Fruchtsäften, Marmeladen und Speiseeis, zu intensivieren. Dabei ist aber darauf zu achten, daß des Guten nicht zu viel getan wird, da sonst leicht das als zu aufdringlich empfundene Aroma der Passionsfrüchte in den Vordergrund tritt.

Das Aromagramm der Passsionsfrucht ähnelt dem der Ananas (s. Abb. 16), abgesehen von den Schlüsselverbindungen.

4.1.2.8 Papayas

Das milde, dezente Aroma von Papayas erinnert an eine Kreuzung von Aprikosen und Melonen. Fruchtsäuren sind praktisch nicht vorhanden, die Zucker Glucose, Fructose und Saccharose dominieren. Unreife Früchte enthalten einen Milchsaft, der reich an Proteasen ist. Getrocknet und als Papain gehandelt, wird er in der Pharmazie und Lebensmittelindustrie gern wegen seiner proteolytischen Enzymaktivitäten eingesetzt. Wie man aus dem Aromagramm von Papayas entnimmt, sind Linalool und Benzylisothiocyanat die Schlüsselverbindungen des Papaya-Aromas (21).

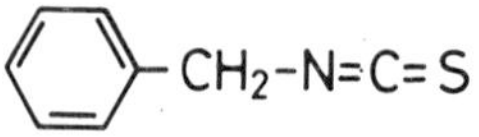

Benzylisothiocyanat

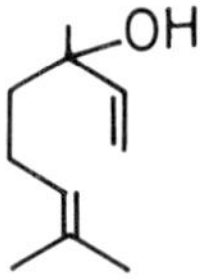

Linalool

Schlüsselverbindungen: Linalool
Benzylisothiocyanat

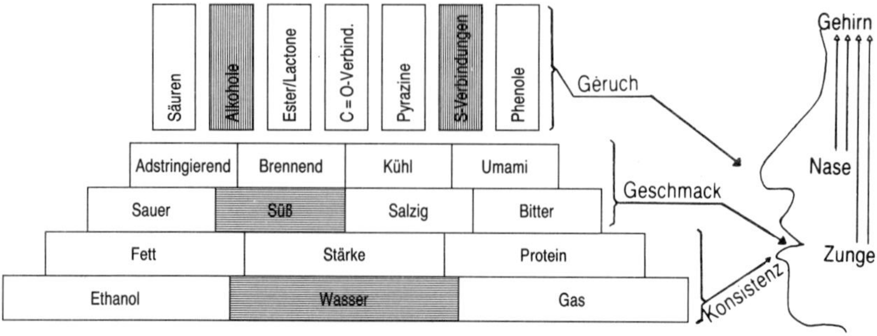

Abb. 20 Aromagramm von Papayas

Interessant dabei ist, daß die Papaya-Frucht eines der wichtigsten Vorkommen von Glucosinolaten (außerhalb der Familie der Cruciferen) aufweist. Die Frucht enthält nämlich das Thioglucosid Benzylglucosinolat, aus dem enzymatisch das Benzylisothiocyanat entsteht. Über Papaya-Aroma erschienen kürzlich umfangreiche Untersuchungen (23, 77).

4.1.2.9 Litschis

Litschis wurden schon im alten China gezüchtet und galten dort als die Krönung aller Früchte. Ihr liebliches Aroma, das an Muskatgewürze und Rosinen erinnert, wird leider oft bei der Herstellung von Konserven durch ein Übermaß an Zuckerzusatz völlig verdeckt. Litschis enthalten an Fruchtsäuren hauptsächlich Äpfelsäure, die etwa 80% des Gesamtsäuregehaltes ausmacht, daneben Citronen-, Bernstein-, Malon-, Glutar-, Milch- und Lävulinsäure (21). Schlüsselverbindung des Litschi-Aromas ist wahrscheinlich Phenylethanol.

⟨◯⟩–CH₂–CH₂OH

Phenylethanol

Schlüsselverbindungen: Phenylethanol

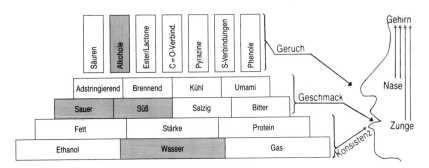

Abb. 21   Aromagramm von Litschis

4.1.2.10 Durian

Diese Frucht wächst in Südostasien, ist etwa kopfgroß und mit derben, pyramidenartigen Stacheln von mehr als Fingerhutgröße bedeckt und schreckt zunächst den durchschnittlichen Mitteleuropäer durch ihren Geruch nach Zwiebeln und faulen Eiern ab; daher wird sie auch Stinkfrucht genannt. In

Restaurants wird sie in gesonderten Räumen serviert, Hotels verbieten in ihrer Hausordnung, diese Früchte mit in die Zimmer zu nehmen. Im Innern enthalten die Durian-Früchte ein gelblich-weißes Fleisch von angenehmem Fruchtgeschmack. Träger des abschreckenden Geruches sind Schwefelwasserstoff und Dialkyldisulfide und -trisulfide, wie Diethyldisulfid, Ethylpropyldisulfid, Ethylmethyltrisulfid, Diethyltrisulfid und Ethylpropyltrisulfid; das angenehme Fruchtaroma im Innern wird von 2-Methylbuttersäureethylester hervorgerufen.

$$CH_3-CH_2-\underset{\underset{CH_3}{|}}{CH}-\overset{\overset{O}{\|}}{C}-OC_2H_5 \quad \text{2-Methylbuttersäureethylester}$$

Das Aromagramm von Durian ähnelt dem von Äpfeln (s. Abb. 11).

4.1.3 Nüsse

Während sich das Aroma der meisten Obstfrüchte aus dem süß-sauren Geschmack eines vorwiegend wässrigen Mediums und einem meist esterartigen Geruch zusammensetzt, entfällt bei Nüssen das süß-saure Geschmacksmuster. Das Medium ist durch einen hohen Fettgehalt gekennzeichnet, und es fehlen die flüchtigen esterartigen Verbindungen.

4.1.3.1 Erdnüsse

Wie man aus Abb. 22, dem Aromagramm (gerösteter) Erdnüsse, entnimmt, sind verschieden substituierte Pyrazine entscheidend für das Aroma von Erdnüssen. Erdnüsse kommen oft geröstet oder gesalzen in den Handel.

Schlüsselverbindungen: Pyrazine

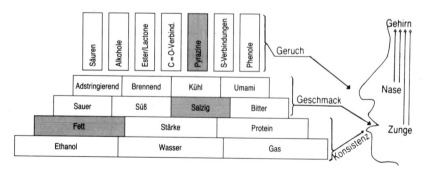

Abb. 22 Aromagramm von Erdnüssen

4.1.3.2 Haselnüsse

An dem Bukett des Haselnußaromas sind außer den Pyrazinen vorwiegend Lactone (γ-Octalacton, γ-Nonalacton, γ-Undecalacton, γ-Dodecalacton; δ-Decalacton, δ-Dodecalacton), die Aldehyde von C_5 bis C_9 sowie die Methylketone C_5, C_7 und C_8 beteiligt.

In den USA kommen speziell geröstete Haselnüsse als ,,Filberts'' auf den Markt.

Schlüsselverbindungen:

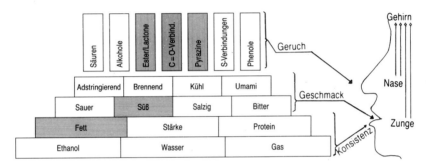

Abb. 23 Aromagramm von Haselnüssen

4.1.3.3 Walnüsse

Im Walnußaroma findet man ein Bukett von Aldehyden. Außer den gesättigten Aldehyden von C_1–C_9 sind die 2-Enale C_6, C_7, C_8, C_{10}, C_{13} und die 2,4-Dienale C_{11} und C_{14} enthalten; weiterhin Benzaldehyd und Acetophenon, 2-Pentanon und 2-Heptanon sowie γ-Octalacton und γ-Nonalacton. Im Geschmack ist eine leicht adstringierende Note unverkennbar.

Interessant ist, daß 3-Methylcyclopent-2-en-2-ol-1-on (MCP) ein intensives Walnußaroma aufweist (19):

Diese Verbindung kommt als Naturstoff in den Aromen von Ahornsirup, Kaffee und Kakao vor, wurde allerdings bisher noch nicht im natürlichen Walnußaroma nachgewiesen. MCP wirkt auch als Geruchsverstärker; in Kap. 6 wird näher darauf eingegangen.

Schlüsselverbindungen:

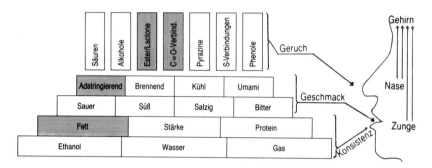

Abb. 24 Aromagramm von Walnüssen

4.1.3.4 Süße Mandeln

Die Schlüsselverbindung süßer Mandeln ist Benzaldehyd.

Schlüsselverbindungen: Benzaldehyd

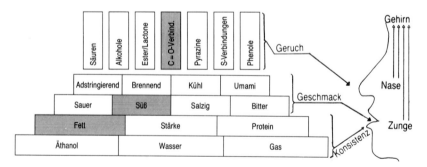

Abb. 25 Aromagramm von süßen Mandeln

Süße Mandeln stammen von veredelten Mandelbäumen, die ,,Naturform'' dieser Bäume trägt bittere Mandeln.

4.1.3.5 Bittere Mandeln

In bitteren Mandeln findet man als Schlüsselverbindung Amygdalin, das für die Bitterkeit verantwortlich ist, daneben Benzaldehyd wie bei süßen Mandeln.

Amygdalin   Benzaldehyd

Schlüsselverbindungen: Amygdalin
Benzaldehyd

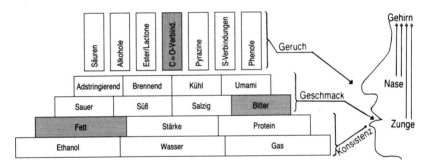

Abb. 26 Aromagramm von bitteren Mandeln

4.1.3.6 Kokosnüsse

Im Aroma der Kokosnüsse ist die Schlüsselverbindung δ-Octalacton (15):

Eine interessante Eigenschaft der Lactone aus Kokosnüssen ist, daß sie scharfe und unangenehme Aroma-Eindrücke abmildern. So macht man in Südostasien dem Europäer die für seinen Geschmack überwürzten und zu scharfen Speisen durch einige Kokosraspel genießbar.

Schlüsselverbindungen: δ-Octalacton

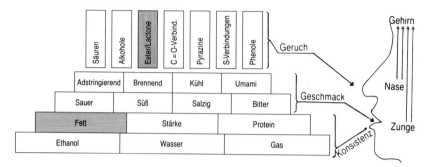

Abb. 27 Aromagramm von Kokosnüssen

4.1.4 Rhabarber

Das Aroma der grünen oder roten Blattstiele dieser mehrjährigen Staude ist durch den süß-sauren Geschmack charakterisiert, wobei der saure Charakter dominiert. Hervorgerufen wird er durch Citronen-, Äpfel- und Oxalsäure, letztere in noch unbedenklichen Konzentrationen: 17 700 ppm Äpfelsäure, 4100 ppm Citronensäure und 2300—5000 ppm Oxalsäure.

> Sie benötigen erstklassige Rohstoffe!
> Wir liefern
> preiswert, schnell und zuverlässig:
>
> # FRUCHTPULVER
> # OBSTPULVER
> # GEMÜSEPULVER
>
> ferner Gelier- und Bindemittel sowie Eiprodukte
>
> fragen Sie uns, wir helfen gern
>
> # W. BEHRENS & CO.
> Flachsland 29, D-2000 Hamburg 76
> Tel. (040) 29 12 71, Telex 211879 beco d

4.2. Gemüse

Unter „Gemüse" fassen wir Pflanzen oder Pflanzenteile zusammen, die meistens gekocht in unserer Nahrung verwendet werden. Oft bildet sich das entscheidende Aroma erst bei dem Kochprozeß, oft durch Reaktion zwischen Aminosäuren und Zuckern. Ähnlich wie bei Obstfrüchten ist für Gemüse ein hoher Wassergehalt typisch, desgleichen ein geringer Fett- und Proteingehalt. Im Gegensatz zu Obstfrüchten spielt im Geschmack von Gemüsen die sauer-süß-Balance keine Rolle; man gibt bei der Zubereitung aber gern Kochsalz hinzu und intensiviert den Geschmack mit Verbindungen vom Umami-Typ wie Glutamat oder Nucleotiden.

4.2.1 Spargel

Die Schlüsselverbindung im Spargelaroma ist Dimethylsulfid, das beim Kochen aus S-Methylmethionin entsteht (24, 240, 26). Dimethylsulfid tritt in Lebensmittelaromen fast ubiquitär in Mengen unter oder um 1 ppm auf, während im Spargelaroma der Gehalt an Dimethylsulfid zwischen 30 und 50 ppm liegt.

$$CH_3-S-CH_3 \qquad \text{Dimethylsulfid}$$

Schlüsselverbindung: Dimethylsulfid

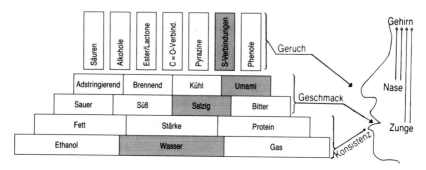

Abb. 28 Aromagramm von Spargel

4.2.2 Zwiebeln

Das Aroma von Zwiebeln zeigt ähnliche Precursor-Systeme wie das Spargelaroma und ebenfalls flüchtige Schwefelverbindungen als Schlüsselverbindungen. Diese werden allerdings schon durch Zerstörung des Zellgewebes auch ohne Erhitzen frei. Zwiebeln enthalten spezielle Aminosäuren, S-Methyl-l-cysteinsulfoxid und S-Propyl-l-cysteinsulfoxid, aus denen sich enzymatisch verschiedene Disulfide bilden (221, 262, 222)

$$CH_3-\overset{\overset{O}{\uparrow}}{S}-CH_2-\overset{\overset{NH_2}{|}}{CH}-COOH \rightarrow CH_3S^\bullet$$
S-Methyl-l-cysteinsulfoxid

$$CH_3-CH_2-CH_2-\overset{\overset{O}{\uparrow}}{S}-CH_2-\overset{\overset{NH_2}{|}}{CH}-COOH \rightarrow CH_3-CH_2-CH_2S^\bullet$$
S-Propyl-l-cysteinsulfoxid

$$\left\{\begin{array}{l}CH_3-S-S-CH_3\\ \text{Dimethyldisulfid}\\ +CH_3-S-S-CH_2-CH_2-CH_3\\ \text{Methylpropyldisulfid}\\ +CH_3-(CH_2)_2-S-S-(CH_2)_2-CH_3\\ \text{Dipropyldisulfid}\end{array}\right.$$

Insbesondere Dipropyldisulfid scheint die Schlüsselverbindung im Zwiebelaroma zu sein.

4.2.3 Kohl

Auch für gekochten Kohl scheinen Schwefelderivate, nämlich das oben schon erwähnte Dimethyldisulfid neben Isothiocyanaten, die Schlüsselverbindungen darzustellen (223, 224).

Bei der Herstellung von Sauerkraut entsteht aus den Zuckern die Milchsäure, die in der beachtlichen Menge von etwa 1,6% im Geschmack von Sauerkraut dominiert und die zusammen mit dem zugesetzten Kochsalz (1,5—2,5%) konservierend wirkt.

Ähnliches gilt für saure Gurken; hier beträgt die Kochsalzkonzentration 4—6% und übersteigt selten 12%. Desgleichen konserviert man durch Milchsäuregärung unter Kochsalzzusatz saure Bohnen (Kochsalzzugabe 2,5—3%) und dunkle Oliven (Kochsalzzusatz 2,5—5, maximal 10%).

4.2.4 Pilze

4.2.4.1 Champignons

Die Schlüsselverbindung im Champignonaroma ist der ungesättigte Alkohol 1-Octen-3-ol (25):

$$CH_3-CH_2-CH_2-CH_2-CH_2-\underset{\underset{OH}{|}}{CH}-CH=CH_2$$

Schlüsselverbindungen: 1-Octen-3-ol

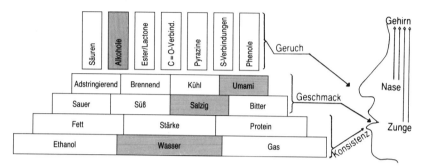

Abb. 29 Aromagramm von Champignons

4.2.4.2 Steinpilze

Steinpilze sind wildwachsende Speisepilze, die im Gegensatz zu Champignons bisher nicht kultiviert werden konnten. Im allgemeinen werden Steinpilze getrocknet als Würzstoff eingesetzt, um z. B. Gulaschsuppe einen kräftigen Geschmack zu verleihen. Die Schlüsselverbindung im Steinpilzaroma (26) ist 1-Octen-3-on:

$$CH_3-CH_2-CH_2-CH_2-CH_2-\underset{\underset{O}{\|}}{C}-CH=CH_2 \qquad \text{1-Octen-3-on}$$

Schlüsselverbindungen: 1-Octen-3-on

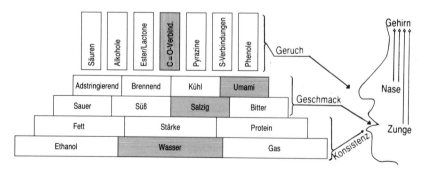

Abb. 30 Aromagramm von Steinpilzen

Steinpilze zählen sowohl frisch als auch getrocknet zu den schmackhaftesten Vertretern ihrer Art.

4.2.4.3 Trüffeln

Trüffeln sind wegen ihres delikaten Geschmacks sehr geschätzte Speisepilze. Als besonders würzig gilt die französische oder Perigord-Trüffel (*Tuber brumale var. melanosporum*). Bei der Untersuchung frischer französischer Wintertrüffel wurden (27) neben den „abrundenden" Komponenten 1-Octen-3-ol und Dimethylsulfid die verzweigten primären Alkohole Isobutylalkohol und Isoamylalkohol als Schlüsselverbindungen des Trüffelaromas gefunden.

$$\begin{array}{c} CH_3 \\ \diagdown \\ CH-CH_2OH \\ \diagup \\ CH_3 \end{array} \qquad \begin{array}{c} CH_3 \\ \diagdown \\ CH-CH_2-CH_2OH \\ \diagup \\ CH_3 \end{array}$$

$\qquad$ Isobutylalkohol $\qquad\qquad\qquad$ Isoamylalkohol

Das Aromagramm ähnelt dem von Champignon-Aroma (s. Abb. 29), abgesehen von den unterschiedlichen Schlüsselverbindungen.

4.2.4.4 Sensorik von Strukturanalogen des 1-Octen-3-ol

Für die Untersuchungen nach den Strukturelementen, die eine Verbindung aufweisen muß, um Pilz-, insbesondere Champignonaroma, zu haben, wurde eine homologe Reihe racemischer Alkohole der allgemeinen Formel

$$R-CH-CH=CH_2 \qquad R: -CH_3, -C_2H_5, -C_3H_7, -C_4H_9, -C_5H_{11}$$
$$|$$
$$OH$$

auf Pilzgeruch, insbesondere auf Champignonaroma, sensorisch überprüft. Außer 1-Octen-3-ol, der Schlüsselverbindung des Champignonaromas, wies nur noch 1-Hepten-3-ol eine, allerdings nur ganz schwach ausgeprägte, Pilznote auf. Auch die gesättigte Verbindung 3-Octanol zeigte nur einen äußerst schwachen Pilzgeruch, der bei 2-Octanol und 1-Octanol, desgleichen bei 1-Nonanol und 1-Heptanol völlig fehlte (28).

4.2.5 Rote Bete

Es ist anzunehmen, daß Geosmin die Schlüsselverbindung im Aroma von Roter Bete darstellt:

$\qquad\qquad$ Geosmin

Diese Verbindung hat einen ungemein intensiven muffig-erdigen, kräftig-pilzigen Geruch und ist ein Stoffwechselprodukt von Mikroorganismen des Erdbodens (29).

Schlüsselverbindung: Geosmin

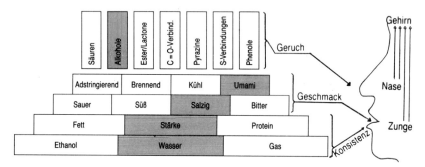

Abb. 31 Aromagramm von Roter Bete

Die weitere küchenmäßige Verarbeitung von gekochter Roter Bete erfolgt meistens durch Zusatz von Speiseessig.

4.2.6 Kartoffeln

Das in einer *Strecker*-Reaktion aus Methionin entstehende Methional ist wahrscheinlich die Schlüsselverbindung des Kartoffelaromas; Glutamin-säure und Nucleotide tragen als Geschmacksverstärker zum Aroma bei. Interessant ist, daß in Bintjes, einer holländischen Kartoffelsorte von hervorragendem Geschmack, die Konzentration an Glutaminsäure doppelt so hoch ist wie in anderen Sorten und daß in Bintjes auch die Nucleotid-Fraktion deutlich erhöht ist (30.7).

$$CH_3-S-CH_2-CH_2-\overset{\overset{\displaystyle O}{\|}}{C}H \qquad \text{Methional}$$

Schlüsselverbindungen von Kartoffelchips sind die verschiedenen substituierten Pyrazine. Paprika erwies sich als Gewürz der Wahl für Kartoffelchips.

Das Aroma von Bratkartoffeln dürfte etwa zwischen dem von Chips und gekochten Kartoffeln liegen. Am Aroma der Bratkartoffeln sind aber auch die aus den Fetten entstehenden gesättigten sowie einfach und mehrfach ungesättigten aliphatischen Aldehyde beteiligt.

Schlüsselverbindungen: Methional

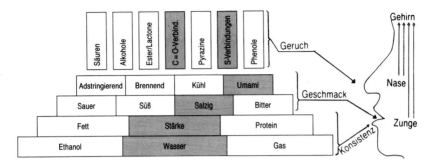

Abb. 32 Aromagramm von Kartoffeln (gekocht)

4.2.7 Gemüsepaprika

Schlüsselverbindung des Aromas von Gemüsepaprika ist ein substituiertes Pyrazin, das 2-Methoxy-3-isobutylpyrazin. Es sei hier daran erinnert, daß Capsaicin das brennend schmeckende Prinzip von Gewürzpaprika (und Cayennepfeffer und Chillies) ist und daß man als Gemüsepaprika Sorten bevorzugt, die möglichst arm an Capsaicin sind.

2-Methoxy-3-isobutylpyrazin

Schlüsselverbindungen: 2-Methoxy-3-isobutylpyrazin

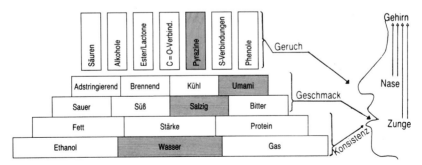

Abb. 33 Aromagramm von Gemüsepaprika

Rote und grüne Paprika sind nur verschiedene Reifestadien derselben Frucht.

4.2.8 Sellerie

Die Schlüsselverbindungen im Aroma von Selleriegemüse sind 3-n-Butylphthalid und 3-n-Butyl-4,5-dihydrophthalid (Sedanenolid) (31), Verbindungen, die auch im Aroma von Liebstöckel, (Kap. 3.8.9) vorkommen.

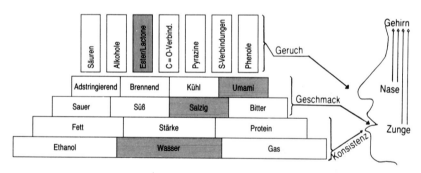

3-n-Butylphthalid   3-n-Butyl-4,5-dihydrophthalid

Schlüsselverbindungen: 3-n-Butylphthalid
3-n-Butyl-4,5-dihydrophthalid

Abb. 34 Aromagramm von Sellerie

4.2.9 Fenchel

Wie im Fenchelgewürz (Kap. 3.8.6) sind auch im Aroma von Fenchelgemüse trans-Anethol und Fenchon die Schlüsselverbindungen.

trans-Anethol   Fenchon

Schlüsselverbindungen: trans-Anethol
Fenchon

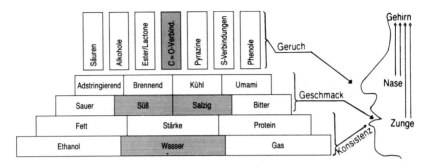

Abb. 35 Aromagramm von Gemüsefenchel

4.2.10 Gurken

Schlüsselverbindungen im Aroma von Gurken sind trans, cis-2,6-Nonadien-1-ol und trans, cis-2,6-Nonadien-1-al (32, 33, 34), Verbindungen, die auch in der Parfümerie als ,,Veilchenblätteralkohol'' und ,,Veilchenblätteraldehyd'' breite Anwendung finden.

$$CH_3-CH_2-\overset{cis}{CH=CH}-CH_2-CH_2-\overset{trans}{CH=CH}-CH_2OH$$
trans, cis-2,6-Nonadien-1-ol

$$CH_3-CH_2-\overset{cis}{CH=CH}-CH_2-CH_2-\overset{trans}{CH=CH}-\underset{H}{C=O}$$
trans, cis-2,6-Nonadien-1-al

Schlüsselverbindungen: trans, cis-2,6-Nonadien-1-ol
trans, cis-2,6-Nonadien-1-al

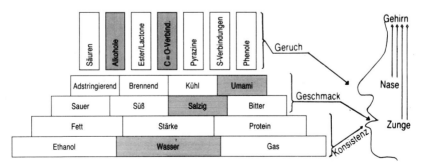

Abb. 36 Aromagramm von Gurken

Für das Aroma von Melonen werden die gleichen Schlüsselverbindungen vermutet.

4.2.11 Blätteralkohol

Eine der interessantesten Verbindungen auf diesem Gebiet ist das cis-3-Hexen-1-ol, der sog. Blätteralkohol oder Blattalkohol. Er hat den intensiven Geruch frisch gemähten Grases und entsteht nach Zerstörung des Zellverbandes wahrscheinlich durch enzymatische Oxidation aus der Linolsäure. Nachgewiesen in Himbeeren, Weintrauben, Pfirsichen, Tomaten, Schwarzen Johannisbeeren, Zitronen, Orangen, Grapefruits, Thymian, Pfefferminze, Schwarzem Tee, Sellerie, Olivenöl und Sommerbutter, um nur die wichtigsten Produkte zu nennen, trägt er mit seiner ,,grün''-Note zum frischen saftigen Aroma dieser Lebensmittel bei. Nur am Rande sei erwähnt, daß cis-3-Hexen-1-ol auch in der Kosmetik und Parfümerie Eingang fand (35).

4.3. Milchprodukte

Milch ist im wesentlichen eine Emulsion von Milchfett und gleichzeitig eine Suspension von Milchproteinen in einer wäßrigen Lösung von Milchzucker, die auch noch Spurenelemente, Mineralstoffe wie Calcium und Vitamine enthält. Die Milch der verschiedenen Species ist sowohl qualitativ als auch quantitativ unterschiedlich zusammengesetzt (Tab. 32).

Tab. 32 Hauptbestandteile verschiedener Milchsorten (in %) (41.26)

Species	Fett	Protein	Lactose
Kuh	3,70	3,50	4,90
Ziege	4,25	3,52	4,27
Schaf	7,90	5,23	4,81
Pferd	1,59	2,69	6,14
Esel	2,53	2,01	6,07
Rentier	22,46	10,30	2,50
Büffel	7,96	4,16	4,86
Mensch	3,75	1,75	6,98

Während der Milchzucker in allen Species immer Lactose, das Disaccharid aus Glucose und Galactose ist, unterscheiden sich bei verschiedenen Tierarten sowohl die Milchproteine bezüglich ihrer Aminosäurezusammensetzung und Sequenz, wenn auch ein gewisses Grundmuster vorliegt, als auch die Milchfette bezüglich ihrer Fettsäurezusammensetzung.

Die Tabelle 33 enthält nur die geradzahligen unverzweigten Fettsäuren; die ungeradzahligen und verzweigten Fettsäuren sind nur in minimalen Mengen vorhanden.

Tab. 33 Fettsäurezusammensetzung des Milchfettes verschiedener Species (in % der Gesamtfettsäuren)

Gesättigte Fettsäuren	Kuh	Ziege	Schaf	Mensch
C_4	3,5	3,0	2,8	0,4
C_6	1,9	2,5	2,6	0,1
C_8	0,7	2,8	2,2	0,3
C_{10}	2,1	10,0	4,8	2,2
C_{12}	1,9	6,0	3,9	5,5
C_{14}	7,9	12,3	9,7	8,5
C_{16}	25,8	27,9	23,9	23,2
C_{18}	12,7	6,0	12,6	6,9
C_{20}	1,5	0,6	1,1	1,1
Ungesättigte Fettsäuren				
C_{10}	0,1	0,3	0,1	0,1
C_{12}	0,2	0,3	0,1	0,1
C_{14}	0,6	0,8	0,6	0,6
C_{16}	2,4	2,6	2,2	3,0
Ölsäure	34,0	21,1	26,3	36,5
Linolsäure	3,7	3,6	5,2	8,2
$C_{20}-C_{24}$	1,0	0,2	1,9	3,3

4.3.1 Trinkmilch

Trinkmilch, üblicherweise eine Kuhmilch, kommt, wie vom Gesetzgeber vorgeschrieben, pasteurisiert in den Handel. Nur die sog. Vorzugsmilch aus streng untersuchten Tb-freien Kuhbeständen darf unpasteurisiert zum Verbraucher gelangen.

Schlüsselverbindung des Aromas der Trinkmilch dürfte Dimethylsulfid in einer Konzentration um etwa 1 ppm sein (37).

$$CH_3-S-CH_3 \qquad \text{Dimethylsulfid}$$

Schlüsselverbindung: Dimethylsulfid

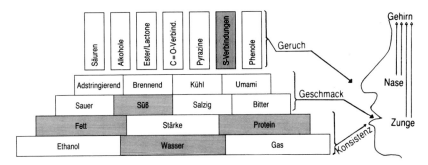

Abb. 37 Aromagramm von Trinkmilch

Milch anderer Tierspecies, z. B. Ziegenmilch, weist oft einen strengen Geruch auf, der aber durch verbesserte Stallhygiene vermindert werden kann. Trinkmilch ist überhaupt aufgrund ihres milden Geschmacks äußerst anfällig für Fehlaromen, z. B. bei Ernährung der Tiere mit stark riechenden Pflanzen oder auch infolge mikrobieller oder sonstiger Verunreinigungen bei mangelhafter oder unzureichender Stallhygiene.

Milchkaramell

Bei fortgesetztem oder intensivem Erhitzen von Milch entsteht in einer *Maillard*-Reaktion das typische Aroma von Milchkaramell. Wie man aus dem Aromagramm Abb. 38 entnimmt, sind Maltol, Vanillin, δ-Decalacton und δ-Dodecalacton die Schlüsselverbindungen von Milchkaramell (38).

Vanillin

Maltol

δ-Decalacton   } $CH_3-(CH_2)_n$ ⟨lacton⟩   n = 4

δ-Dodecalacton }   n = 6

Milchkaramell kommt nicht unter dieser Bezeichnung in den Handel, sondern als Bestandteil von Rahmkaramellen oder Gamelost (schwedischer Käse).

Schlüsselverbindungen: Vanillin
Maltol
δ-Decalacton
δ-Dodecalacton

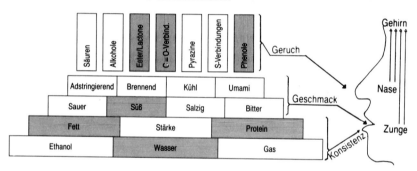

Abb. 38 Aromagramm von Milchkaramell

4.3.2 Süße Sahne und saure Sahne

Süße Sahne ist eine Milch, deren Milchfettgehalt gegenüber der Ausgangsmilch drastisch erhöht wurde. Wie man der Abb. 39 entnimmt, liegt in dem α-Diketon Diacetyl die Schlüsselverbindung des Aromas von süßer Sahne vor.

$$CH_3-\underset{\underset{O}{\|}}{C}-\underset{\underset{O}{\|}}{C}-CH_3 \qquad \text{Diacetyl}$$

Süße Sahne kommt in verschiedenen Fettstufen in den Handel.

In der *sauren Sahne* ist mikrobiell ein Teil der Lactose der Milch zu Milchsäure abgebaut worden. Die Schlüsselverbindung des Aromas ist ebenfalls Diacetyl, der saure Geschmackseindruck wird durch die Milchsäure hervorgerufen, die jetzt dominiert.

$$CH_3 - {^x}\overset{\overset{\displaystyle H}{|}}{\underset{\underset{\displaystyle OH}{|}}{C}} - COOH \qquad \text{Milchsäure}$$

Auch saure Sahne kommt in verschiedenen Fettstufen in den Handel.

Schlüsselverbindung: Diacetyl

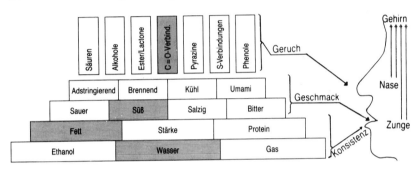

Abb. 39 Aromagramm von Süßer Sahne

4.3.3 Butter

Eine hochkonzentrierte Sahne, man spricht dann von Rahm, ist immer noch eine O/W-Emulsion, d. h. in Wasser als kontinuierlicher Phase sind die Fetttröpfchen emulgiert. Bei mechanischer Bearbeitung eines solchen hochkonzentrierten Rahmes, dem Butterungsprozeß, tritt eine Phasenumkehr ein, indem Fett zur kontinuierlichen Phase wird, worin die Wassertröpfchen eingelagert sind. Ausgehend von mikrobiell gesäuertem Rahm kommt man zur Sauerrahmbutter; bei süßem Rahm als Ausgangsprodukt erhält man die Süßrahmbutter. Darüber hinaus kann die Butter mehr oder weniger stark gesalzen sein. Leider ist die EG durch ihre Interventionspolitik gezwungen, sowohl Rahm als auch Butter einzufrieren. Da auf der Packung nur das Ausformungsdatum der Butter angegeben sein muß, bleibt dem Verbraucher das wahre Alter des Produktes verborgen. Natürlich sind die Lagerungen mit Aromaverlusten verbunden.

Schlüsselverbindungen: Diacetyl

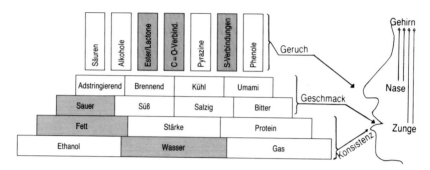

Abb. 40 Aromagramm von Butter

4.3.4 Joghurt

Mit speziellen Milchsäurebakterienstämmen stellt man aus Milch oder Sahne Joghurt her. Als Schlüsselverbindung des Joghurt-Aromas fand man Acetaldehyd (39).

$$CH_3 - \underset{H}{C} = O \qquad \text{Acetaldehyd}$$

Schlüsselverbindungen: Acetaldehyd

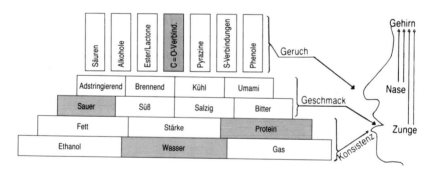

Abb. 41 Aromagramm von Joghurt

Die Konsistenz von Joghurt wird durch das Protein-Gel bestimmt, das in einer pH-Fällung durch Zunahme der enzymatisch gebildeten Milchsäure entstand. Im Handel befinden sich oft Mischungen von verschiedenen Früchten mit Joghurt.

Eine interessante Beobachtung sei hier noch erwähnt. Kiwis, eigroße Früchte, meist aus Neuseeland, nach ihrem Heimatland und Geschmack auch ,,Chinesische Stachelbeeren" genannt, enthalten Proteasen, die Casein zu bitteren Peptiden spalten. In Fruchtjoghurts mit Kiwis wurde öfters ein starker Bittergeschmack beanstandet (40). Man muß daher in diesem Falle die Enzyme der Kiwipülpe durch Hitzebehandlung inaktivieren, wobei allerdings das Kiwi-Aroma nicht durch zu hohe Temperaturen geschädigt werden darf; zehn Minuten bei 48 °C unter Zusatz von 0,5 % Citronensäure haben sich gut bewährt (40).

4.3.5 Käse

Mit der Erfindung von Käse gelang es unseren Vorfahren, aus den Proteinen und Fetten der Milch ein haltbares, lagerfähiges Lebensmittel zu produzieren.
Bei der Herstellung von Käse (41.26, 261) entsteht einerseits unter der Einwirkung ausgewählter Mikroorganismenstämme aus dem Milchzucker die wichtigste saure Komponente des Käses, nämlich Milchsäure. Andererseits spaltet man, meistens mit Hilfe des Labfermentes aus Kälbermägen, aus dem x-Casein, einem Bestandteil des Casein-Komplexes, einen Teil, nämlich das Glycomakropeptid, ab. Damit zerstört man das x-Casein, das bisher als Zentralmolekül einen Komplex aus α-, β- und x-Casein gegen Präzipitation durch Calcium-Ionen geschützt hatte, und es kommt zu einer Fällung der Caseine als sog. Calciumparacaseinat. Molkenproteine, Milchsäure und noch restliche Lactose bleiben in Lösung und bilden die Molke. Das Fett hingegen wird bei der Fällung mitgerissen. Man preßt nun den Niederschlag, den aus etwa 1/3 Protein, 1/3 Fett und 1/3 Wasser bestehenden Bruch, salzt ihn und läßt, ggf. unter Zusatz weiterer Stämme von Mikroorganismen, reifen. Bei dieser Reifung unter kontrollierten Bedingungen von Temperatur und Luftfeuchtigkeit laufen eine Reihe enzymatischer Vorgänge ab, verursacht vorwiegend durch die Fermente der Mikroorganismen: Aus den Proteinen entstehen Peptide und Aminosäuren, aus denen wiederum Amine, α-Ketosäuren, Alkohole, Phenole und Schwefelwasserstoff (s. auch Kap. 2.2) entstehen können.

Aus der Milchsäure können sich Brenztraubensäure und Propionsäure, aber auch Diacetyl bilden (Kap. 2.1.1.1.2).

Aus den Fetten erhält man durch enzymatische Hydrolyse primär Fettsäuren und Partialglyceride. Aus Fettsäuren können Aldehyde und aus diesen wiederum Alkohole entstehen, ferner Methylketone, die selbst wiederum zu sekundären Alkoholen reduziert werden können. Weiterhin lassen sich aus den Fettsäuren Ester ableiten, außerdem Lactone und Amide (s. auch Kap. 2.3).

Alle diese Umsetzungen streben keinem definierten Käse-Endzustand zu; die Käsereifung und das damit verbundene Entstehen der verschiedenen Käsearomen sind vielmehr dynamische Vorgänge. Das bedeutet aber auch, daß das Produkt rechtzeitig verzehrt werden muß; nur Schmelzkäse reift nicht weiter.

Die Molke enthält in den Molkenproteinen noch rd. 1/10 der ursprünglichen Käseproteine mit den ernährungsphysiologisch besten Aminosäuren. Üblicherweise trocknet man die Molke (meist durch Sprühtrocknung) und erhält so einen wertvollen Lebensmittelzusatzstoff. Zwei weitere Verwendungen von Molke seien hier noch erwähnt: Bei der Herstellung des italienischen Käses Ricotta wird die Molke ,,wieder gekocht" (Ri-cotta), die Molkenproteine präzipitieren und bilden die Basis für diesen Käse. Bei der Produktion des skandinavischen Käses ,,Gamelost" dickt man Bruch und Molke zusammen ein. Es finden Reaktionen statt, die zu Verbindungen führen, wie sie unter ,,Milchkaramell" (Kap. 4.3.1) beschrieben sind. Das Endprodukt gleicht nach unserem Geschmack auch mehr Rahmkaramell als einem ,,üblichen" Käse.

Wie schon weiter oben ausgeführt, kann die Milch verschiedener Tiere zur Käseherstellung verwandt werden (Tab. 34).

Tab. 34 Käse aus der Milch verschiedener Species

Käse	Milch von
Cheddar	Kühen
Emmentaler	Kühen
Gouda	Kühen
Parmesan	Kühen
Stilton	Kühen
Gorgonzola	Kühen
Schabzieger	Kühen
Danablu	Kühen
Provolone	Kühen
Edelpilzkäse	Kühen
Fontina	Kühen
Italico (Bel Paese)	Kühen
Mozarella	Büffeln
Manchego	Schafen
Feta	Schafen
Roquefort	Ziegen

Allerdings muß hierzu gesagt werden, daß die Technik der Käseherstellung, also Art der Labung, Salzung, Mikroorganismen-Kulturen, Käsegröße und Reifung wichtiger erscheint als die Art der Ausgangsmilch, die allerdings für feinste Differenzierungen des Aromas ausschlaggebend sein dürfte. Stilton, Gorgonzola, Danablu und Edelpilzkäse sind zwar alles Blauschimmelkäse aus Kuhmilch, haben auch dieselben Hauptaromakomponenten, sind aber im Aroma nicht völlig identisch mit dem aus Ziegenmilch hergestellten Roquefort. Ähnlich wird Feta heute oft aus Kuhmilch hergestellt, z. B. in Dänemark, und dann nach Griechenland exportiert. Daß ein Käsetyp auch außerhalb seines Ursprungslandes erfolgreich produziert wird, gilt übrigens weltweit. In den USA spricht man z. B. von ,,domestic'' Swiss Cheese, bei uns von ,,deutschem'' Emmentaler.

Auch bezüglich des Kochsalzgehaltes unterliegen die verschiedenen Käsetypen großen Schwankungen (s. auch Tab. 30): Emmentaler hat nur 0,9—1,0% Kochsalz, Roquefort 4,1—5,0%. Allgemein geht der Trend in der modernen Käserei zu geringeren Kochsalzmengen, wie auch im gesamten Lebensmittelgebiet heute eine Tendenz nach milderen Aromen vorherrscht. Abb. 42 faßt noch einmal die biochemischen Wege zu den Bestandteilen von Käsearomen zusammen.

Abb. 42 Biochemische Wege zu den Bestandteilen von Käsearomen

Ausgangssubstanz	intermediär		Endprodukt
Lactose →	Brenztraubensäure	→	→ Milchsäure → Propionsäure → Diacetyl → Acetaldehyd ↗ Ethanol ↘ Essigsäure
Proteine →	Peptide →	Aminosäuren →	→ Amine → α-Ketosäuren → Säuren → prim. Alkohole → Ester → Phenole → H$_2$S → NH$_3$
Fette →	Partialglyceride →	Fettsäuren →	→ Aldehyde → Ester → prim. Alkohole → Ester → Methylketone → sek. Alkohole ↓ Ester → Lactone

Trotz aller Vielfalt der verschiedenen Käsearomen kann man fast immer ein gewisses Aroma-Grundmuster feststellen (Abb. 43).

Grundmuster: Fettsäuren $C_4 - C_{10}$
Peptide + Aminosäuren Aldehyde
Kochsalz Schwefelwasserstoff
Milchsäure α-Ketosäuren

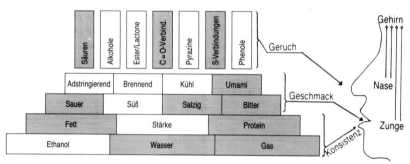

Abb. 43 Aromagramm von Grundmuster Käse

Wasser ist selbst in einem harten Reibekäse wie Parmesan zu etwa 30% vorhanden, Camembert hat über 50% Wasser und Quark sogar 70%.

Gas, und zwar CO_2, bildet die Löcher im Emmentaler, dort sind sie etwa nußgroß, kleiner sind sie im Tilsiter, mit seiner etwa reiskorngroßen Lochung.

Fett ist eine weitere Hauptkomponente von Käse, denn selbst bei intensiver Lipolyse werden weniger als 1% des Fettanteils enzymatisch zu Fettsäuren abgebaut. In Verkennung heutiger Konsumentenansprüche wirbt die Molkereiwirtschaft mit Begriffen wie ,,Fettstufe'', ,,Vollfettstufe'', ,,Rahmstufe'', ,,Doppelrahmstufe''. Letztere entspricht einem Mindestfettgehalt von 60% i. Tr., d. h. 60% der Trockenmasse; bei einer Trockenmasse von 50% entspricht dies einem Fettgehalt von 30%.

Was den Gesamtaroma-Eindruck angeht, sind allgemein Käse mit erhöhtem Fettgehalt angenehmer; insbesondere ist die Konsistenz geschmeidiger und weicher.

Während also die Fette bei der Käsereifung zum größten Teil intakt als Triglyceride erhalten bleiben, wird das *Protein* weitgehend zu Peptiden, Aminosäuren und deren Folgeprodukten abgebaut. Das Peptid- und Aminosäuregemisch ist entscheidend für den Grundgeschmack der Käse (190, 219).

Die für das Fleischaroma so wichtigen Nucleotide spielen in Käsearomen keine Rolle, im Gegenteil, falls man dem Käse Nucleotide zusetzt, entsteht ein äußerst störender Fremdgeschmack.

Glutaminsäure und glutaminsäurereiche Peptide wirken geschmacksverstärkend im Umami-Sinne.

Oft ist im Käse eine unterschwellige Bitternote unverkennbar, hervorgerufen durch Peptide. Weiterhin gehen andere Peptide mit in den Salzgeschmack ein, der natürlich hauptsächlich durch das entweder im Bruch oder im Salzbad zugesetzte Kochsalz bewirkt wird. Je nach Käsetyp können 0,9—15% Kochsalz im Käse vorliegen.

Süß schmeckt z. B. Emmentaler aufgrund seines hohen Gehaltes an Propionsäure (0,3—0,5%), denn die im Käse noch vorhandene restliche Lactose oder deren Spaltprodukte Glucose und Galactose liegen in zu geringen Konzentrationen vor, um organoleptisch noch in Erscheinung zu treten.

Die Säure des Käses kommt von den 1—2% Milchsäure, einer Komponente, der zu wenig Beachtung beigemessen wird. Die flüchtigen Säuren wie Buttersäure usw. sind in zu geringen Mengen vorhanden und auch zu schwache Säuren, um den pH-Wert beeinflussen zu können. Diese flüchtigen Säuren, etwa C_4-C_{10}, sind aber die Grundlage des Käsegeruchs. Weiterhin enthalten alle Käse mit Ausnahme von Schmelzkäse relativ hohe Gehalte an Schwefelwasserstoff. Ferner gehen in das Grundmuster die aus den α-Aminosäuren stammenden α-Ketosäuren sowie kurzkettige Aldehyde ein. Aldehyde aus der Autoxidation spielen im Käsearoma keine Rolle. Einerseits ist Milchfett relativ gesättigt, andererseits liegt das Redoxpotential im Käse stark auf der reduzierenden Seite, und evtl. vorhandener Sauerstoff wird schnell von den Mikroorganismen veratmet.

Pyrazine spielen keine Rolle im Aroma von Käse. Im Konsistenzsockel sind selbstverständlich Stärke und Ethanol ohne Bedeutung. ,,Adstringierend'' kommt nur im Schmelzkäse mit Walnüssen vor, ,,brennend'' in Schmelzkäsen mit Pfeffer und ,,kühl'' in Schmelzkäsen mit Mentholzusatz.

Bei der weiteren Besprechung der verschiedenen Käsearomen wird immer dieses Käsegrundmuster als Basis betrachtet und nach zusätzlichen Schlüsselverbindungen gesucht.

4.3.5.1 Emmentaler

Benannt nach Emmental in der Schweiz (daher auch Schweizer Käse, verwandt mit Gruyère = Greyerzer), kann dieser Hartkäse in gewaltigen Laiben von mühlsteinartigem Format und Gewichten zwischen 40—130 kg nur aus unpasteurisierter Rohmilch allerbester Provenienz hergestellt werden. Typisch für Emmentaler ist aufgrund der speziellen Mikroorganismenkulturen die Propionsäuregärung, die von Milchsäure zur Propionsäure führt, die mit der für Aromastoffe geradezu gigantischen Konzentration zwischen 3000 und 5000 ppm die Schlüsselverbindung des süßlichen Aromas von Emmentaler ist. Die restliche Lactose und die daraus entstehenden Spaltstücke Glucose und Galactose spielen für die Süßigkeit von Emmentaler keine Rolle. Durch Zusatz dieser Zucker oder von Saccharose den Geschmack von Emmentaler zu intensivieren, ist nicht möglich: Es entsteht dabei ein äußerst unangenehmer Geschmackseindruck, der bis zur völligen Ungenießbarkeit führen kann.

Die etwa nußgroßen Löcher im Emmentaler werden durch CO_2 gebildet. Mit 0,9—1,0 % liegt der Kochsalzgehalt von Emmentaler recht niedrig.

Das Aromagramm von Emmentaler ist in Abb. 44 wiedergegeben (41.26).

$$CH_3-CH_2-\underset{\underset{OH}{|}}{C}=O \qquad \text{Propionsäure}$$

Schlüsselverbindungen: Propionsäure

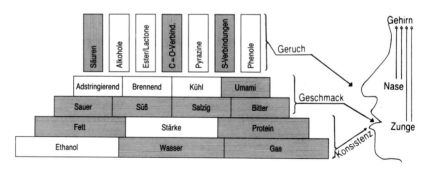

Abb. 44 Aromagramm von Emmentaler

4.3.5.2 Blauschimmelkäse

Zu den Blauschimmelkäsen gehören sowohl der französische Roquefort aus Ziegenmilch als auch aus Kuhmilch der italienische Gorgonzola, der englische Stilton, unsere deutschen Edelpilzkäse und auch der dänische Danablu.

Natürlich differieren diese Käse im Detail; gemeinsam ist all diesen Käsen, daß der bei ihrer Herstellung verwandte Schimmelpilz *Penicillium roquefortii* imstande ist, Fettsäuren via β-Ketosäuren zu den um 1 C-Atom ärmeren Methylketonen abzubauen nach

$$CH_3-CH_2-CH_2-CH_2-CH_2-CH_2-CH_2-COOH$$
$$\downarrow$$
$$CH_3-CH_2-CH_2-CH_2-CH_2-\underset{O}{\overset{\parallel}{C}}-CH_2-COOH$$
$$\downarrow$$
$$CH_3-CH_2-CH_2-CH_2-CH_2-\underset{O}{\overset{\parallel}{C}}-CH_3$$

So entsteht in obigem Beispiel aus der geradzahligen Caprylsäure (Octansäure) das ungeradzahlige Methylamylketon (2-Heptanon), und so bilden sich 2-Pentanon, 2-Heptanon und 2-Nonanon, die Schlüsselverbindungen der Blauschimmelkäse (236, 41.26). Wichtig ist ferner die Reaktion, die von den 2-Alkanonen durch Hydrierung zu den 2-Alkanolen führt:

$$R-\underset{O}{\overset{\parallel}{C}}-CH_3 \rightarrow R-CHOH-CH_3$$

d.h. hier zu 2-Pentanol, 2-Heptanol und 2-Nonanol.

$$CH_3-(CH_2)_2-\underset{O}{\overset{\parallel}{C}}-CH_3 \quad \text{2-Pentanon}$$

$$CH_3-(CH_2)_4-\underset{O}{\overset{\parallel}{C}}-CH_3 \quad \text{2-Heptanon}$$

$$CH_3-(CH_2)_6-\underset{O}{\overset{\parallel}{C}}-CH_3 \quad \text{2-Nonanon}$$

$$CH_3-(CH_2)_2-\underset{OH}{\overset{|}{CH}}-CH_3 \quad \text{2-Pentanol}$$

$$CH_3-(CH_2)_4-\underset{OH}{\overset{|}{CH}}-CH_3 \quad \text{2-Heptanol}$$

$$CH_3-(CH_2)_6-\underset{OH}{\overset{|}{CH}}-CH_3 \quad \text{2-Nonanol}$$

Schlüsselverbindungen: 2-Pentanon 2-Pentanol
2-Heptanon 2-Heptanol
2-Nonanon 2-Nonanol

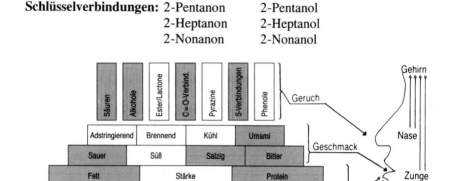

Abb. 45 Aromagramm von Blauschimmelkäsen (197)

4.3.5.3 Camembert/Brie

Bezüglich der Schlüsselsubstanz von Camembert gab es eine Kontroverse. Einerseits war das sogenannte n-Dimethylmethioninol

$$CH_3-S-CH_2-CH_2-\underset{\underset{N(CH_3)_2}{|}}{CH}-CH_2OH$$

als Substanz mit Camembert-Aroma beschrieben worden (42); diese Verbindung konnte aber später von anderer Seite (43) nicht in Camembert nachgewiesen werden, wobei allerdings trotzdem Methionin als die Ausgangssubstanz für das Camembert-Aroma wahrscheinlich gemacht wurde. Weitere Forschungsresultate müssen abgewartet werden.

4.3.5.4 Tilsiter

Tilsiter ist durch sein herb pikantes Aroma und durch seine reiskorngroße Lochung charakterisiert.

Schlüsselverbindungen des Tilsiter-Aromas sind die aus Aminosäuren nach

$$R-\underset{\underset{NH_2}{|}}{CH}-COOH \quad \begin{matrix} \nearrow \\ \searrow \end{matrix} \quad \begin{matrix} R-CH_2-COOH \\ R-COOH \end{matrix}$$

entstehenden verzweigten Verbindungen Isobuttersäure, Isovaleriansäure und Isocapronsäure (44). Alkohole und Ester runden das Aroma ab.

$$\mathrm{CH_3{>}CH-COOH} \qquad \text{Isobuttersäure}$$
$$\mathrm{CH_3}$$

$$\mathrm{CH_3{>}CH-CH_2-COOH} \qquad \text{Isovaleriansäure}$$
$$\mathrm{CH_3}$$

$$\mathrm{CH_3{>}CH-CH_2-CH_2-COOH} \qquad \text{Isocapronsäure}$$
$$\mathrm{CH_3}$$

Das Aromagramm von Tilsiter entspricht außer diesen zusätzlichen Schlüsselverbindungen dem des Käse-Grundmusters (s. Abb. 43). Harzer-Käse weist ein ähnliches Aromagramm auf.

4.3.5.5 Italico

Italico ist ein italienischer Frischkäse, der bei uns vor allem unter dem Markennamen „Bel Paese" bekannt ist. Schlüsselverbindungen im Italico-Aroma sind die aus den Aminosäuren nach

$$\mathrm{R-CH-COOH} \quad \nearrow \quad \mathrm{R-CH_2-OH}$$
$$\quad\ \ |$$
$$\quad\ \ \mathrm{NH_2} \quad\ \ \searrow \quad \mathrm{R-OH}$$

entstehenden primären Alkohole Isobutan-1-ol, Isopentan-1-ol und Phenylethanol (239, 41.26).

$$\mathrm{CH_3{>}CH-CH_2OH} \qquad \text{Isobutan-1-ol}$$
$$\mathrm{CH_3}$$

$$\mathrm{CH_3{>}CH-CH_2-CH_2OH} \qquad \text{Isopentan-1-ol}$$
$$\mathrm{CH_3}$$

$$\mathrm{C_6H_5-CH_2-CH_2OH} \qquad \text{Phenylethanol}$$

Italico weicht durch seinen „hefigen" Geschmack völlig von den „üblichen" Käsen ab.

Das Aromagramm von Italico enthält diese Schlüsselverbindungen zusätzlich zum Grundmuster Käse (s. Abb. 43).

4.3.5.6 Fontina

Fontina ist ein delikater italienischer Käse, der ausschließlich im Aosta-Tal hergestellt werden darf, und dessen Name durch das italienische Sondergesetz Nr. 1269 geschützt ist. Der Käse weist eine sparsame Lochung auf. Sollte man einem Fremden das Aroma von Fontina beschreiben, so könnte man es am anschaulichsten als eine Kreuzung zwischen Emmentaler und Tilsiter definieren. Als Schlüsselverbindung des Fontina-Aromas konnten daher folgerichtig einerseits Propionsäure, andererseits Isobuttersäure, Isovaleriansäure, Isocapronsäure und Phenylpropionsäure nachgewiesen werden (238, 41.26).

CH_3-CH_2-COOH Propionsäure

$(CH_3)_2CH-COOH$ Isobuttersäure

$(CH_3)_2CH-CH_2-COOH$ Isovaleriansäure

$(CH_3)_2CH-CH_2-CH_2-COOH$ Isocapronsäure

$C_6H_5-CH_2-CH_2-COOH$ Phenylpropionsäure

In der Bundesrepublik kann Fontina nur aus sehr gut sortierten Käsespezialgeschäften bezogen werden.

Schlüsselverbindungen: Propionsäure, Phenylpropionsäure
Isobuttersäure
Isovaleriansäure, Isocapronsäure

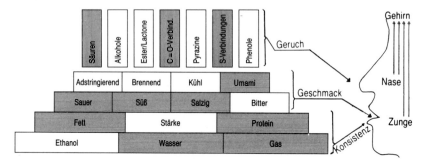

Abb. 46 Aromagramm von Fontina

4.3.5.7 Cheddar

Cheddar, der beliebte und weitverbreitete englische Käse, in Deutschland auch als Chester bezeichnet, hat einen milden, fruchtigen Geschmack und besitzt eine etwas bröckelige Konsistenz. Reifezeit 6 bis 12 Monate. Methylketone sind die Schlüsselverbindungen, die zusammen mit dem Käsegrundmuster das Cheddar-Aroma ausmachen. Es sind die gleichen Methylketone, nämlich 2-Pentanon, 2-Heptanon und 2-Nonanon, die in den Blauschimmelkäsen vorkommen; allerdings beträgt ihre Konzentration hier nur etwa 1/10 der in Blauschimmelkäsen gemessenen (75).

$$CH_3-(CH_2)_2-\underset{\underset{O}{\|}}{C}-CH_3 \qquad \text{2-Pentanon}$$

$$CH_3-(CH_2)_4-\underset{\underset{O}{\|}}{C}-CH_3 \qquad \text{2-Heptanon}$$

$$CH_3-(CH_2)_6-\underset{\underset{O}{\|}}{C}-CH_3 \qquad \text{2-Nonanon}$$

Schlüsselverbindungen: 2-Pentanon
2-Heptanon
2-Nonanon

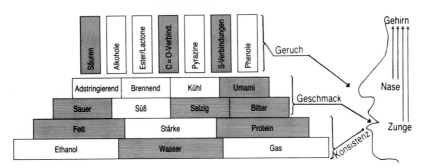

Abb. 47 Aromagramm von Cheddar

Cheddar stellt praktisch das Hauptkontingent des Käsewelthandels und kann als Rückgrat der Schmelzkäse-Industrie betrachtet werden. Im Einzelhandel bietet man ihn der Bundesrepublik Deutschland meistens als Schmelzkäse an.

4.3.5.8 Parmesan

Parmesan ist wohl der bei uns bekannteste italienische Reibekäse, der jedes italienische Gericht abrundet. In Italien selbst kennt man eine Reihe vergleichbarer Käse, sog. Grana, die gerieben als Speisewürze verwandt werden; Parmesan stellt aber den bekanntesten davon dar. Parmesan kommt nach mindestens sechs Wochen Reifezeit in gewaltigen tonnenförmigen Laiben von ca. 50 kg auf den Markt. Die körnige Struktur (Grana) ist durch den hohen Trockenmassegehalt (70%), vergleichsweise mittleren Fettgehalt (32% Fett i. Tr.) und weitgehenden Abbau des Proteins bedingt. Der Abbau kann so weit gehen, daß die Aminosäure Tyrosin in so hohen Konzentrationen vorliegt, daß sie schon auszukristallisieren beginnt. Parmesan zieht wohl auch wegen diesem weitgehenden Eiweißabbau beim Erhitzen keine Fäden, ist also zur Fondue-Herstellung ungeeignet.

Schlüsselverbindungen des Parmesan-Aromas sind die Ester der geradkettigen Fettsäuren von C_4 bis C_{10} mit Ethanol, n-Propanol, n- und Isobutanol, wobei Ethyloctanoat und Ethylhexanoat die Hauptkomponenten stellen.

$$CH_3-(CH_2)_4-\overset{\overset{O}{\|}}{C}-OC_2H_5 \quad \text{Ethylhexanoat}$$

$$CH_3-(CH_2)_6-\overset{\overset{O}{\|}}{C}-OC_2H_5 \quad \text{Ethyloctanoat}$$

In bereits gerieben gekauftem Parmesankäse konnte man einerseits eine Verminderung der Ester (z. T. waren keine Ester mehr nachzuweisen), was sich auch organoleptisch äußerte, und andererseits das Auftreten von bisher nicht vorhandenen Aldehyden feststellen, die Ranzigkeit verursachten (45). Es wird daher empfohlen, Parmesan im Stück zu kaufen und sich der geringen Mühe des Reibens zu unterziehen. Parmesan hat ein Aromagramm (41.26), das die oben erwähnten Schlüsselverbindungen zusätzlich zum Käse-Grundmuster (s. Abb. 43) enthält.

4.3.5.9 Provolone

Provolone hat gegenüber Parmesan mit ca. 65% Trockenmasse mehr Wasser und mit 45% Fett i. Tr. einen höheren Fettgehalt und kommt in baumstammstarken Laiben in Wurstform von etwa 35 cm Durchmesser und 1,20 m Länge in den Handel. Schlüsselverbindungen des Provolone-Aromas sind ebenfalls die Ester, insbesondere die Ester der geradkettigen Fettsäuren von C_4 bis C_{10} mit Ethanol, n-Propanol sowie n- und Isobutanol, wobei Ethylhexanoat und Ethyloctanoat die Hauptkomponenten sind. Daneben treten als Schlüsselverbindungen die Methylketone 2-Pentanon,

2-Heptanon und 2-Nonanon auf (209). Das Aromagramm (237) enthält diese Schlüsselverbindungen zusätzlich zum Käse-Grundmuster (s. Abb. 43).

$$CH_3-(CH_2)_4-\overset{\overset{O}{\|}}{C}-OC_2H_5 \qquad \text{Ethylhexanoat}$$

$$CH_3-(CH_2)_6-\overset{\overset{O}{\|}}{C}-OC_2H_5 \qquad \text{Ethyloctanoat}$$

$$CH_3-(CH_2)_2-\overset{\overset{O}{\|}}{C}-CH_3 \qquad \text{2-Pentanon}$$

$$CH_3-(CH_2)_4-\overset{\overset{O}{\|}}{C}-CH_3 \qquad \text{2-Heptanon}$$

$$CH_3-(CH_2)_6-\overset{\overset{O}{\|}}{C}-CH_3 \qquad \text{2-Nonanon}$$

Provolone wird in der Bundesrepublik Deutschland nur wenig gehandelt.

4.3.5.10 Manchego

Manchego, ein sehr bekannter spanischer Käse, wird aus Schafsmilch hergestellt. Er hat eine zylindrische Form mit einer Höhe von etwa 12—13 cm. Die Rinde weist den Abdruck einer Matte aus geflochtenem Esparto-Gras auf, weil die Form, in die der Käsebruch gepreßt und der geformte Käselaib zur Reifung stehengelassen wird, mit einem solchen Flechtwerk versehen ist. Die Käse werden in einzelnen Bauernhöfen der Mancha, des zentralen spanischen Hochlandes, hergestellt und schwanken in ihrer Zusammensetzung recht stark; es fehlt einfach noch eine gewisse Normierung und Standardisierung durch Molkereien. Schlüsselverbindungen im Aroma von Manchego sind neben den Fettsäuren des Käse-Grundmusters die Methylketone 2-Pentanon, 2-Heptanon und 2-Nonanon sowie die Ester Ethylbutanoat, Ethylhexanoat und Ethyloctanoat. Das Aromagramm (Abb.48) faßt die Resultate zusammen (41.26).

Manchego wird z.Zt. kaum zu uns exportiert und bleibt auf den spanischen Markt beschränkt.

Schlüsselverbindungen: Ethylbutanoat, 2-Pentanon
Ethylhexanoat, 2-Heptanon
Ethyloctanoat, 2-Nonanon

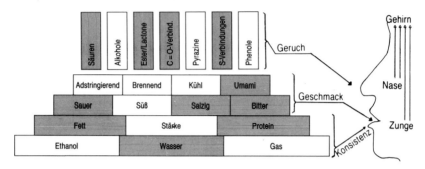

Abb. 48 Aromagramm von Manchego

4.3.5.11 Gouda

Dieser beliebte holländische Schnittkäse, etwas pikanter als Edamer, kommt in Käselaiben von 6—10 kg auf den Markt, hat eine etwa erbsengroße Lochung und wird nach 1—2 Monaten Reifezeit „jung" verkauft, nach 2—6 Monaten als „mittelalt" und nach 6 Monaten als „alt". Schlüsselverbindung im Gouda-Aroma ist die Phenylpropionsäure, die zusammen mit anderen Verbindungen auch im Aroma von Fontina-Käse vorhanden ist. Ester, Methylketone und Alkohole runden das Aroma ab (41.26).

Schlüsselverbindungen: Phenylpropionsäure

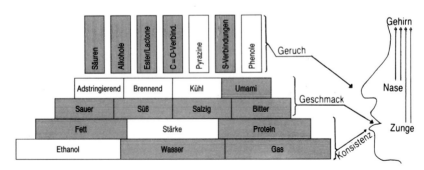

Abb. 49 Aromagramm von Gouda

$C_6H_5-CH_2-CH_2-C{\overset{O}{\underset{OH}{}}}$ Phenylpropionsäure

4.3.5.12 Schmelzkäse

Bei der Schmelzkäseherstellung zerkleinert man Rohkäse und erhitzt ihn unter Zusatz von Wasser und Schmelzsalzen etwa 10 Min. bei 80 °C. Aufgabe der Schmelzsalze, meistens sind es die Natriumsalze der Citronensäure oder der Mono- bzw. Polyphosphorsäuren, ist es, in einem Ionenaustauschprozeß das unlösliche Calciumparacaseinat in das lösliche Natriumparacaseinat zu überführen, ferner Enzyme zu inaktivieren und Mikroorganismen abzutöten (47). Nach Abkühlung erstarrt das Käsesol, und man erhält einen „geschmolzenen" Käse.

Vom Aroma her hängt der Schmelzkäse selbstverständlich wesentlich von seinen Ausgangsmaterialien ab, allerdings bringt das Erhitzen den Verlust an leichtflüchtigen Aromakomponenten mit sich. So enthält Schmelzkäse z.B. keinen Schwefelwasserstoff mehr. Außer Käse und Käsemischungen hat man auch weitere Stoffe wie Molkenpulver, Schinken, Gurken, Walnüsse in Schmelzkäse verarbeitet. Durch Variation von Trockenmasse, Fettgehalt und pH-Wert kann man die Konsistenz von Schmelzkäse von streichfähig über schnittfest bis zu reibbar variieren.

Schmelzkäsescheiben werden heute hergestellt, indem man die heiße Käseschmelze auf ein gekühltes Endlosband aus Edelstahl gibt.

Aromagramme hier aufzuzeigen erübrigt sich, weil man sie leicht aus den verschiedenen Ausgangskomponenten ableiten kann.

4.3.5.13 Schabzieger (Schweizer Kräuterkäse)

Schabzieger, ein würziger und pikanter Reibekäse, der sein Aroma vorwiegend von zugesetztem Ziegerklee *(Melilotus coeruleus = Trigonella coerulea)* erhält, ist einer der ältesten Markenartikel der Welt, denn schon 1464 hatte die Glarner Landgemeinde eine Verordnung über die Herstellung des Schabziegers erlassen. Schabzieger war neben Butter damals *der* Schweizer Exportartikel.

Die Ziegerkäserei ist recht altertümlich und wurde bis auf die Produktion von Schabzieger weitgehend durch die modernere Labkäserei verdrängt. Bei der Herstellung des Rohziegers wird Magermilch auf 90—92 °C erhitzt und dann mit 10—15 % einer hauptsächlich durch *Lactobacillus Helveticus* stark gesäuerten Molke gefällt. Der abgeschöpfte „Zieger" macht außer der Milchsäuregärung noch eine Buttersäuregärung durch und wird nach der Reifung mit Salz vermahlen und dann mit 2—2,5 % getrocknetem Ziegerkleepulver vermischt.

Der getrocknete feste Kräuterkäse kommt in Form eines Kegelstumpfes gepreßt als Reibekäse mit etwa 10% Wasser, 4% Fett, 21% Mineralstoffen (davon 15% NaCl) und 65% Eiweiß (einschließlich Kräuter) in den Handel. Mit Parmesan, wie allgemein mit Grana-Käsen, hat Schabzieger seine Verwendung als Reibekäse gemeinsam und mit Schmelzkäse die haltbare Transportform.

Der Ziegerklee stammt aus dem Vorderen Orient und soll schon durch die Kreuzritter nach Europa gekommen sein. In Ägypten noch als Gewürz verwandt, wurde früher Ziegerklee als *,,Herba cum floribus meliloti coerulei s. lot. odorati vel herba ägyptica''* ein beliebtes Wundermittel und wurde als

$$CH_3-\underset{\underset{O}{\|}}{C}-\underset{\underset{OH}{|}}{C}=O \qquad \text{Brenztraubensäure}$$

$$COOH-CH_2-CH_2-\underset{\underset{O}{\|}}{C}-\underset{\underset{OH}{|}}{C}=O \qquad \alpha\text{-Ketoglutarsäure}$$

$$\begin{matrix} CH_3 \\ CH_3 \end{matrix} \!\!> CH-\underset{\underset{O}{\|}}{C}-\underset{\underset{OH}{|}}{C}=O \qquad \alpha\text{-Ketoisovaleriansäure}$$

$$\begin{matrix} CH_3 \\ CH_3 \end{matrix} \!\!> CH-CH_2-\underset{\underset{O}{\|}}{C}-\underset{\underset{OH}{|}}{C}=O \qquad \alpha\text{-Ketoisocapronsäure}$$

Schlüsselverbindungen: Brenztraubensäure
α-Ketoglutarsäure
α-Ketoisovaleriansäure
α-Ketoisocapronsäure

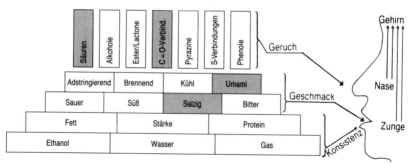

Abb. 50 Aromagramm von Ziegerkleepulver

schmerzstillendes und harntreibendes Pharmakon gegen Gicht, Wassersucht und Augenleiden eingesetzt. Die Schlüsselverbindungen des Ziegerklee-Aromas (46) sind α-Ketosäuren, insbesondere Brenztraubensäure, α-Ketoglutarsäure, α-Ketoisovaleriansäure und α-Ketoisocapronsäure (s. Abb.50).

Ziegerkleepulver ist das aromagebende Prinzip im Schabziegerkäse, der durch seinen hohen Kochsalzgehalt von 15% bisher der salzigste aller Käse ist (129). Bei einem Wassergehalt von 10% und einer Löslichkeit bei 20°C von 35,7 g/100 ml H_2O können in den 10 g Wasser, die in 100 g Schabzieger enthalten sind, also maximal 3,57 g Kochsalz gelöst sein. Da der Käse aber 15 g NaCl/100 g Käse enthält, sind ca. 2/3 des Kochsalzes ungelöst. Da der Käse gerieben als Gewürz verwandt wird, ist dieser hohe Kochsalzgehalt nicht problematisch; man hat nur sehr teuer für das Kochsalz bezahlt.

Schlüsselverbindungen: Brenztraubensäure
α-Ketoglutarsäure
αKetoisovaleriansäure
α-Ketoisocapronsäure

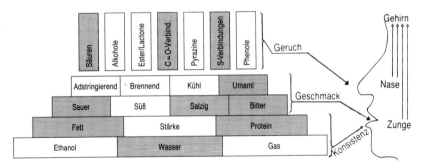

Abb. 51 Aromagramm von Schabzieger

4.3.5.14 Bedeutung verschiedener Aromakomponenten in diversen Käsen

In Tab. 35 wurde versucht, den Einfluß verschiedener Aromakomponenten auf die Aromen der einzelnen Käse zusammenzufassen (41.26).

Tab. 35 Bedeutung verschiedener Aromakomponenten bei diversen Käsen

Käse	NaCl	Milch-säure	Peptide +Aminos.	Fett-säuren	Ester	H₂S	Ketone	α-Keto-säuren	sek. Alkohole	Alde-hyde	prim. Alkohole
Quark	+	+++	+	+	−	+	−	−	−		−
Cheddar	++	++	++	+++	+	+	+++	+	+	+	−
Emmentaler	+	++	++	+++	+	+	+	+	+	+	−
Blauschimmelkäse	++	++	++	++	+	+	+++	+	+++	+	+
Italico	++	++	++	++	+	+	+	+	++	+	+++
Tilsiter	++	++	++	+++	+	+	+	+	+	+	+
Fontina	++	++	++	+++	+	+	+	+	++	+	+
Manchego	++	++	++	+++	+++	+	+++	+	+	+	+
Parmesan	++	++	++	+++	+++	−	+	+	+	+	+
Gouda	++	++	++	+++	++	+	+	+	+	+	+
Schmelzkäse	++	++	++	+++	+	−	+	+	+	+	−
Provolone	+	++	++	+++	+++	+	+++	+	+	+	−
Schabzieger	+++	++	+	++	+	+	+	+++	+	++	−

Es bedeuten: +   wichtig
                   ++   äußerst wichtig
                   +++ Schlüsselverbindungen

4.4 Fleisch und Fisch

,,Die in beiden Fällen erhaltene verdünnte Inosinsäure reagiert stark sauer und besitzt einen angenehmen, *fleischbrühartigen* Geschmack" (48). Dieser Satz stammt aus der Feder von *Justus von Liebig*. *Liebig* meinte natürlich das, was wir heute als Inosin-5'-Monophosphat bezeichnen.

Inosin-5'-monophosphat	x = H
Guanosin-5'-monophosphat	x = NH_2
Xanthosin-5'-monophosphat	x = OH

Diese Ribonucleotide, als Geschmacksverstärker 1913 in Japan in getrocknetem Bonito (einer Art Thunfisch) wiederentdeckt (49), werden seit Anfang der sechziger Jahre als Geschmacksverstärker eingesetzt. Auf ihre Rolle als Aromaverstärker wird in Kap. 6 eingegangen; an dieser Stelle soll aber schon betont werden, daß diese Geschmacksverstärker auch immer einen Eigengeschmack aufweisen. Nucleotide kommen in allen Muskelzellen vor. Milch ist frei von Nucleotiden. Der Zusatz dieser Verbindungen zu Milchprodukten ist unerwünscht, da Nucleotide hier einen unangenehmen Fremdgeschmack hervorrufen.

Ähnlich wie den Nucleotiden erging es der zweiten wichtigen Aromakomponente von Fleisch, nämlich der Glutaminsäure. Schon 1866 bei ihrer Entdeckung durch *Ritthausen*, einem *Liebig*-Schüler (50), bemerkte dieser zwar den fleischbrühartigen Geschmack der Kristalle, aber dieser Befund wurde nicht weiter beachtet, und so entdeckte *K. Ikeda* zwei Generationen später in der in Japan seit Urzeiten als Speisewürze benutzten Meeresalge *Laminaria japonica* die l-Glutaminsäure als Aroma-intensivierendes Prinzip und führte diese Substanz in die Lebensmitteltechnik ein (51). Auf die Verwendung von Glutaminsäure als Aromaverstärker wird in Kap. 6 näher eingegangen. Hier sei aber schon bemerkt, daß Nucleotide und Glutamat sich gegenseitig in ihrer Wirkung potenzieren; diese Wirkung faßt man mit dem japanischen Wort ,,Umami" zusammen.

Nicht nur die freie Glutaminsäure, sondern auch Peptide, die reich an Glutaminsäure sind, tragen zum Fleischgeschmack bei (141). Zusammen mit Kochsalz entsteht ein Geschmacksgrundmuster, das grundsätzlich für das Fleisch aller Tiere gilt, die vom Menschen gegessen werden, vom Elefanten bis zur Weinbergschnecke, vom Hering und dem Hummer bis zur Muschel. Diesem Grundmuster ,,Rohfleisch", oft ,,kalt" durch Räuchern oder exzessives Salzen haltbar gemacht, überlagern sich Aromabildungen durch Erhitzen, wobei aus Proteinderivaten die wichtigen Pyrazine und Schwefelverbindungen entstehen und aus den Fetten die für das jeweilige Fleisch geruchsbestimmenden, oft mehrfach ungesättigten Aldehyde, bzw. ihre Gemische.

Im ,,Konsistenzsockel" des Aromagramms für Fleisch sind Ethanol und Gas ohne Bedeutung, Protein wird bei der ,,Reifung" des Fleisches, sei es nun bei Steaks, Matjes oder sei es bei Tintenfisch, durch zelleigene Enzyme proteolytisch abgebaut. Im Falle der Verwendung von Papain als ,,Meat tenderizer" kann das Enzym sogar vegetabilisch sein; bei Matjes zumindest stammt es aus den körpereigenen Pylorus-Drüsen. Der ,,fleischliche" Proteinabbau ist allerdings nicht so tiefgreifend wie im Falle der Käsereifung und geht hauptsächlich in die Konsistenz ein. Auch das Kochen von Fleisch wirkt sich weitgehend auf die Konsistenz aus, indem die Proteine eine Hitzedenaturierung durchmachen. Beim Braten entstehen dann in einer *Maillard*-Reaktion die aromaprägenden Bräunungsprodukte sowie Aldehyde aus dem *Strecker*-Abbau der Aminosäuren, ferner flüchtige Schwefelverbindungen.

Zur Erzeugung von natürlichen Fleischaromen ließ man daher Aminosäuren, vorwiegend S-haltige wie Cystein/Cystin oder Methionin, mit verschiedenen Zuckern reagieren.

Prägend für das sortenspezifische Aroma von erhitztem Fleisch und Fisch scheinen indes die aus Fetten mit ihren unterschiedlichen Fettsäurezusammensetzungen autoxidativ (nicht enzymatisch) entstehenden Aldehyde zu sein. Stärke spielt nur als Glycogen der Leber eine Rolle. Bittere Noten können nur von *Maillard*-Produkten kommen, denn, wie weiter oben bereits erläutert (Tab. 5), werden aus Fleisch proteolytisch keine bitteren Peptide entstehen. Die Eigenschaften kühl, brennend und adstringierend spielen bei Fleisch keine Rolle, süß ist für Leber und Krebsfleisch von Bedeutung. Unter den flüchtigen Verbindungen sind Phenole Schlüsselverbindungen für geräucherte Produkte, Säuren, Alkohole und Ester wirken praktisch nur abrundend, und Aldehyde, Pyrazine sowie Schwefelverbindungen sind, wie schon gesagt, ausschlaggebend für das Aroma.

Das Geschmacksgrundmuster ist im Aromagramm Abb. 52 dargestellt. Die entsprechenden geruchsaktiven Verbindungen werden bei der Besprechung der einzelnen Fleischarten aufgezeigt.

Schlüsselverbindungen: Grundmuster Fleischgeschmack:
Nucleotide, Kochsalz
Peptide
Aminosäuren, insbesondere Natriumglutamat

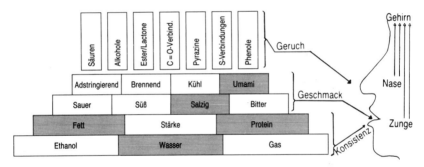

Abb. 52 Aromagramm von Fleisch, Grundmuster Geschmack

Tab. 36 informiert über den Gehalt von Säugetierfleisch verschiedener Species und Fleischextrakt an Inosin-5'-monophosphat (52).

Tab. 36 Nucleotide in Fleisch

Tier	Inosin-5'-monophosphat [ppm]
Huhn	75
Schwein	123
Rind	107
Fleischextrakt aus Rind	900

Wie man sieht, ist der Gehalt größenordnungsmäßig gleich. Verständlicherweise weist Fleischextrakt wesentlich höhere Werte auf. Der Protein- und Fettgehalt bzw. der Polyenfettsäureanteil (Linolsäure und höher ungesättigte Fettsäuren) sowie der Wassergehalt verschiedener Fleischsorten sind in Tab. 37 zusammengestellt.

Tab. 37 Wasser, Protein, Fett und Polyenfettsäuren in verschiedenen Tieren (in %)

Tier	Wasser	Protein	Fett	Polyenfettsäuren (in Triglyceriden)
Rind, Filet	75,1	19,2	4,4	0,0
Rind, Leber	69,9	19,7	3,8	0,7
Schwein, Filet	71,2	18,6	9,9	0,0
Schwein, Speck	20,0	9,1	65,0	6,5
Hammel, Schlegel	64,0	18,0	18,0	0,5
Reh, Muskelfleisch	73,0	21,4	3,6	0,3
Huhn	72,7	20,6	5,6	1,2
Lachs	65,5	19,9	13,6	5,3
Hummer	78,5	16,9	1,9	0,0
Weinbergschnecke	82,0	15,0	0,8	0,0
Tintenfisch	82,2	15,3	0,8	0,0

Mit Ausnahme von Schweinespeck sind der Wassergehalt mit ca. 3/4 und der Proteingehalt mit etwa 1/5 des Gesamtgewichts recht konstant. Ein Vergleich der Aminosäurezusammensetzung in verschiedenen Fleischproteinen wird in Tab. 38 gemacht.

Überraschenderweise sind die Zusammensetzungen der verschiedenen Fleischproteine unterschiedlicher Tiere recht konstant; dies gilt nicht für die Fette, wie man aus Tab. 37 entnehmen kann. Der Fettgehalt schwankt von Tier zu Tier, ebenfalls der Gehalt an Polyenfettsäuren im Fett. Darüber hinaus sind die in den einzelnen Tierfetten enthaltenen Polyenfettsäuren unterschiedlich (s. hierzu Tab. 39) (9).

Tab. 38 α-Aminosäuren (g/100 g Protein = 16 g N) in verschiedenen Fleischproteinen

Aminosäure	Muskelfleisch	Leber	Fisch	Gelatine
Arginin	6,6	6,1	5,8	7,3
Cystein/Cystin	1,3	1,3	11,2	Spuren
Histidin	3,2	3,2	2,1	6,9
Isoleucin	5,1	5,1	5,1	1,4
Leucin	7,8	9,0	7,5	2,9
Lysin	8,2	8,2	9,0	4,0
Methionin	2,4	2,4	2,9	0,8
Phenylalanin	4,2	5,1	3,7	2,1
Threonin	4,5	4,5	4,5	1,5
Tryptophan	1,3	1,3	1,0	0,0
Tyrosin	3,4	3,4	3,0	0,3
Valin	5,3	6,1	5,3	2,3
Alanin	6,2	6,2	6,1	9,8
Asparaginsäure	9,1	9,1	9,4	5,9
Glutaminsäure	15,4	15,4	14,1	10,1
Glycin	4,5	4,5	6,1	24,2
Prolin	4,2	4,2	5,9	26,7
Serin	4,2	4,2	5,3	3,7

Tab. 39 Polyenfettsäuren in Tierfetten

Name	Hiragonsäure
systematisch	Δ 6-7,10-11,14-15-Hexadecatriensäure
C-Atome	16
Vorkommen in	Sardinenöl

Name	Linolsäure
systematisch	Δ 9-10,12-13-Octadecadiensäure
C-Atome	18
Vorkommen in	Landtieren 2-14%, z.B. Schweinen 7,8%, Vögeln bis über 20%; in Seetieren 24%, z.B. jap. Sardinenöl; wirksamste essentielle Fettsäure, da von Tieren nicht synthetisierbar

Name	Stearidonsäure (Moroctsäure)
systematisch	Δ 4-5,8-9,12-13,15-16-Octadecatetraensäure

Fortsetzung Tabelle 39: Polyenfettsäuren in Tierfetten

C-Atome	18
Vorkommen in	Seetierölen

Name	Arachidonsäure
systematisch	Δ 5-6,8-9,11-12,14-15-Eicosatetraensäure
C-Atome	20
Vorkommen in	Landtieren, z.b. Schweinen 2,1%

Name	Timnodonsäure
systematisch	Δ 4-5,8-9,12-13,15-16,18-19-Eicosapentaensäure
C-Atome	20
Vorkommen in	Sardinenöl und Lebertran

Name	Clupanodonsäure
systematisch	Δ 4-5,8-9,12-13,15-16,19-20-Docosapentaensäure
C-Atome	22
Vorkommen in	Seetieren weit verbreitet, z.b. jap. Sardinenöl, Lebertran 10-22%, allg. Seetieröl

Name	Nisinsäure
systematisch	Δ 4-5,8-9,12-13,15-16,18-19,21-22-Tetracosahexaensäure
C-Atome	24
Vorkommen in	jap. Sardinenöl

Weitere Polyenfettsäuren der C_{26}- und der C_{28}-Reihe wurden aus Fischölen isoliert. Konstitution und Eigenschaften sind aber noch nicht gesichert. Ein grobes Maß für Sättigung und Kettenlänge von Fetten stellt der Schmelzpunkt dar, der auch in die Konsistenz mit eingeht. Die Tab. 40 unterrichtet über die Schmelzpunkte einiger tierischer Lipide.

Tab. 40 Schmelzpunkte/Erstarrungspunkte tierischer Lipide

Lipid	Schmelzpunkt/Erstarrungspunkt (°C)
Walöl	−10
Robbentran	−3 bis +3
Butterfett	15 − 25
Schweineschmalz	22 − 32
Pferdefett	22 − 37
Rindertalg	30 − 38
Hammeltalg	32 − 45

4.4.1 Rohfleischprodukte

Den größten Teil unserer tierischen Nahrung nehmen wir gekocht oder gebraten zu uns, aber es gibt auch bemerkenswerte Ausnahmen. Schinken und ähnliche durch Räuchern haltbar gemachte Produkte werden später gesondert betrachtet; hier werden also nur die Gruppen Bündnerfleisch und Rohwürste besprochen.

4.4.1.1 Bündnerfleisch

Unter Bündnerfleisch versteht man ein ursprünglich nur im Schweizer Kanton Graubünden hergestelltes, leicht gepökeltes und an der Luft getrocknetes Rindfleisch von der Keule. Bei der Pökelung setzt man Nitrit zu, das sich mit dem Myoglobin des Fleisches zu stabilem, rot bleibendem Nitrosomyoglobin umsetzt, so daß die Graufärbung unterbleibt. Um akute Vergiftungen auszuschließen, darf Nitritpökelsalz außer Kochsalz nur zwischen 0,4 und 0,5% Natriumnitrit enthalten. Während die amerikanische Food and Drug Administration im November 1972 aus gesundheitlichen Gründen (Gefahr der Bildung carcinogener Nitrosamine) Nitrit verboten hat, konnte man sich hierzulande nicht dazu durchringen. Der Kochsalzgehalt ist mit 3,6—7% recht hoch, gilt aber als zur Konservierung unumgänglich. Der Fettgehalt liegt zwischen 4 und 6%, und der Wassergehalt beträgt 45 bis 50%.

Das Aroma von Bündnerfleisch entspricht im wesentlichen dem in Abb. 52 wiedergegebenen Grundmuster. Die Geschmacksintensität von Bündnerfleisch und ähnlichen bei uns hergestellten Produkten ist so hoch, daß man es in hauchdünnen Scheiben verzehren kann.

4.4.1.2 Gepökeltes Schweinefleisch

In Versuchen mit gepökeltem Schweinefleisch wurde gefunden, daß im Kopfraum darüber kurzkettige Carbonylverbindungen bis einschließlich Pentanal überwogen, während über frischem Fleisch mittelkettige Carbonylverbindungen verstärkt gefunden wurden. Das steht mit der Deutung in Einklang, daß Nitrit die Oxidation der Fettsäuren inhibiert. Die kurzkettigen Aldehyde stammen nämlich via Aminosäuren aus den Proteinen, die Ketone und längerkettigen Aldehyde, insbesondere auch die ungesättigten, dagegen von den Fettsäuren aus den Lipiden.

4.4.1.3 Tartar

Tartar aus rohem Fleisch, Eiern, Pfeffer, Salz und evtl. Zwiebeln hat sein Aroma vorwiegend aus den Nicht-Fleisch-Komponenten, die zu dem in Abb. 52 gezeigten Fleischgrundmuster hinzukommen.

4.4.1.4 Rohwürste

Rohwürste, wie z. B. Salami- oder Cervelatwürste, werden aus rohem zerkleinerten Muskelfleisch und Speck hergestellt. Bei der Rohwurst-Reifung reduzieren in einem mikrobiell-enzymatischen Prozeß die Mikrokokken zunächst das zugesetzte Nitrat zu Nitrit, das durch die Bildung von Nitrosomyoglobin die rote Farbe des Fleisches erhält (s. auch Bündnerfleisch). Die Mikrokokken werden später durch Lactobazillen verdrängt, die aus zugesetzten und vorhandenen Zuckern Milchsäure bilden. Infolge des absinkenden pH-Wertes koagulieren die Fleischproteine, und die Rohwurst wird schnittfest. An die Reifung schließt sich ein Trocknungsprozeß an.

Im Aromagramm von Rohwürsten, Abb. 53, ist neben dem Geschmacksgrundmuster wegen der Milchsäure auch das Feld „Sauer" schraffiert. Kochsalzgehalte von 2—5% im Produkt ergeben bei einem Wassergehalt der Rohwürste von etwa 20% wirksame Kochsalzkonzentrationen von 10—25% in der Wasserphase, wirken also konservierend. Im flüchtigen Anteil scheinen neben Schwefelverbindungen und den gesättigten und ungesättigten Aldehyden vor allem die Methylketone von 2-Pentanon bis 2-Undecanon Schlüsselverbindungen (53) zu sein.

$$CH_3 - \underset{O}{\underset{\|}{C}} - (CH_2)_n - CH_3 \qquad \text{2-Alkanone}$$

$$n = 2 - 8$$

Schlüsselverbindungen: Milchsäure
2-Alkanone

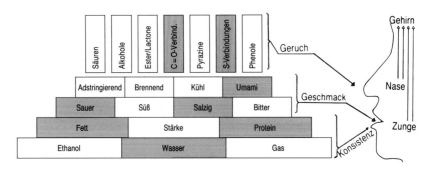

Abb. 53 Aromagramm von Rohwürsten

4.4.2 Kochfleisch

Beim Kochen von Fleisch entsteht ein Aroma, in dem *Strecker*-Aldehyde aus Zuckern und Aminosäuren mit Aldehyden aus den Fetten und Schwefelverbindungen aus den S-Aminosäuren zusammenwirken. Pyrazine scheinen erst bei der höheren Temperatur des Bratens größere Bedeutung zu erlangen.

4.4.2.1 Gekochtes Rindfleisch

Unter ,,Kochen'' verstehen wir hier das normale küchenmäßige Kochen von Rindfleisch, nicht im Autoklaven bei Brattemperaturen und auch nicht ein stundenlanges ,,Zerkochen'', um bestimmte Substanzen nachweisen zu können. Aus dem Rindfleisch entstehen dabei die in Tab. 41 aufgeführten Carbonylverbindungen (54).

Tab. 41 Beim Kochen von Rindfleisch entstehende Carbonylverbindungen

Ketone	Aldehyde		
	gesättigte	Enale	Dienale
Aceton	Ethanal Propanal Hexanal		
		2-Heptenal 2-Octenal	
	Nonanal	2-Nonenal 2-Decenal 2-Undecenal	2,4-Decadienal

Aus den schwefelhaltigen Aminosäuren entstehen Schwefelwasserstoff, Methylmercaptan und Dimethylsulfid.

Schlüsselverbindungen im Aroma von gekochtem Rindfleisch schienen nach einer Publikation aus dem Jahre 1968 zwei heterocyclische Verbindungen zu sein (55), einerseits das Stickstoff und Sauerstoff enthaltende 2,4,5-Trimethyl-3-oxazolin:

andererseits das schwefelhaltige 3,5-Dimethyl-1,2,4-trithiolan:

$$\begin{array}{c} S\text{---}S \\ | \quad | \\ CH_3\text{--}CH\text{--}S\text{--}CH\text{--}CH_3 \end{array}$$

Fünf Jahre später mußte aber die Arbeitsgruppe, die diese beiden Verbindungen gefunden hatte, diese Behauptung widerrufen (58). Man hatte inzwischen beide Verbindungen synthetisiert; aber sie wiesen nicht das erwartete Aroma auf. Dieser Fall zeigt deutlich, welche Gefahren in einer Aromaforschung ohne eine gediegene organisch-präparative Basis liegen. Aromaforschung kann eben nicht allein von Analytikern gemacht werden. Ein erfolgreiches Team sollte neben Analytikern auch Synthetiker, Biochemiker und geübte Sensoriker umfassen.

In einer kürzlich erschienenen Arbeit (276) wird 2-Methyl-3-(methylthio)-furan als Schlüsselverbindung für gekochtes Rindfleisch beschrieben.

$$\text{Furan mit } S\text{-}CH_3 \text{ und } CH_3$$

Abb. 54 zeigt das Aromagramm von gekochtem Rindfleisch (66).

Schlüsselverbindungen: Aldehyde
Schwefelverbindungen

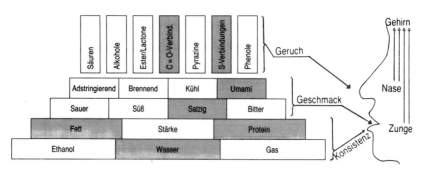

Abb. 54 Aromagramm von gekochtem Rindfleisch

4.4.2.2 Gekochtes Schweinefleisch

Tab. 42 gibt die bei der Kochtemperatur von 100 °C aus Schweinefleisch bzw. aus dem Schweineschmalz entstehenden Carbonylverbindungen.

Tab. 42 Beim Kochen von Schweinefleisch entstehende Carbonylverbindungen (54)

Ketone	Aldehyde		
	gesättigte	Enale	Dienale
Aceton	Ethanal		
	Propanal		
	Hexanal		
		2-Heptenal	2,4-Heptadienal
	Octanal	2-Octenal	
	Nonanal	2-Nonenal	2,4-Nonadienal
		2-Decenal	2,4-Decadienal
	Undecanal	2-Undecenal	

Wie man sieht, resultiert aus dem stärker ungesättigten Fett von Schweinen ein viel reicheres Angebot an gesättigten und ungesättigten Carbonylverbindungen als im Falle des vergleichsweise gesättigteren Rindertalges.

An schwefelhaltigen Verbindungen sind wiederum H_2S, Methylmercaptan und Diethyldisulfid enthalten.

„Ebergeruch" in Schweinefleisch

Unser übliches Schweinefleisch stammt von weiblichen oder kastrierten männlichen Tieren. Männliche unkastrierte Eber hätten den Vorteil, einen massiveren, fast kubischen Fleischblock zu liefern, aber das Fleisch solcher Tiere zeigt, besonders beim Kochen, einen äußerst unangenehmen Geruch nach abgestandenem Urin. Die Intensität dieses Geruchs ist praktisch proportional dem Alter des Ebers. Es wurde nun gefunden (56), daß ein Steroid, das in einer Konzentration von 2 ppm im Fett vorkommt, das 5-α-Androst-16-en-3-on, für diesen Geruch verantwortlich ist.

5-α-Androst-16-en-3-on

Nur am Rande sei noch erwähnt, daß mittels Radioimmunoassay dieses Steroidderivat im Achselschweiß von Männern in viel höheren Konzentrationen gefunden wurde als bei Frauen.

4.4.2.3 Gekochtes Hammelfleisch

Hammelfleisch, insbesonders wenn es nicht von sehr jungen Lämmern kommt, ist nicht jedermanns Geschmack. Das mag einerseits mit dem recht hohen Schmelzintervall von Hammeltalg von 32—45 °C (bei Schweineschmalz 22—32 °C) zusammenhängen, der durch den erheblichen Anteil an Stearinsäure von 25—32 % bedingt ist. Aber selbst in relativ magerem gekochtem Hammelfleisch liegen Komponenten vor, die den Hammelgeruch ausmachen und von vielen Konsumenten nicht geschätzt werden. Es war nun gefunden worden (57), daß einige mittlere Fettsäuren, die nur in Spuren im Hammelfett vorkommen, dieses „Hammelaroma" verursachen, nämlich die 4-Methyloctansäure und die 4-Methylnonansäure:

$$CH_3-CH_2-CH_2-CH_2-\underset{\underset{CH_3}{|}}{CH}-CH_2-CH_2-\underset{\underset{OH}{|}}{C}=O$$

4-Methyloctansäure

$$CH_3-CH_2-CH_2-CH_2-CH_2-\underset{\underset{CH_3}{|}}{CH}-CH_2-CH_2-\underset{\underset{OH}{|}}{C}=O$$

4-Methylnonansäure

Weiter oben wurde bereits berichtet, daß Isosäuren mit endständiger Verzweigung, allerdings kurzkettigere als die hier beschriebenen, sehr wichtige Komponenten z. B. in Käsearomen sind; daher ist dieser Befund auch nicht überraschend.

4.4.2.4 Wildbret

Im allgemeinen handelt es sich um ein fettarmes Fleisch, das zudem noch einen recht geringen Gehalt an Polyenfettsäuren aufweist. Infolge geringer Ausblutung und durch das Abhängen des Wildes entsteht der (heute von vielen nicht mehr sehr geschätzte) Hautgout. Dabei werden durch körpereigene Enzyme Proteine abgebaut, das Fleisch wird zarter. Darüber hinaus scheinen Aminosäuren weiter bis zu Aminen abgebaut zu werden, und es ist anzunehmen, daß diese biogenen Amine die wesentlichen Träger des Hautgout sind.

Interessant ist in diesem Zusammenhang vielleicht, daß in der chinesischen Volksmedizin Hirschbestandteile ganz oben rangieren (Pharmacopoe der V.R. China von 1977) (59).

4.4.2.5 Gekochtes Geflügel

Die Fettsäurezusammensetzung der Lipide von Geflügel wie Hühnern, Gänsen oder Truthühnern weist einen immensen Linolsäureanteil von 20—30% auf (Tab. 43).

Tab. 43 Fettsäurezusammensetzung der Lipide von Geflügel [%]

Fettsäure	Huhn	Gans	Truthuhn
Myristinsäure	0,1 — 0,2	—	—
Palmitinsäure	24,0 — 26,7	21,0	25,0 — 33,0
Stearinsäure	4,1 — 7,0	10,6	—
Palmitoleinsäure	6,0 — 7,0	—	—
Ölsäure	38,4 — 43,0	49,1	38,0 — 49,0
Linolsäure	18,4 — 22,8	19,3	23,0 — 29,0
Höhere unges. Fettsäuren	0,3 — 1,3	—	—

Diese höhere Ungesättigtheit bewirkt selbstverständlich ein wesentlich breiteres Spektrum von Carbonylverbindungen (60), wie aus Tab. 44 ersichtlich.

Tab. 44 Carbonylverbindungen in gekochtem Hühnerfleisch

Ketone		Aldehyde		
gesättigte	ungesättigte	gesättigte	2-Enale	2,4-Dienale
Aceton		Propanal	Acrolein	
Butanon	3-Buten-2-on	n-Butanal	trans-2-Butenal	
2-Pentanon	1-Penten-3-on	n-Pentanal	trans-2-Pentenal	
3-Pentanon		2-Methylbutanal		
3-Methyl-2-butanon		3-Methylbutanal		
2-Hexanon	4-Hexen-2-on	n-Hexanal	trans-2-Hexenal	
		2-Methylpentanal		
		4-Methylpentanal		

Fortsetzung Tab. 44 Carbonylverbindungen in gekochtem Hühnerfleisch

Ketone		Aldehyde		
gesättigte	ungesättigte	gesättigte	2-Enale	2,4-Dienale
2-Heptanon		n-Heptanal	trans-2-Heptenal	trans, trans-2,4-Heptadienal
		5-Methylhexanal		
2-Octanon		n-Octanal		
2-Methyl-6-heptanon				
2-Nonanon		n-Nonanal	trans-2-Nonenal	
2-Decanon		n-Decanal	trans-2-Decenal	trans, trans-2,4-Decadienal
2-Undecanon		n-Undecanal		
		n-Tridecanal		
		n-Hexadecanal		
		n-Octadecanal		
		Benzaldehyd		
		n-Propylbenzaldehyd		
		Phenylpropylbenzaldehyd		
Diacetyl				
2,4-Pentandion				
2,3-Pentandion				

Die in Tab. 45 zusammengetragenen Schwefelverbindungen sind in gekochtem Hühnerfleisch gefunden worden.

Tab. 45 Schwefelverbindungen in gekochtem Hühnerfleisch

Schwefelwasserstoff	Methylisopropylsulfid
Methylmercaptan	Diethylsulfid
Ethylmercaptan	Ethylpropylsulfid
n-Propylmercaptan	Dimethyldisulfid
n-Butylmercaptan	Diethyldisulfid
Dimercaptoethan	2-Methylthiophen
Dimethylsulfid	Schwefelkohlenstoff
Methylethylsulfid	Trithian
Di-n-propylsulfid	Dimethyltrisulfid

Man findet neben den primären Abbauprodukten des Cysteins/Cystins auch eine Reihe von Schwefelverbindungen, die offensichtlich sekundär aus ungesättigten Carbonylverbindungen und Schwefelwasserstoff hervorgegangen sind. H_2S selbst stammt wiederum weitgehend aus dem Abbau von Cystein/Cystin.

Es zeigte sich interessanterweise (61), daß das Entfernen der Schwefelverbindungen aus dem Aroma von gekochtem Hühnerfleisch zu einem völligen Verschwinden des Fleisch-Grundaromas führte, während die Entfernung der Carbonylverbindungen den Verlust der typischen ,,Hühner''-Note brachte, wohingegen das ,,Fleisch''- oder besser ,,Rindfleisch''-Grundaroma intensiviert wurde.

Selbstverständlich setzt man in der Küche beim Kochen von Hühnerfleisch weitere Gewürze, Gemüse usw. zu.

4.4.3 Bratfleisch

Beim Braten von Fleisch treten zunächst alle Verbindungen auf, die wir schon im gekochten Fleisch beobachtet hatten, darüber hinaus jedoch weitere Verbindungen, insbesondere Pyrazine (62,147,41.4). Zu erwähnen ist, daß man aus experimentellen Gründen gern den Bratprozeß durch ein Kochen unter Druck bei etwa 160 °C ersetzt (64). Es sollen jetzt nicht die einzelnen Fleischarten aufgeführt werden, zumal beim Braten besondere

Schlüsselverbindungen: Aldehyde
Schwefelverbindungen
Pyrazine

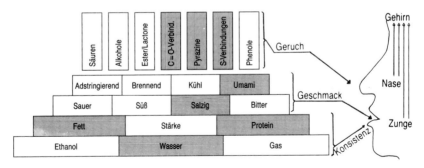

Abb. 55 Aromagramm von Bratfleisch

einzelne Schlüsselverbindungen nicht identifiziert werden konnten. In Abb. 55 ist daher das Aromagramm von gebratenem Fleisch wiedergegeben, wobei die verschiedenen Aldehyde die unterschiedlichen Bratfleischaroma-Noten bedingen, während die Pyrazine insbesondere die Brat-Note hervorrufen.

Auch hier bestimmt die Küchenzubereitung weitgehend das endgültige Aroma.

4.4.4 Leber

Die Leber, die größte Drüse der Wirbeltiere, ist gleichzeitig ein Organ der inneren und äußeren Sekretion. Nach außen, d. h. in den Darm, gibt sie die Galle ab, sezerniert intern aber zahlreiche Produkte ins Blut, insbesondere die Glucose. Die Leber enthält dazu Glycogen, quasi eine tierische Stärke, als Kohlehydratreserve. Darüber hinaus ist die Leber an zahlreichen Reaktionen wie Eiweißaufbau, Harnstoffsynthese zur Stickstoffausscheidung, Entgiftungsvorgängen usw. beteiligt, und man hat ausgerechnet, daß fast das gesamte Protein der Leber aus Enzymen besteht.

Es ist eine Erfahrungstatsache, daß die Lebern von praktisch allen Warmblütlern gekocht oder gebraten etwa dasselbe Aroma aufweisen, wenn auch durchaus nicht der besondere Reiz einer getrüffelten Gänseleberpastete in Abrede gestellt sei.

Schlüsselverbindungen: Zucker, Schwefelverbindungen,
                        Pyrazine,
                        Aldehyde

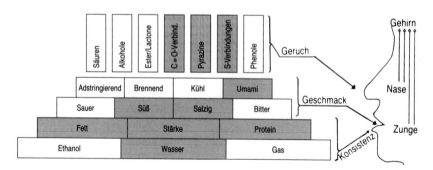

Abb. 56 Aromagramm von gebratener Leber

Im Aromagramm erhitzter Leber (Abb. 56) macht sich neben dem Grundmuster Fleischgeschmack auch der Zuckergehalt bemerkbar. Da ein normales Aminosäureangebot vorhanden ist, wundert es nicht, daß im Aromagramm gebratener Leber Pyrazine als Schlüsselverbindungen vorliegen, die fast die Hälfte des Leberaromas stellen (65).

Häufiger als frische Leber weist *Gefrierleber* einen wegen des mangelhaften Ausschneidens der Gallengänge einen durch Galle verursachten bitteren Geschmack auf. Man kann zwar durch Einlegen in Salzlake versuchen, die Galle zu entfernen, muß dann aber das Produkt als ,,entbitterte" Gefrierleber deklarieren.

4.4.5 Fisch

Bei einem Vergleich der Aminosäurezusammensetzung der Proteine von Fleisch und Fisch (Tab. 38) fällt bei letzterem der hohe Gehalt an Cystein/Cystin auf; er liegt fast eine Zehnerpotenz höher als der in Fleisch (nur das Peptidhormon Insulin und das Protein der Haare und der Haut, das Keratin, haben ähnlich hohe Cystein/Cystin-Gehalte).

Fischfleisch besitzt einen geringeren Anteil an Bindegewebe. Das gibt dem Fischfleisch einerseits seine lockere Struktur, ist aber andererseits auch der Grund für die leichte Zersetzbarkeit durch Mikroorganismen.

Man glaubte eine Zeitlang, zwischen dem Gehalt an freiem Histidin und der Intensität des Fischgeschmackes eine Relation zu sehen, mußte aber davon abrücken. Die positive Wirkung von Glutamat, glutamatreichen Peptiden und Nucleotiden bleibt indes auch hier unbestritten (30.8). Was aber Fische gegenüber Säugern und Vögeln auszeichnet, ist ihr hoher Gehalt an höher ungesättigten Fettsäuren insbesondere mit 20, 22 und 24 C-Atomen und fünf oder sechs Doppelbindungen und folglich auch eine Fülle von mehrfach ungesättigten Aldehyden, die sich daraus bilden. Diese Verbindungen sind auch wirklich die Träger des Fischgeruchs. Tab. 46 gibt die Fettsäurezusammensetzung einiger Fischöle wieder.

Tab. 46 Fettsäurezusammensetzung einiger Fischöle [%]

Fettsäure	Hering	Jap. Sardine	Sprotte	Flußbarsch	Felchen	Hecht	Forelle
gesättigt							
C_{14}	6 — 7	5,8	6,0	3,5	2,9	4,7	3,1
C_{16}	12 — 16	9,7	18,7	18,5	14,3	13,2	19,0
C_{18}	0 — 3	2,3	0,9	2,8	1,9	0,5	4,5

Fortsetzung Tab. 46 Fettsäurezusammensetzung einiger Fischöle [%]

Fettsäure	Hering	Jap. Sardine	Sprotte	Fluß-barsch	Fel-chen	Hecht	Forelle
ungesättigt							
$C_{14:1}$	1 — 2	—	0,1	1,1	1,5	0,8	0,4
$C_{16:1}$	5 — 12	13,0	16,2	19,3	19,8	20,8	11,5
$C_{18:1}$	20 — 32	12,0	29,0	40,6	40,0	38,4	38,3
$C_{20:4}$	22 — 30	26,0	18,2	13,8	13,5	15,3	15,0
$C_{22:5}$	9 — 23	19,0	10,9	7,2	6,1	6,3	8,2
$C_{25:6}$	—	0,1	—	—	—	—	—

Die Temperatur des Wassers zwang praktisch die Fische und auch die marinen Säugetiere dazu, durch erhöhte Ungesättigtheit der Fettsäuren Fette zu bilden, die auch bei niedrigeren Temperaturen nicht fest werden. Als Seetieröle noch als Basis für Speisefette verwendet wurden, führte man durch Hydrierung diese Öle in Fette über, im Prozeß der sog. Fetthärtung. Ernährungsphysiologisch wären natürlich die ungesättigten Öle wertvoller gewesen, man konnte sie indes damals technisch noch nicht verwerten.

4.4.5.1 Grundmuster Fischaroma

Es ist bekannt, daß frischer Fisch kaum einen Fischgeruch aufweist. Beim Lagern entstehen dann einerseits mikrobiell durch Proteinabbau Amine; im Hering z. B. wurden 30 Amine identifiziert. Hauptgeruchsträger ist dabei Trimethylamin. Weiterhin entstehen aus den Proteinen — man denke an die über 10 % Cystein/Cystin im Fischeiweiß — geruchsaktive Schwefelverbindungen wie Methyl- und Ethylmercaptan, Dimethyl- und Diethylsulfid, Methyldisulfid und Dimethyltrisulfid (67). Entscheidend für den Fischgeruch scheinen jedoch die oxidativ aus den Fettsäuren mit 4—6 Doppelbindungen entstehenden polyungesättigten Aldehyde wie z. B. ein Decatrienal sowie das 3,6,9-Dodecatrienal, weiter ein Tridecatetraenal und 3,6,9,12-Pentadecatetraenal zu sein (68). Walölgeruch scheint durch trans,cis,cis-2,4,7-Decatrienal verursacht zu werden (69). Selbst cis-4-Heptenal soll Geruch nach ranzigem Fischöl aufweisen (70). Diese Verbindung und das trans-2-Heptenal sowie das trans,cis-2,4-Heptadienal sollen auch für den bei der Gefrierlagerung von Kabeljau auftretenden „Kaltlagergeschmack" verantwortlich sein.

Bisulfit, ein klassischer „Carbonylfänger", unterdrückt das Fischaroma (243).

Schlüsselverbindungen: Nucleotide, Peptide + Aminsäure, Kochsalz, Aldehyde Schwefelverbindungen, Amine

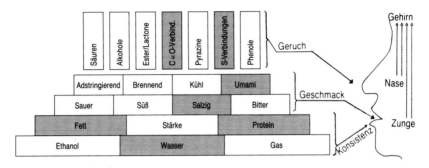

Abb. 57 Aromagramm von Grundmuster Fisch

4.4.5.2 Rohfisch

Nicht nur Eskimos und Samojeden, sondern auch Europäer verzehren Fisch roh. Man denke dabei an Matjes, jene delikate Heringszubereitung, bei der die Fische in einer Salzlake monatelang reifen.

Kochsalz stellt das klassische Konservierungsmittel für Fische dar. Mit einem Zusatz von nur 2—4 % NaCl zu Frischfisch erfolgt die ,,Transportsalzung'', die im Fischfleisch zu etwa 2 % Kochsalz führt. ,,Leichtsalzung'', hauptsächlich bei Hering und Kaviar angewandt, bringt Salzgehalte von 4—13 %, während durch ,,Hartsalzung'' ein Kochsalzgehalt von 13—24 % im Produkt erzielt wird. Sardellen, Anchovis, Lachs und Makrelen werden der ,,Trockensalzung'' unterworfen, bei der man abwechselnd Lagen von Fisch und Salz aufschichtet und auf 100 kg Fisch dabei 60—80 kg Kochsalz braucht.

Zurück zu den Matjes: Die fransenförmigen Blindsäcke des Magenausgangs, die Pylorus-Drüsen, verbleiben beim Ausweiden der Innereien in den Heringen, ihre proteolytischen Enzyme bauen das Fischeiweiß im Verlauf der monatelangen Reifung bis zu jener Konsistenz ab, daß es einem auf der Zunge zergeht.

Mittels Polyacrylamidgel-Elektrophorese konnten bei dieser Reifung von Matjes ganze Scharen von Peptiden festgestellt werden, die außer der Konsistenz natürlich auch den Geschmack von Matjes bestimmen.

Eine Reifungszeit von einigen Monaten mag manchem ungewöhnlich lang erscheinen. Dazu sei jedoch darauf hingewiesen, daß lege artis die Reifung von Sardellen in Spanien, Portugal und Holland sich über ein bis zwei Jahre hinzieht bzw. hinzog, denn leider sind heute fast alle sog. Matjes ,,schnellgereift'', d. h. mittels Citronensäure ,,aufgeschlossen''. Man kann dies an dem viel gröberen Peptidmuster bei der Polyacrylamidgel-Elektrophorese verfolgen. Natürlich spiegelt sich diese ,,Schnellreifung'' auch in Konsistenz und Geschmack wider.

Auch größere Mengen an freien Aminosäuren sind am intensiveren Geschmack klassisch gereifter Matjes beteiligt. Analytisch zeigt sich dies an einer erhöhten UV-Adsorption bei 275 nm und an erhöhten α-Aminostickstoff-Werten. Der Grund dafür liegt in einer erhöhten Protease-Aktivität.

4.4.5.3 Kochfisch

Beim Erhitzen bilden sich vorwiegend aus den Polyenaldehyden aus der Autoxidation der hochungesättigten Fischfette und den ,,*Strecker*-Aldehyden'' aus Zuckern und Aminosäuren die typischen Kochfischaromen (72), wobei offensichtlich Lysin eine Schlüsselrolle spielt. Die -Aminogruppe des Lysins ist überhaupt allgemein thermischen Reationen sehr zugänglich (s. ,,verfügbares'' oder ,,verwertbares'' Lysin [73]).

4.4.5.4 Bratfisch

Bei Bratfisch kommen außer den bisher aufgezählten Aromakomponenten noch die Pyrazine hinzu. Darüber hinaus ist es kürzlich gelungen, einzelne Schlüsselverbindungen zu identifizieren (74).

Gerösteter Japanischer Seeaal

Phenylethanol ist (74) die Schlüsselverbindung in geröstetem japanischen Seeaal *(Conger myriaster)*.

$$\text{C}_6\text{H}_5-\text{CH}_2-\text{CH}_2\text{OH}$$

Phenylethanol

Schlüsselverbindungen: Phenylethanol
Pyrazine

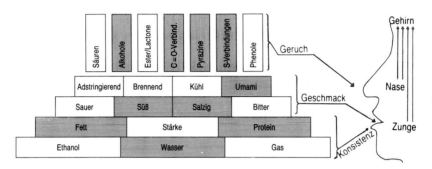

Abb. 58   Aromagramm von geröstetem Seeaal

Phenylethanol allein hat einen süßlichen Geruch, der an Phlox erinnert.

Geröstete Sardinen

Schlüsselverbindung: 1-Penten-3-ol
Pyrazine

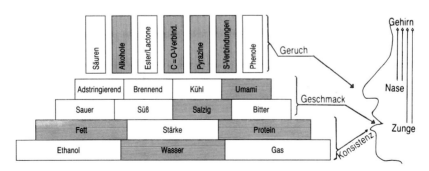

Abb. 59   Aromagramm von gerösteten Sardinen

1-Penten-3-ol soll die Schlüsselverbindung in gerösteten Sardinen sein.

$$CH_3-CH_2-\underset{\underset{OH}{|}}{CH}-CH=CH_2$$

4.4.6 Räucherrauch-Aroma

Räuchern, Behandeln von Lebensmitteln, insbesondere von rohem Fleisch und Fisch, mit frischem Rauch aus verschwelendem Holz, war ursprünglich ein Konservierungsverfahren und soll nach archäologischen Befunden schon vor 9000 Jahren praktiziert worden sein, ja man kann sogar annehmen, daß die Menschheit seit der ,,Zähmung'' des Feuers davon Gebrauch gemacht hat. Heute wird die Räucherung vorwiegend zur Aromatisierung eingesetzt. Etwa 60% der Fleischprodukte in der Bundesrepublik Deutschland werden geräuchert, bei Fisch dürfte der Anteil etwas niedriger liegen. Man unterscheidet zwischen Kalt-, Warm-, Heiß- und Schwarz-Räuchern.

All diese Verfahren arbeiten mit dem sog. ,,Räucherrauch''. Dieser enthält neben den Aromastoffen immer Formaldehyd und polycyclische Aromaten, Substanzen, deren cancerogene Wirkung außer Zweifel steht. Als Maß gilt das Benzpyren, von dem 1 μg/kg (= 1 ppb = 1 Teil pro 1 Milliarde Teile, amerikanische Billion = unsere Milliarde) erlaubt ist. Praktisch kann man einerseits mit einer etwa zehnmal so hohen Gesamtmenge an cancerogenen Polycyclen rechnen, andererseits enthalten etwa 20% der Fleischerzeugnisse einen höheren als den gesetzlich erlaubten Gehalt (76). Es bleibt zu hoffen und zu wünschen, daß der Gesetzgeber hier bald strengere Maßstäbe anlegt, zumal das Aroma von Räucherprodukten durch die Schlüsselverbindung 2,6-Dimethoxyphenol, das Syringol, leicht zu erreichen ist; 2,6-Dimethoxyphenol ist eine natürlich im Rauch vorkommende Verbindung.

2,6-Dimethoxyphenol

Schlüsselverbindung: 2,6-Dimethoxyphenol

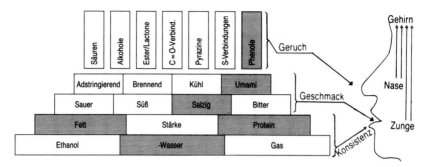

Abb. 60 Aromagramm von Räucherprodukten

Die Bildung von 2,6-Dimethoxyphenol erfolgt wahrscheinlich aus dem Sinapinalkohol, der das Lignin von Buchenholz aufbaut (Holz besteht etwa zu 50% aus Cellulose und zu je 25% aus Hemicellulose und Lignin). In der Bundesrepublik Deutschland wird bevorzugt mit Buchenholz geräuchert, jedoch werden gelegentlich Holzarten wie Eiche oder sogar Fichte verwandt.

Coniferylalkohol → Guajakol

Sinapinalkohol → Syringol = 2,6-Dimethoxyphenol

Das Lignin der Coniferen ist vorwiegend aus Coniferylalkohol aufgebaut, das daraus entstehende Guajakol scheint jedoch eine unangenehme Nebennote zu seinem Rauchgeruch zu haben.

Die vorstehenden Betrachtungen gelten selbstverständlich nicht nur für das Räuchern von Fisch, sondern auch für das Räuchern von Warmblütlerfleisch wie Schinken oder Kasseler. Oft unterstützt man hier die konservierende Wirkung des Räucherns durch Pökeln oder auch Salzen.

4.4.7 Aromen von Invertebraten

Es werden hier sowohl Crustaceen wie Krebse, Hummern und Krabben als auch Weichtiere wie Muscheln, Schnecken und Tintenfische besprochen (30.8). Im Gegensatz zu Südostasien, wo in Thailand gewisse Käfer als geschätzte Speisezutat gelten, verzehrt man in Europa keine Insekten; nur das Insektenprodukt Honig verschmäht man nicht.

4.4.7.1 Crustaceen

Zur Klasse der Crustaceen aus dem Stamm der Arthropoden zählen so beliebte Lebensmittel wie Krabben, Langusten, Hummern und Krebse.

Bei der Zusammensetzung von Hummer (s. Tab. 37) fällt auf, daß in dem Fettanteil (1,9 %) keine Polyenfettsäuren vorhanden sind. Es ist also zu erwarten, daß im Aroma Aldehyde aus der Autoxidation kaum eine Rolle spielen, d. h. daß auch kein typischer Fischgeruch auftritt. Muskelextrakte von Garnelen und Hummern sind reich an freiem Glycin, aber auch an Prolin (30.8), die den süßen Grundgeschmack verursachen dürften. Durch die lockere Struktur des Fleisches (wenig Bindegewebe) ist auch hier leicht ein bakterieller Verderb möglich. Weiterhin ist Crustaceenfleisch reich an quaternären Ammoniumbasen wie Glycin-Betain, ein vollkommen methyliertes Glycin, das leicht Ammoniak abspaltet:

$$CH_3-\overset{\oplus}{\underset{\underset{CH_3}{|}}{\overset{\overset{CH_3}{|}}{N}}}-C\overset{O^{\ominus}}{\underset{O}{\diagdown}} \longrightarrow NH_3$$

Einschließlich der Nucleotide ergibt sich für Crustaceen das in Abb. 61 vorgestellte Aromagramm.

Schlüsselverbindungen: Aminosäuren, insbesondere Glycin, Prolin, Glutaminsäure, Nucleotide

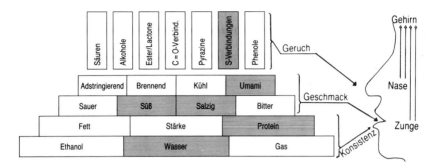

Abb. 61 Aromagramm von Crustaceen

4.4.7.2 Mollusken

Von den Weichtieren, Mollusken, kommen als Nahrungsmittel für den Menschen in Frage Tiere aus der Klasse *Gastropoda*, Schnecken, z. B. Weinbergschnecken oder Seeschnecken wie Abalone, weiterhin aus der Klasse *Bivalvia*, Muscheln, z. B. Miesmuscheln, sowie aus der Klasse *Cephalopoda*, Kopffüßler, z. B. Tintenfisch, Kalamar und Octopus. Tab. 37 zeigt auch hier, daß die Polyenfettsäuren fehlen. Interessant ist bei Muscheln ein gewisser Glykogengehalt. Der süße Geschmack dürfte aber vorwiegend mit dem hohen Gehalt an Glycin und Prolin zusammenhängen. Nucleotide und Glutaminsäure sind wiederum entscheidende Komponenten. Man glaubte zeitweise, den besonderen Geschmack von Muscheln auf Bernsteinsäure zurückführen zu können, konnte es aber nicht beweisen (30.8). Bernsteinsäure hat sicherlich eine geschmacksintensivierende Wirkung, in Kap. 6 wird darüber noch berichtet. Das Aromagramm von Mollusken ähnelt dem von Crustaceen (s. Abb. 61).

4.5 Kaffee, Kakao, Tee

Am Anfang stand hier *Johann Wolfgang von Goethe*. Er veranlaßte *F. F. Runge* zur Untersuchung von Kaffee, und dieser fand darin das Coffein. Damit begann die wissenschaftliche Aufklärung einer ganzen Substanzklasse von größtem biochemischen Interesse, die später nach dem Stammkörper Purine (von *Purum uricum*) benannt wurde und der außer der den Namen gebenden Harnsäure auch die als Bestandteile von Nucelotiden so wichtigen Derivate Guanin und Adenin und außer Coffein auch Teophyllin aus Tee und Theobromin aus Kakao angehören (wegen ihres bitteren Geschmacks s. Kap. 3.4.10.2). Coffein wirkt zentral stimulierend. Die zentral stimulierende Wirkung von Theobromin und Theophyllin ist geringer; diese Verbindungen wirken aber stärker diuretisch (harntreibend). Diese drei miteinander verwandten Alkaloide kommen oft vergesellschaftet vor. Auch die Verarbeitung von Kaffee, Tee und Kakao verläuft analog: Auf eine fermentative 1. Stufe folgt in einer 2. Stufe eine thermische Reaktion, das Rösten. Beide Stufen sind für die Aromabildung wichtig. Tab. 47 gibt einen Vergleich dieser drei Alkaloide (155).

Tab. 47 Coffein, Theobromin und Theophyllin

	Coffein	Theobromin	Theophyllin
$R_1 =$	CH_3	H	CH_3
$R_2 =$	CH_3	CH_3	CH_3
$R_3 =$	CH_3	CH_3	H
In Kaffee % (in Bohnen) (*Coffea arabica*)	0,9 — 2,5		
In Kakao % (in Pulver) (*Theobroma cacao*)	0,2 — 0,3	1,0 — 1,6	
In Tee % (in Blättern) (*Camellia sinensis*)	2,0 — 5,0		0,13
zentral stimulierende Wirkung	+ + +	+	+ +
diuretische Wirkung	+	+ +	+ + +

Interessant ist auch ein Vergleich der Fermentations- und Röstverfahren, den Tab. 48 zeigt.

Tab. 48 Vergleich der Herstellungsverfahren von Kaffee, Tee und Kakao

	Kaffee	Kakao	Tee
Fermentation			
Temperatur °C	40 — 50	40 — 50	30 — 40
Dauer	2—3 Tage	4—5 Tage	Welken 1 Tag Rollen 1 Std. eigentliche Fermentation 2—3 Std.
Röstung			
Temperatur °C	220 — 230	110 — 130	100
Dauer	20 Min.	20—50 Min.	20 Min.

Wie man sieht, ist die thermische Belastung durch das Rösten bei Kaffee ungleich höher als bei Kakao oder Tee.

4.5.1 Kaffee

Schon um 600 in Äthiopien bekannt, wurde Kaffee um das Jahr 1000 das beliebte Getränk der Araber (78), die ihm den poetischen Namen für Wein, der ihnen ja vom Propheten verboten worden war, gaben, nämlich ,,Gahwa'', woraus über das türkische Wort ,,Kafveh'', der mißglückten Belagerung von Wien durch die Osmanen im Jahre 1683 und der dabei erbeuteten Marketenderware unser Wort ,,Kaffee'' entstand.

Wichtig für den Kaffeegeschmack ist außer dem Coffein die Chlorogensäure, das Depsid (Depside entstehen aus aromatischen Oxycarbonsäuren, bei denen die Carboxylgruppe mit der phenolischen OH-Gruppe der 2. Säure verestert ist) aus Kaffeesäure und Chinasäure.

Nach den Ausführungen in Kap. 3.4.10.2 und Kap. 3.5 wundert es nicht, daß diese Verbindungen nicht nur als bitter, sondern auch als adstringierend beschrieben werden. Im Rohkaffee sind ca. 5% Chlorogensäure enthalten, der Röstprozeß zerstört etwa 60% davon, so daß im gerösteten Kaffee mit ungefähr 2% Chlorogensäure zu rechnen ist (79).

Kaffeesäure + Chinasäure → Chlorogensäure

Durch den Röstprozeß nimmt zwar auch der absolute Gehalt an Coffein ab; da aber insgesamt Substanz verloren geht, kann man im gerösteten Kaffee etwa den gleichen prozentualen Coffeingehalt ansetzen wie im Rohkaffee. Tiefgreifende Veränderungen macht hingegen das Protein des Rohkaffees durch.

4.5.1.1 Zerstörung der α-Aminosäuren von Kaffee durch den Röstprozeß

Rösttemperaturen von 220—230 °C während etwa 20 Min. bleiben natürlich nicht ohne Wirkung auf das Protein der rohen Kaffeebohnen, wobei insbesondere Arginin, Cystin, Lysin, Serin und Threonin weitgehend zerstört werden (80). Man kann nun natürlich darüber streiten, ob man nach dem Rösten überhaupt noch von Protein reden darf; jedenfalls ergab das Röstprodukt, das sich auch mit typischen Protein-Farbstoffen anfärben ließ (280), nach Hydrolyse noch Aminosäuren. Die Berechnung der Q-Werte vor und nach der Röstung ergab (81): 1234 vor dem Rösten, was nicht-bitteren Peptiden entspricht; 1395 nach dem Röstprozeß. Wie weiter oben berichtet, liegt die Grenze zwischen nicht bitter und bitter bei 1350. Man kann also schon aufgrund der Aminosäurezusammensetzung Bitterkeit im Röstprodukt erwarten; zusätzlich dürfte durch thermische Zerstörung der Proteinstruktur eine erhöhte Verknäuelung die hydrophoben Wechselwirkungen und somit wiederum auch die Bitterkeit erhöhen. Der Röstprozeß beeinflußt auch die Bildung mutagener Komponenten im Kaffee (233, 232).

4.5.1.2 Aromagramm von Kaffee

Trotz erheblicher Anstrengungen und des intensiven Einsatzes industrieller Aromaforschung (82, 83) und trotz des Nachweises zahlreicher Verbindungen aus den Klassen Säuren, Alkohle, Ester, Aldehyde, Ketone, Pyrazine, S-Verbindungen und Phenole (84) zeichnen sich keine Schlüsselverbindungen ab. Man muß daher zunächst noch ein Bukett annehmen; Abb. 62 zeigt das Aromagramm von Kaffee. Über Anteile der einzelnen Säuren an der titrierbaren Gesamtsäure (234) und am sauren Geschmack (235) wurde kürzlich berichtet: Citronensäure und Essigsäure scheinen hauptsächlich für den sauren Geschmack verantwortlich zu sein.

Schlüsselverbindungen:

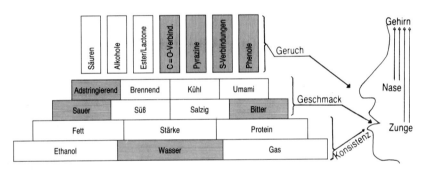

Abb. 62 Aromagramm von Kaffee

Wie schon früher erwähnt, beziehen sich die Aromagramme immer auf den genußfähigen Zustand eines Lebensmittels, d. h. im vorliegenden Fall auf einen trinkfertigen Kaffee-Aufguß.

Zur Adstringenz sei noch bemerkt, daß *K. Freudenberg* bereits 1920 erkannte, daß der sog. Kaffeegerbstoff überwiegend aus Chlorogensäure besteht. *Freudenberg* zeigte auch, daß die Chlorogensäure zwar Verwandtschaft zu den Gerbstoffen aufweist, selbst aber kein echter Gerbstoff ist.

4.5.2 Kakao

Im Gegensatz zu dem aus Äthiopien stammenden Kaffee ist Kakao ein Geschenk der Neuen Welt. *Kolumbus* schrieb 1502 von ,,Mandeln, die Kakao heißen und in Neuspanien als Münze gelten''. Über Spanien eroberte das neue Produkt zunächst die Höfe Europas, um langsam zu einem Volksnahrungsmittel zu werden, nicht nur als Getränk, sondern auch in fester Form als Schokolade.

4.5.2.1 Geschmacksstoffe im Kakao

Wie aus Tab. 47 zu sehen ist, enthält die Kakaobohne neben 0,2—0,3% Coffein noch 1,0—1,6% Theobromin. Diese beiden Purine sind für den Bittergeschmack von Kakao wichtig, daneben wirken noch eine Reihe von Proteinderivaten synergistisch mit.

Aus Tab. 48 geht hervor, daß das Rösten von Kakao (20—30 Min. bei 110—130°C) milde im Vergleich zum Rösten von Kaffee verläuft. Korrespondierend dazu wurde im gerösteten Kakao auch ein Q-Wert von 1124 gefunden, der nicht-bitteren Peptiden entspricht. Woher kommt also der bittere Geschmack? Es war berichtet worden (85, 86), daß im Kakao-Aroma die aus Aminosäuren durch Ringschluß entstehenden Diketopiperazine für die Bitterkeit im Kakao mitverantwortlich seien.

Zwei Aminosäuren können unter geeigneten Reaktionsbedingungen, d. h. hier bei erhöhter Temperatur, zu einem Diketopiperazin kondensieren:

$$2 \ R-\underset{NH_2}{CH}-COOH \longrightarrow \text{Diketopiperazin}$$

Es sind eine Reihe von Diketopiperazinen im Kakao beschrieben worden, die in Kombination mit Theobromin organoleptisch einen sehr guten bitteren Eindruck hinterlassen, andere werden als gut, eine dritte Gruppe als weniger gut beurteilt.

Beim Berechnen der Q-Werte dieser Verbindungen fand man, wenn man von prolinhaltigen Verbindungen absieht — und Prolin zerstört bekannterweise durch seinen sperrigen Bau auch Helices —, eine gute Übereinstimmung zwischen den organoleptischen Befunden und den Q-Werten (Tab. 49).

Offensichtlich besteht auch hier eine Korrelation zwischen Bitterkeit und Q-Wert (87).

Die Adstringenz von Kakao dürfte von Polyphenolen herrühren.

Tab. 49 Diketopiperazine, Beurteilung und Q-Werte

Diketopiperazine aus den 1-Aminosäuren	Beurteilung	Q-Werte
Phe-Ala	sehr gut	1690
Phe-Leu	sehr gut	2535
Phe-Val	sehr gut	2170
Phe-Phe	sehr gut	2650
Phe-Gly	gut	1325
Leu-Leu	gut	2420
Leu-Val	gut	2055
Leu-Ala	gut	1575
Val-Ala	gut	1710
Leu-Gly	weniger gut	1310
Val-Gly	weniger gut	845
Ala-Ala	weniger gut	730
Ala-Gly	weniger gut	365
Gly-Gly	weniger gut	000

4.5.2.2 Aromagramm von Kakao

Neben Isobutyraldehyd, Isovaleraldehyd und Phenylacetaldehyd (88) sind die Pyrazine 2-Methylamino-3-methylpyrazin und 2-Dimethylamino-3-isobutylpyrazin (89) als Schlüsselverbindungen von Kakao-Aroma anzusehen (Abb. 63).

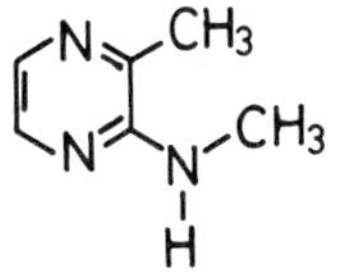

2-Methylamino-3-methylpyrazin

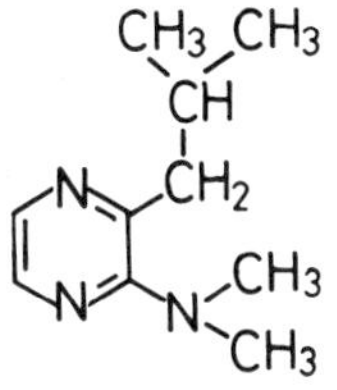

2-Dimethylamino-3-isobutylpyrazin

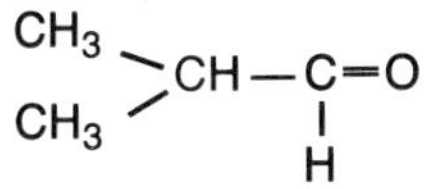

Isobutyraldehyd

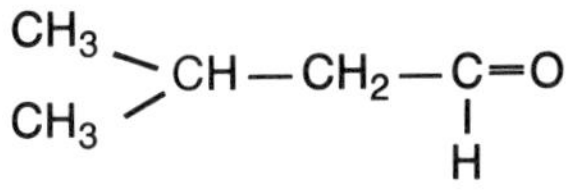

Isovaleraldehyd

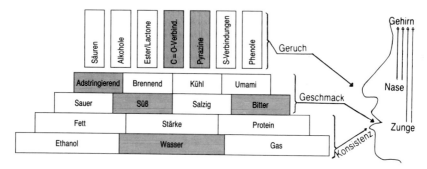

Phenylacetaldehyd

Schlüsselverbindungen: Isobutyraldehyd, Isovaleraldehyd
Phenylacetaldehyd
2-Dimethylamino-3-methylpyrazin
2-Dimethylamino-3-isobutylpyrazin

Abb. 63 Aromagramm von Kakao

Auch hier ist im Aromagramm trinkfertiger Kakao beschrieben.

4.5.2.3 Schokolade

Bei der Schokoladeherstellung werden die Kakaobestandteile in einer sog. Conche (Concha, lat. = Muschel, Schale) 0,5—4 Tage maschinell bei Temperaturen zwischen 45 und 85 °C innigst verrieben. Es geht also im wesentlichen um einen physikalischen Vorgang, bei dem die in Kakaobutter suspendierten Kakaoteilchen verkleinert werden. Entscheidend für den angenehmen organoleptischen Eindruck von Schokolade ist auch das besondere Schmelzverhalten der Kakaobutter, die in dem sehr schmalen Temperaturbereich zwischen 32 und 34 °C schmilzt, bei Temperaturen unter 32 °C fest bleibt und darüber keine unangenehmen hochschmelzenden Restfette hat. Dieses Schmelzverhalten hängt mit ihrer besonderen Glyceridstruktur zusammen. Die Fettsäurezusammensetzung von Kakaobutter wird in Tab. 50 wiedergegeben.

Tab. 50 Fettsäurezusammensetzung von Kakaobutter

Fettsäure	%
Myristinsäure	0,2
Palmitinsäure	27,0
Stearinsäure	35,0
Arachinsäure	0,8
Ölsäure	34,0
Linolsäure	3,0
Linolensäure	0,2

Aus der Fettsäurezusammensetzung allein ist das besondere Schmelzverhalten der Kakaobutter nicht abzuleiten. Entscheidend ist jedoch, daß Kakaobutter zu etwa 80% aus monoungesättigten Glyceriden besteht, in denen die 2-Stellung fast ausschließlich von ungesättigten Fettsäuren besetzt ist. Daraus resultiert der enge Schmelzbereich.

Der entscheidende Unterschied zwischen Kakao und Schokolade liegt also darin, daß bei Schokolade die Kakaoteilchen in Kakaobutter als fester kontinuierlicher Phase suspendiert vorliegen. Zusätze von Vanille oder Milch können zusätzlich den Geschmack modifizieren. Im Vergleich zum Aromagramm von Kakao (Abb. 63) ist in dem von Schokolade zusätzlich ,,Fett'' schraffiert (269).

Durch das langsame Zerschmelzen der Schokolade im Mund erfolgt eine länger anhaltende Aroma-Abgabe; dieser protrahierte Effekt trägt sicherlich mit zur Beliebtheit von Schokolade bei.

4.5.2.4 Johannisbrotmehl

Die Suche nach einem Kakao-Ersatz hat zweierlei Gründe. Einerseits ist, wie Tab. 47 entnommen werden kann, die zentral stimulierende Wirkung von Theobromin, dem Hauptalkaloid des Kakaos, zwar geringer als die des Coffeins, die diuretische Wirkung aber stärker; eine Eigenschaft, die Kakao nicht gerade zum Schlummertrunk für Kinder prädestiniert. Andererseits ist der Kakaopreis auf dem Weltmarkt großen Schwankungen unterworfen, und immer, wenn er einmal wieder eine Preisspitze erreicht, wird der Ruf nach einem preiswerten Kakao-Ersatz laut.

Geröstetes Mehl der Früchte des Johannisbrotbaumes wird gern dazu benutzt. Der Johannisbrotbaum, *Ceratonia siliqua*, ist in den Mittelmeerländern heimisch. Das arabische Wort für die 10—15 cm langen, an Zucker und

Cellulose reichen Schoten bezeichnet bei den Berbern die Großfamilie. Die Kerne sind von einem solch uniformen Gewicht von 0,2 g, daß sie im Mittelalter als Edelsteingewicht dienten. Vom griechischen Wort für die hornförmige Frucht kommt daher unser Edelsteingewicht Karat.

Johannisbrotkernmehl wird heute gern in der Lebensmittel-Industrie als Dickungsmittel verwandt. Johannisbrotmehl hingegen kann nach Röstung als Kakao-Ersatz dienen, wobei es sich zu Kakao ungefähr so verhält wie Malzkaffee zu Bohnenkaffee, denn wie aus dem Aromagramm (Abb. 64) zu entnehmen ist, fehlen Adstringenz und Bitterkeit völlig. Auch der Q-Wert des Proteins spricht gegen einen bitteren Geschmackseindruck.

Schlüsselverbindungen: Isobutyraldehyd
Isovaleraldehyd
Phenylacetaldehyd

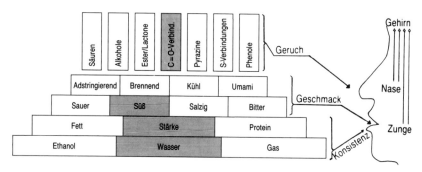

Abb. 64 Aromagramm von Johannisbrotmehl

4.5.3 Tee

Tee — internationalem Brauch folgend, soll darunter primär *Camellia sinensis* verstanden werden — ist wohl das älteste unserer Purin-,,Genußgifte''. Laut chinesischer Tradition soll zwar schon ein legendärer Kaiser im dritten vorchristlichen Jahrtausend Tee gekannt haben; die erste schriftliche Angabe stammt aus dem dritten nachchristlichen Jahrhundert. Überraschenderweise kam Tee nicht über die Seidenstraße nach Europa, sondern erst durch holländische Kaufleute um 1600.

Auch Schwarzer Tee (Grüner Tee bleibt unfermentiert) macht bei seiner Herstellung dasselbe zweistufige Verfahren durch wie Kakao und Kaffee, nämlich zunächst eine enzymatische Reaktion, die Fermentation, und dann eine thermische Reaktion, die Röstung; nur sind hier die Akzente etwas anders gesetzt. Bei der klassischen Teeherstellung läßt man zunächst die gepflückten Blätter 8—24 Std. welken. Dann erfolgt ein 30—60-minütiges Rollen der welk gewordenen Blätter. Dabei brechen Zellen auf, Zellsaft tritt aus, beim anschließenden zwei- bis dreistündigen Fermentieren entsteht unter der Wirkung von Polyphenoloxidasen die braune Farbe. Aus adstringierenden Polyphenolen entstehen dabei weniger adstringierende Produkte, und etherische Öle werden frei. Beim anschließenden Rösten im Heißluftstrom wird die Fermentation gestoppt, die Fermente inaktiviert und Wasser zum größten Teil ausgetrieben. Dann erfolgt Sortierung durch Rüttelsiebe.

Eine neuzeitliche Produktionsmethode, das CTC-Verfahren (Crushing [= zermahlen], Tearing [= zerreißen] und Curling [= rollen]), erzielt eine intensivere Fermentation und einen größeren Extraktgehalt. 1978 wurden in Indien bereits 50% der Teeproduktion nach dem CTC-Verfahren gewonnen; konsumiert wurde er vorwiegend in England. Grüner Tee, ebenfalls *Camellia sinensis,* wird nicht fermentiert, statt dessen im eigenen Saft gedämpft, wodurch die Enzyme, insbesondere die Oxidoreduktasen, inaktiviert werden. Vorwiegend in China getrunken, lobt man vor allem seine Bekömmlichkeit. Der Europäer empfindet im allgemeinen zunächst eine ungewohnte Gemüse-Kohl-Note, an die man sich aber schnell gewöhnt.

Einer der wichtigsten Unterschiede zwischen Grünem und Schwarzem Tee beruht darauf, daß im ersteren noch Theanin, N-Ethylglutamin, in höheren Konzentrationen vorliegt, das durch die Fermentation zum Schwarzen Tee weitgehend abgebaut wird. Dieses Theanin soll einerseits für den Kohl-Bouillon-Geruch verantwortlich sein, andererseits aber auch einige unerwünschte physiologische Eigenschaften des Coffeins kompensieren. Eine neuere japanische Arbeit beschreibt weiterhin Oxazole, Alkylpyrazine, Cyclopentapyrazine und Furan-Derivate im Aroma von geröstetem Grünen Tee (231, 232).

In dem reichen Bukett des Aromas von Schwarzem Tee scheinen β-Ionon und vor allem Linalool die Schlüsselverbindungen zu sein, während trans-2-Hexenal einen ungünstigen Einfluß ausübt (90, 91).

β-Ionon

Linalool

Schlüsselverbindungen: Linalool
β-Ionon

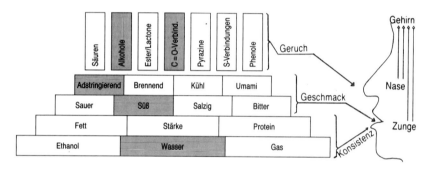

Abb. 65 Aromagramm von Schwarzem Tee

4.5.4 Teeähnliche Erzeugnisse

Bei teeähnlichen Erzeugnissen darf in der Bundesrepublik Deutschland der Name Tee nur in Verbindung mit dem entsprechenden Pflanzennamen auftreten, z. B. Pfefferminztee oder Kakardetee.

4.5.4.1 Pfefferminztee

(—)-Menthol ist die Schlüsselverbindung von Pfefferminztee.

(—)-Menthol

Schlüsselverbindungen: (—)-Menthol

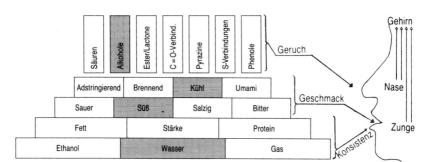

Abb. 66 Aromagramm von Pfefferminztee

4.5.4.2 Kakarde (= Hibiskusblüten) -Tee

Kelche und Hüllkelche von *Hibiscus sabdariffa* (92), tiefdunkelrot durch den hohen Gehalt an Anthocyanfarbstoff, werden als Hibiskusblütentee, Malventee oder Kakardetee bezeichnet. Die Hibiskussäure, Hydroxycitronensäurelacton, verleiht als Schlüsselverbindung dem Tee eine stark saure, fruchtartige Note, und man denkt, wenn man zum ersten Mal Kakardetee trinkt, eher an einen Fruchtsaft als an einen Tee.

4.6 Wasser, Wässer und kohlensäurehaltige Getränke

4.6.1 Wasser

In der Bundesrepublik Deutschland werden täglich pro Kopf der Bevölkerung etwa 140 l ,,Trinkwasser" verbraucht, von denen maximal 1—2 l wirklich getrunken werden. Eine Trennung in Trink- und Brauchwasser würde zwei Rohrleitungssysteme verlangen und scheidet somit vorläufig wohl aus Kostengründen aus. Eine Stadt wie Hamburg hat z. B. ein Trinkwasserrohrnetz von etwa 5000 km Länge, der jährliche Trinkwasserverbrauch der Freien und Hansestadt liegt bei 150 Mio. m^3, etwa eine mittlere Talsperre voll und ein Mehrfaches des Inhaltes von Binnen- und Außenalster zusammen.

Nun zum Geschmack von Trinkwasser: In Griechenland beispielsweise treibt man mit kühlem Trinkwasser, ,,Nero", direkt einen Kult. Nicht ganz zu Unrecht, denn unser Wasser schmeckt verglichen damit geradezu fade, und dies auch nur, wenn man das Glück hat, daß es nicht zu stark gechlort wurde.

Destilliertes Wasser schmeckt unangenehm ,,leer". Im Trinkwasser müssen also weitere Komponenten vorhanden sein, die seinen Geschmack ausmachen. Organische Rückstände sind unerwünscht, die häufig sehr hohen Nitratwerte sind z. T. besorgniserregend, und Ammonium im Trinkwasser gilt als Anzeichen für Fäulnisvorgänge in der Nähe der Bohrung. Diese Verbindungen scheiden also für den guten Geschmack von Trinkwasser aus.

Jedem von uns ist die Härte von Wasser bekannt, bedingt im wesentlichen durch die Calcium-Ionen. So unangenehm diese Wasserhärte auch für Waschvorgänge sein kann, bezüglich Geschmack und gesundheitlicher Wirkung eines Wassers scheint sie durchaus positiv zu wirken (257). Von *Plinius* stammt der Satz: Tales sunt aquae, qualis terra, per quam fluunt, d. h. ,,Wässer sind so wie die Erde, durch die sie fließen".

4.6.2 Mineralwässer

Die natürlichen Quellwässer enthalten im Gegensatz zu destilliertem oder deionisiertem Wasser also eine Reihe von Salzen, die das Wasser beim Durchgang durch die Erdschichten gelöst hat. Liegt der Gehalt an solchen Stoffen besonders hoch, nämlich über 1000 mg/l = 1 Promille, so spricht man von Mineralwässern. Je nach Art der gelösten Ionen klassifiziert man dabei die Mineralwässer in verschiedene Typen.

4.6.2.1 Kochsalzquellen

In diesen Wässern überwiegt Kochsalz, so z. B. Kissingen mit 6 Promille oder Wiesbaden mit 5—10 Promille Kochsalz. Heilanzeige bei Fettleibigkeit und Atemkatarrh.

4.6.2.2 Bitterquellen

Als wesentlichen Bestandteil enthalten diese Quellen Bittersalz, Magnesiumsulfat, daneben oft noch Natriumsulfat und Natriumchlorid. Als Quellen seien Bad Mergentheim und Meiningen erwähnt; Heilanzeige Fettsucht und Verstopfung.

4.6.2.3 Weitere Mineralwässer

Nur kurz erwähnt seien in diesem Zusammenhang: *Alkalische Wässer*, hier überwiegt Natriumbicarbonat, Heilanzeige Magenprobleme; bekannte Quellen Fachingen, Vichy.

Glaubersalzwässer mit Natriumsulfat als Hauptbestandteil; wichtige Bäder: Marienbad, Karlsbad.

Stahlwässer mit über 10 mg Fe/l; Heilanzeige Bleichsucht und Blutarmut; bekannte Quellen: Pyrmont und St. Moritz.

Schwefelwässer mit H_2S; Heilanzeige Gicht, Gelenkrheuma und Hautkrankheiten; wichtige Quellen: Aachen und Aix les Bains.

Ausführlich sollen jedoch die kohlensäurehaltigen Wässer behandelt werden.

4.6.2.4 Säuerlinge

Einfache Säuerlinge enthalten in 1 l Wasser mehr als 1 g gelöstes freies Kohlendioxid, aber weniger als 1 g Salze. Hierzu gehören Apollinaris, Harzer Sauerbrunnen. Heilanzeige: Verdauungsstörungen; das CO_2 soll die ,,wurmförmigen" Bewegungen des Verdauungskanals anregen und die Absonderung der Darmsäfte erhöhen. Sprudel sind Säuerlinge, die aus einer Quelle im wesentlichen unter natürlichem Kohlendioxid-Druck hervorsprudeln.

Diese Säuerlinge sind nun das Vorbild für eine Reihe kohlendioxidhaltiger Getränke geworden. Schon aus salzarmem Wasser und Kohlendioxid hergestellte Produkte gelten nicht als künstliche Mineralwässer, dürften indes den Hauptanteil der in der Bundesrepublik Deutschland konsumierten Tafelwässer stellen.

4.6.3 Tonic Water

Wenn hier die englische Bezeichnung Tonic Water (Synonyme: Quinine Water, Indian Tonic Water) benutzt wird, dann deswegen, weil es keinen deutschen äquivalenten Ausdruck gibt. Tonic Water entstand dadurch, daß man den englischen Kolonialtruppen in Indien erlaubte, die tägliche Chininration, die zur Malariaprophylaxe benötigt und deren bitterer Geschmack beklagt wurde, mit gezuckertem Zitronensaft herunterzuspülen. Fügt man noch einen (nicht zu kleinen) Schuß Gin hinzu, erhält man einen vorzüglichen Longdrink. Man hat heute den Chininzusatz auf 85 mg Chinin/l beschränkt, denn ein Pharmakon, zumal eines, das nicht frei von Nebenwirkungen ist, gehört eigentlich nicht in ein Lebensmittel. Der organoleptische Reiz von Tonic Water liegt aber gerade in der Bitternote.

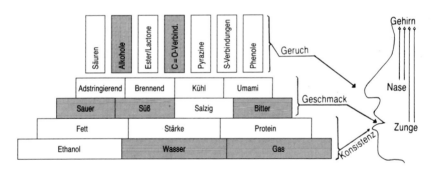

Citral   Chinin

Ein Ersatz von Chinin durch andere Bitterstoffe soll nicht das volle gewohnte Aroma von Tonic Water ergeben.

Schlüsselverbindungen: Chinin
Citral

Abb. 67 Aromagramm von Tonic Water

4.6.4 Cola-Getränke

Zwar schon 1886 von dem amerikanischen Apotheker *Pemperton* ,,erfunden'', wuchsen die Cola-Getränke eigentlich erst als Kinder der Prohibition. Als Faßbrause zunächst ein voller Flop, wurden sie später in einem beispiellosen Siegeszug fast ein Synonym für den amerikanischen ,,way of life''. Interessant in der Zusammensetzung sind die Phosphorsäure als saure Komponente und die Extrakte der Kolanuß, die Coffein (etwa 100 mg/l) und Aromastoffe einbringen. Die dunkle Farbe ist auf Zucker-Couleur zurückzuführen. Die Abfüllung erfolgt unter Kohlendioxid.

Schlüsselverbindungen: Kolanuß-Extrakte

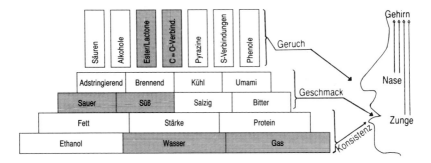

Abb. 68 Aromagramm von Cola-Getränken

Entgegen einer landläufigen Meinung zeigten statistische Erhebungen (78), daß selbst bei Halbwüchsigen nicht Cola-Getränke, sondern Tee die Hauptquelle für das aufgenommene Coffein ist.

4.6.5 Limonaden

Unter „Limonaden" sind süß-saure alkoholfreie Erfrischungsgetränke zu verstehen, hergestellt aus natürlichen Fruchtauszügen, Fruchtsäuren, mindestens 7% Zucker, Wasser und Kohlendioxid. Das Aromagramm gleicht demjenigen von Cola-Getränken. Schlüsselverbindungen sind Citral und Fruchtester.

4.7 Alkoholika

Die wesentliche Reaktion bei der Herstellung von alkoholischen Getränken ist die von Hefen bewirkte Spaltung von Zuckern in Ethanol und Kohlendioxid. Die Tätigkeit der Hefen ist jedoch limitiert: Die Hefen können einerseits Polysaccharide wie Stärke nicht abbauen, und andererseits hört ihr

Wachstum bei ca. 15% Ethanol auf. Aus ersterem resultiert, daß man Produkte wie Kartoffeln oder Getreide nicht direkt vergären kann. Man muß die Polysaccharide zunächst in Disaccharide zerlegen. Bei uns erfolgt dies meistens durch die Diastase, das Ferment keimender Gerste; in Ostasien verwendet man dazu auch Schimmelpilzkulturen. Dadurch, daß das Hefewachstum bei etwa 15% Ethanol aufhört, kann man Alkoholika mit mehr als 15% Alkohol allgemein nur durch Destillation gewinnen.

Sowohl vor, bei und auch nach der Destillation besteht die Möglichkeit, aromagebende Stoffe hinzuzufügen.

Da beim Lagern im Reifungsprozeß weitere Umsetzungen folgen, und die Hefezellen selbst außer Ethanol noch eine Reihe von Nebenprodukten produzieren, kann man die Fülle der möglichen Reaktionsprodukte erahnen.

Aus den *Kohlehydraten* entstehen zunächst ca. 3% Glycerin (bezogen auf vergorenen Zucker), das in geringem Maße zum süßen Geschmack und zum rheologischen Verhalten von Alkoholika beiträgt. Weiterhin findet man stets Acetaldehyd, der aus Brenztraubensäure entsteht und die Vorstufe zu Ethanol darstellt.

$$\begin{array}{c} CH_3 \\ | \\ C=O \\ | \\ C=O \\ | \\ OH \end{array} \rightarrow CH_3-\underset{\underset{H}{|}}{C}=O \; + \; CO_2$$

Brenztraubensäure → Acetaldehyd + Kohlendioxid

$$CH_3-\underset{\underset{H}{|}}{C}=O \; + \; 2\,H \rightarrow CH_3-CH_2OH$$

Acetaldehyd + Wasserstoff → Ethanol

Aus Brenztraubensäure kann aber auch in einer Nebenreaktion Milchsäure entstehen.

$$\begin{array}{c} CH_3 \\ | \\ C=O \\ | \\ C=O \\ | \\ OH \end{array} \rightarrow \begin{array}{c} CH_3 \\ | \\ CHOH \\ | \\ C=O \\ | \\ OH \end{array}$$

Brenztraubensäure → Milchsäure

Außerdem gehen von Acetaldehyd weitere Reaktionen aus. Einerseits bilden sich aus Acetaldehyd und Ethanol das Acetal des Acetaldehyds, eine Reaktion, die einen großen Alkoholüberschuß voraussetzt und die deshalb insbesondere in Destillaten gern gesehen wird, da sie den unangenehm scharfen Geschmack des Acetaldehyds abmildert.

$$CH_3-\underset{H}{\overset{C=O}{|}} + CH_3-CH_2OH \rightarrow CH_3-\underset{H}{\overset{|}{C}}\underset{OC_2H_5}{\overset{OH}{\diagup}} + H_2O$$

Acetaldehyd + Ethanol → Acetaldehyd-ethylhalbacetal + H_2O

$$CH_3-\underset{H}{\overset{|}{C}}\underset{OC_2H_5}{\overset{OH}{\diagup}} + CH_3-CH_2OH \rightarrow CH_3-\underset{H}{\overset{|}{C}}\underset{OC_2H_5}{\overset{OC_2H_5}{\diagup}} + H_2O$$

Acetaldehyd-ethylhalbacetal + Ethanol → Acetaldehyd-diethylacetal + H_2O

In Acetalen ist nämlich meistens die stechend-empyreumatische „erstickende" Wirkung der Aldehyde abgemildert, ohne daß der entsprechende Grundgeruch geändert wird. Daher wendet man gern Acetale in der Seifenparfümerie wegen ihrer relativ guten Alkalibeständigkeit an (relativ gut allerdings nur im Vergleich zu der von Aldehyden, denn oft sind sie dennoch zu unbeständig für einen Einsatz in Aromakompositionen).

2 Moleküle Acetaldehyd können andererseits zum Acetoin kondensieren, das durch Oxidation Diacetyl, durch Reduktion 2,3-Butylenglykol liefert. Diacetyl war uns schon als Träger des Butteraromas begegnet.

$$CH_3-\underset{H}{\overset{C=O}{|}} + CH_3-\underset{H}{\overset{C=O}{|}}$$

$$\downarrow$$

$$\begin{array}{ccccc} CH_3 & & CH_3 & & CH_3 \\ | & & | & & | \\ C=O & & C=O & & H-C-OH \\ | & \underset{\leftarrow}{-2H} & | & \underset{\rightarrow}{+2H} & | \\ C=O & & H-C-OH & & H-C-OH \\ | & & | & & | \\ CH_3 & & CH_3 & & CH_3 \\ \text{Diacetyl} & & \text{Acetoin} & & \text{2,3-Butylenglykol} \end{array}$$

Eine äußerst wichtige Reaktion im *Proteinstoffwechsel* ist der durch Hefen bewirkte desaminierende und decarboxylierende Abbau von aus Proteinen enzymatisch entstandenen Aminosäuren zu den um 1 C-Atom ärmeren Alkoholen:

$$R-CH(NH_2)-COOH \rightarrow R-CH_2OH$$

Das Vorkommen von Isobutanol und Isoamylalkoholen in Fuselölen ist zwar allgemein bekannt, eine systematische Untersuchung auf die anderen aus Aminosäuren entstehenden Alkohole scheint aber bisher nicht erfolgt zu sein. Aus Tab. 51 wird der Zusammenhang zwischen Aminosäuren und den entsprechenden Alkoholen deutlich. Diese Reaktionen scheinen bei der Wirkung von Hefen stark ausgeprägt zu sein.

Zu untersuchen bliebe noch, ob der Übergang von α-Aminosäuren zu α-Ketosäuren hier eine wichtige Rolle spielt.

$$R-CH(NH_2)-COOH \rightarrow R-C(=O)-COOH$$

α-Aminosäure α-Ketosäure

Dimethylsulfid und Schwefelwasserstoff treten als Endprodukte des Abbaus schwefelhaltiger Aminosäuren (und evtl. auch des zugesetzten Schwefeldioxids) auf.

Fette sind in den Ausgangsprodukten für die alkoholische Gärung nur in geringen Mengen vorhanden. Dennoch darf eine Lipolyse nicht außer Betracht gelassen werden, die zu freien Säuren führt. Diese wiederum können mit dem im Überschuß vorhandenen Ethanol sowie den aus den Aminosäuren entstehenden höheren Alkoholen zu Estern reagieren.

Tab. 51 Alkohole aus Aminosäuren

Name	— Aminosäure — Formel	— Alkohol — Formel	Name
Glycin	$NH_2-CH_2-COOH \rightarrow CH_3OH$		Methanol
Alanin	$CH_3-CH-COOH \rightarrow C_2H_5OH$ $\quad\quad\;\; \vert$ $\quad\quad\;\; NH_2$		Ethanol
Valin	$CH_3-CH-CH-COOH \rightarrow CH_3-CH-CH_2OH$ $\quad\quad\;\; \vert \quad\;\; \vert \quad\quad\quad\quad\quad\quad\quad\; \vert$ $\quad\quad\;\; CH_3\; NH_2 \quad\quad\quad\quad\quad\;\; CH_3$		Isobutanol
Leucin	$CH_3-CH-CH_2-CH-COOH \rightarrow CH_3-CH-CH_2-CH_2OH$ $\quad\;\; \vert \quad\quad\quad\quad\;\; \vert \quad\quad\quad\quad\quad\quad\quad\quad\;\; \vert$ $\quad\;\; CH_3 \quad\quad\quad\;\; NH_2 \quad\quad\quad\quad\quad\quad\quad CH_3$		Isoamylalkohol
iso-Leucin	$CH_3-CH_2-CH-CH-COOH \rightarrow CH_3-CH_2-\overset{H}{\underset{CH_3}{\overset{\vert}{\underset{\vert}{C^*}}}}-CH_2OH$ $\quad\quad\quad\quad\;\; \vert \quad\;\; \vert$ $\quad\quad\quad\quad\;\; CH_3\; NH_2$		opt. akt. Amylalkohol = Anteisoamylalkohol
Methionin	$CH_3-S-(CH_2)_2-CH-COOH \rightarrow CH_3-S-(CH_2)_2-CH_2OH$ $\quad\quad\quad\quad\quad\quad\;\; \vert$ $\quad\quad\quad\quad\quad\quad\;\; NH_2$		γ-Thiomethylpropanol
Cystein	$SH-CH_2-CH-COOH \rightarrow SH-CH_2-CH_2OH$ $\quad\quad\quad\quad\;\; \vert$ $\quad\quad\quad\quad\;\; NH_2$		β-Mercaptoethanol

Fortsetzung Tab. 51 Alkohole aus Aminosäuren

Name	— Aminosäure — Formel	— Alkohol — Name
Phenylalanin	C₆H₅-CH₂-CH(NH₂)-COOH → C₆H₅-CH₂-CH₂OH	Phenylethanol
Tyrosin	HO-C₆H₄-CH₂-CH(NH₂)-COOH → HO-C₆H₄-CH₂-CH₂OH	Tyrosol = p-Hydroxyphenylethanol
Tryptophan	(Indolyl)-CH₂-CH(NH₂)-COOH → (Indolyl)-CH₂-CH₂OH	Tryptophol = β-Indolylethanol
Lysin	$NH_2(CH_2)_4-CH(NH_2)-COOH \rightarrow HO-(CH_2)_5-OH$	Pentandiol-1,5
Histidin	(Imidazolyl)-CH₂-CH(NH₂)-COOH → (Imidazolyl)-CH₂-CH₂OH	β-Imidazolylethanol

Fortsetzung Tab. 51 Alkohole aus Aminosäuren

Name	— Aminosäure — Formel	— Alkohol — Formel	Name
Arginin	$NH=C-NH(CH_2)_3-CHCOOH$ $\quad\;\; \|\qquad\qquad\qquad\qquad\quad\;\; \|$ $\quad NH_2\qquad\qquad\qquad\qquad NH_2$	$\to NH=C-NH(CH_2)_3-CH_2OH$ $\qquad\;\; \|$ $\quad\;\; NH_2$	δ-Guanido-α-butanol
Glutaminsäure	$COOH-(CH_2)_2-CH-COOH$ $\qquad\qquad\qquad\qquad\quad \|$ $\qquad\qquad\qquad\qquad NH_2$	$\to CH_3-(CH_2)_2OH$	Propanol
Asparaginsäure	$COOHCH_2CH-COOH$ $\qquad\qquad\quad \|$ $\qquad\qquad NH_2$	$\to C_2H_5OH$	Ethanol
Threonin	$CH_3-CH-CH-COOH$ $\qquad\quad \|\quad\;\; \|$ $\qquad\; OH\;\; NH_2$	$\to CH_3-CH-CH_2OH$ $\qquad\qquad \|$ $\qquad\;\; OH$	Propandiol-1,2
Ornithin	$NH_2(CH_2)_3-CH-COOH$ $\qquad\qquad\qquad \|$ $\qquad\qquad\quad NH_2$	$\to OH-(CH_2)_4-OH$	Butandiol-1,4

Abb. 69 gibt eine Übersicht über die Herstellung verschiedener Alkoholika.

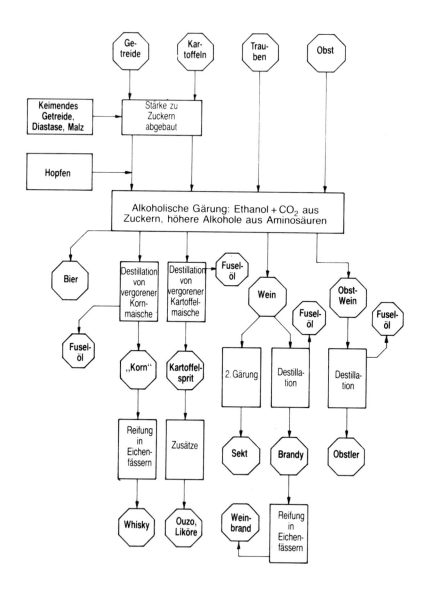

Abb. 69 Herstellung von Alkoholika

4.7.1 Wein

Unter Wein verstehen wir hier zunächst das durch Gärung gekelterter Trauben erhaltene Getränk.

Die Zusammensetzung des Ausgangsmaterials, der Trauben, ist aus Tab. 52 ersichtlich.

Tab. 52 Zusammensetzung von Trauben

Bestandteil	%
Wasser	81,40
Protein	0,60
Fett	0,30
Zucker	10,20
Äpfelsäure	0,65
Weinsäure	0,22
Citronensäure	0,10
Bernsteinsäure	0,10
Oxalsäure	0,10

Darüber hinaus enthalten Trauben flüchtige Ester, die im wesentlichen ihr Aroma verursachen. Da bei der Umsetzung der Zucker zum Alkohol aus 1 kg Zucker etwa ½ kg Alkohol entsteht, würde also ein Most mit 20 % Zucker einen Wein von 10 % Ethanol ergeben.

Das Fett der Weintrauben ist in den Kernen enthalten, und man kann daraus ein recht brauchbares Speiseöl herstellen (Zusammensetzung von Traubenkernöl s. Tab. 53).

Tab. 53 Zusammensetzung von Traubenkernöl

Fettsäure	%
Palmitinsäure	8—10
Stearinsäure	3— 5
Ölsäure	10—20
Linolsäure	65—70

Die Hauptgärung des Weines dauert fünf bis acht Tage. Anschließend wird zur weiteren Reifung abgefüllt, bei der sich dann die wesentlichen Aromastoffe bilden. Das Bukett des Weines enthält eine Reihe von Estern, wie z. B. Caprylsäureethylester, Essigsäureisoamylester und die Ethylester der Milchsäure, Bernsteinsäure, Capronsäure, Oenanthsäure, Caprylsäure und Pelargonsäure, ferner Alkohole, z. B. 1-Butanol, 2-Butanol, Isobutanol, Isoamylalkohole, Phenylethylalkohol, und Carbonylverbindungen wie Hexanal. Schlüsselverbindungen konnten bisher nicht eindeutig festgelegt werden. In Tab. 54 sind die Analysen eines 55er Silvaners, 61er Grünen Veltliners, 61er Rieslings und 45er Medoc zusammengestellt. Die weitere Feinaufklärung der Weinaromen konnte nur mittels moderner, insbesondere gaschromatografischer Methoden erfolgen.

Tab. 54 Analyse von vier Weinen

Verbindungen g/l	55er Silvaner	61er Grüner Veltliner	61er Riesling	45er Medoc
Ethanol	87,50	100,40	98,70	93,20
Glucose	—	—	—	0,10
Fructose	—	—	—	0,10
Weinsäure	2,14	1,90	4,00	2,14
Äpfelsäure	—	—	—	0,22
Milchsäure	0,85	0,90	0,40	1,94
Bernsteinsäure	—	—	—	1,06
Citronensäure	—	—	—	0,60
Glycerin	5,86	11,20	9,10	7,64
Flüchtige Säuren	0,60	0,25	0,36	1,01
2,3-Butandiol	—	—	—	0,76
Acetaldehyd	0,02	—	—	—
Asche	2,57	1,99	1,52	2,76
pH-Wert	3,55	3,59	3,02	3,45

Erhöhte Gehalte an Butanol-2, Propanol-1 und Ethylacetat gelten als Zeichen der Verdorbenheit eines Weines.

4.7.1.1 Weißwein

Im Gegensatz zu Rotwein trennt man bei der Herstellung von Weißwein nach dem Keltern von Hülsen und Kernen und läßt nur den filtrierten Most gären. Nach der Hauptgärung von fünf bis acht Tagen erfolgt die Reifung. Dabei vermindern sich einerseits die Essigsäureester, während die höheren Alkohole — sie sind weit toxischer, d. h. berauschender, als Ethanol und bilden die gefährlichen Stoffe im ,,Federweißer'' — durch Veresterung ,,entgiftet'' werden. Offensichtlich spielt das Aminosäureangebot eine große Rolle für das Entstehen der höheren Alkohole (95, 96). Man beachte auch, daß Wein einen pH von etwa 3,0 bis 3,5 hat.

Abb. 70 zeigt das Aromagramm von Weißwein.

Schlüsselverbindungen:

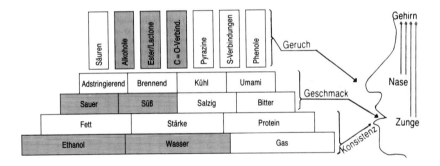

Abb. 70   Aromagramm von Weißwein

Natürlich gehen die verschiedenen Aromabestandteile der Trauben unterschiedlicher Rebsorten auch mit in das Bukett ein (245, 246, 247, 248, 249, 250).

4.7.1.2 Rotwein

Bei der Herstellung von Rotwein läßt man den Most mit Hülsen und Kernen gären. Dadurch geht nicht nur die rote Farbe, sondern auch eine Reihe von Gerbstoffen, phenolischen, adstringierenden Verbindungen wie Catechin,

Gallussäure und Vanillinsäure in den Wein über (93). Daneben scheinen hier aus Aminosäuren entstandene Verbindungen wie Tyrosol und Tryptophol sowie Phenylethanol von Bedeutung zu sein (94). Auch bei Rotwein spielen die spezifischen Aromastoffe der Trauben unterschiedlicher Rebsorten eine Rolle im Bukett.

Abb. 71 zeigt das Aromagramm von Rotwein.

Schlüsselverbindungen:

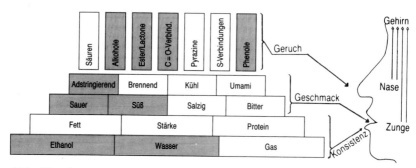

Abb. 71 Aromagramm von Rotwein

4.7.1.3 Sekt

Sekt, Schaumwein, Champagner sind Weine, die in der Flasche eine zweite Gärung durchmachen. Das dabei entstehende Kohlendioxid sorgt für den Schaum beim Öffnen, der wahrscheinlich durch Proteinspuren stabilisiert wird.

Sekt stellt eine nur in Deutschland gebräuchliche Bezeichnung dar, die sich vom italienischen ,,secco'', trocken, ableitet, da der Zucker weitgehend vergoren ist; Schaumwein ist ein Synonym. ,,Champagner'' darf gesetzlich nur der in der Champagne erzeugte Schaumwein bezeichnet werden; allgemein wird die Bezeichnung Vin mousseux verwendet.

4.7.1.4 Spätlesen, Beerenauslesen, Trockenbeerenauslesen etc.

Eine längere Reifung bringt in den Spätlesen mehr Zucker, damit mehr Alkohol. Beerenauslesen sind aus ,,edelfaulen", zumindest aber überreifen Beeren hergestellt, während Trockenbeerenauslesen nur aus weitgehend eingeschrumpften ,,edelfaulen" Beeren entsteht. Die sog. ,,Edelfäule" wird durch den Botrytispilz *(Botrytis cinerea)* hervorgerufen. Untersuchungen auf Aflatoxine in diesen Produkten scheinen dringend angebracht.

Eine andere teure Weinsorte ist der Eiswein; die zur Herstellung dieses Weines verwendeten Trauben werden erst nach dem ersten Frost geerntet.

Typisch für das Aroma all dieser Weine ist die hohe Süße bei kaum wahrnehmbarer Säure. Analytisch kann man sie an dem erhöhten Glyceringehalt erfassen, denn *Botrytis cinerea* ist ein starker Glycerinlieferant.

Als Verfälschung zugesetztes Glycerin läßt sich dadurch erfassen, daß die parallel zum natürlichen Glycerin gebildete Gluconsäure dann erniedrigt ist (97, 98).

Das Aromagramm von Wein-Auslesen entspricht dem von Weißwein; der Aroma-Eindruck ,,sauer" fehlt jedoch.

4.7.1.5 Bowlen

Bowlen sind mit Früchten oder Kräutern aromatisierte Mischgetränke aus Wein und Sprudel und/oder Schaumwein. Betrachten wir hier als Typ die klassische Waldmeisterbowle: Schlüsselverbindung von Waldmeister-Aroma ist Cumarin. Wegen seiner toxischen Wirkung wurde die Verwendung von Waldmeister in der klassischen Bowle daher verboten. Es mußte hier also ein Naturstoff, der jahrhundertelang verwendet wurde, wegen seiner Toxizität aus dem Verkehr gezogen werden. Inzwischen sind synthetische cumarinfreie Waldmeister-Aromen auf dem Markt, die aber noch nicht voll das klassische Waldmeister-Aroma treffen.

4.7.1.6 Retsina

In Griechenland setzt man Weinen zur Haltbarmachung ca. 1 % vom Harz der Strandkiefer zu, wodurch der Wein, der Retsina, ein eigenartiges terpentinähnliches Aroma erhält.

Abietinsäure   α-Pinen   β-Pinen

Schlüsselverbindungen: Abietinsäure
α-Pinen
β-Pinen

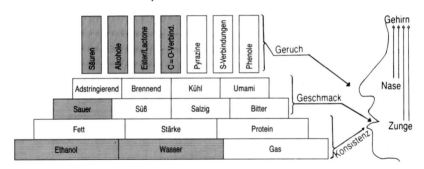

Abb. 72 Aromagramm von Retsina

Vom gesundheitlichen Standpunkt her bestehen gegen Harz als Konservierungsmittel für Wein wesentlich geringere Bedenken als gegen das in der Bundesrepublik Deutschland zugelassene Schwefeldioxid.

4.7.1.7 Sherry

Benannt nach der andalusischen Stadt Jerez de la Frontera, stellt Sherry einen überaus interessanten spanischen Apéritif und Dessertwein dar. Bei seiner Herstellung bildet sich nach der Hauptgärung im Verlauf der anschließenden oft jahrelangen Reifung auf der Oberfläche des Weines in den nur zu 75 % gefüllten Weinfässern eine dicke Schicht aus Weinhefen, denen das Entstehen des eigenartigen Buketts zuzuschreiben ist. Zur Steuerung des Reifeprozesses und zur Einstellung des Alkoholgehaltes wird Reinalkohol zugestetzt; die Süße wird durch Zusatz von Saft aus eingetrockneten Pedro-Ximenes-Trauben erreicht. Aliphatische und aromatische Alkohole, Säuren, Ester und Carbonylverbindungen sowie Phenole wurden im Aroma von Sherry nachgewiesen, entscheidend scheinen eine Reihe verwandter γ-Lactone zu sein (99, 100).

Schlüsselverbindungen:

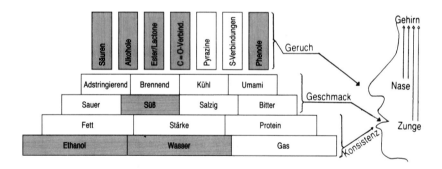

Abb. 73 Aromagramm von Amontillado-Sherry

Sherry kommt als Fino, trocken (15—17 % Alkohol), als Amontillado, voller (Alkoholgehalt 18—24 %) und stärker gesüßt als Cream Sherry auf den Markt.

4.7.1.8 Wermut

Wermutwein ist ein mit Wermutkraut aromatisierter Wein mit einem Alkoholgehalt um 15 %. ,,Vino Vermouth di Torino'' zählt zu den bekanntesten Produkten. Zur Herstellung dürfen nur wässrig-alkoholische Extrakte von Wermutkraut mit Blüten *(Herba absinthi cum floribus)* verwandt werden, denn unter diesen Extraktionsbedingungen wird nicht oder nicht in nennenswertem Maß der krampfauslösende giftige Bestandteil Thujon extrahiert, der jedoch in dem durch Wasserdampfdestillation erhaltenen Wermutöl vorhanden ist. Die Verwendung von Wermutöl ist daher in der Bundesrepublik Deutschland verboten. Im Aroma spielen neben den flüchtigen Verbindungen insbesondere Bitterstoffe eine wichtige Rolle. Wermut gilt daher als Apéritif, ein aufgrund seiner Bitterstoffe die Magensekretion anregendes Tonikum.

4.7.1.9 Beerenweine

Beerenweine stellt man hauptsächlich aus Heidelbeeren, Johannisbeeren, Brombeeren, Himbeeren und Stachelbeeren her, wobei zur Vergärung oft ein Zusatz von Zucker erforderlich ist. Zu ihrem Aroma tragen selbstverständlich auch die Aromastoffe der Ausgangsfrüchte bei. Neben dem Ethanol aus der alkoholischen Gärung entstehen auch hier aus Aminosäuren höhere Alkohole; nur fehlt bei diesen Beerenweinen, meist Produkten von Schrebergärtnern, die Kellerarbeit der Winzer, in deren Verlauf die Veresterung der höheren Alkohle begünstigt wird. Aufgrund des erhöhten Gehalts an diesen Fuselalkoholen steigen die Beerenweine ungleich mehr zu Kopf als die Traubenweine und verursachen meistens auch ein stärkeres und längeres Schädelbrummen. Nur als Faustregel: Setzt man die toxische und berauschende Wirkung von Ethanol = 1, so erhält n-Propanol den Faktor 2,5, Isobutanol den von 3,5 und n-Butanol bereits den Faktor 6,5.

4.7.1.10 Apfelwein

Apfelwein ist im Gegensatz zu den Beerenweinen durchaus ein Produkt professioneller Herstellung, in der Bundesrepublik Deutschland insbesondere im Rhein-Main-Gebiet, in Frankreich als Cidre in der Normandie und der Bretagne. Sein Mindestalkoholgehalt liegt bei 5%. Untersuchungen des Aromas ergaben Phenylethanol als Schlüsselverbindung, ferner p-Ethylphenol als ,,schwere'' Komponente und Ester wie Hexylacetat als ,,fruchtige'' Komponente (101) (Abb. 74).

HO—⟨◯⟩—CH₂-CH₃   ⟨◯⟩—CH₂-CH₂OH

p-Ethylphenol   Phenylethanol

CH₃—CH₂—CH₂—CH₂—CH₂—CH₂—O—C—CH₃
                                                    ‖
                                                    O
Hexylacetat

Schlüsselverbindungen: p-Ethylphenol
Phenylethanol
Hexylacetat

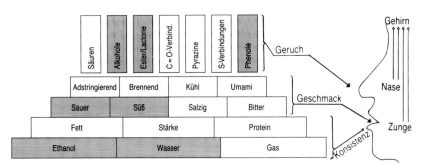

Abb. 74 Aromagramm von Apfelwein

4.7.2. Bier

1516 erließ der bayrische Herzog Wilhelm IV das Gebot, daß zum Bierbrauen nur Gerstenmalz, Hopfen und Wasser verwendet werden dürfen. Ganz in dieser Form ging das Reinheitsgebot allerdings nicht in das derzeitig gültige Lebensmittelrecht der Bundesrepublik Deutschland ein, denn heute dürfen als vierter Grundbestandteil auch Hefen zugesetzt werden, die man bei dem bescheidenen Ausstoß von 1516 noch nicht benötigte.

Gemessen an der erzeugerfreundlichen Weingesetzgebung bedeutet dieses Reinheitsgebot immerhin einen klaren, sauberen Verbraucherschutz, der allerdings von unseren EG-Partnern eher als Instrument einer Abschottung des deutschen Biermarktes nach außen gesehen wird, weswegen auch Klagen wegen Wettbewerbsverzerrung vor dem EG-Gerichtshof anhängig sind (275).

Doch nun zur Bierherstellung. Tab. 55 gibt einen Überblick über die Inhaltsstoffe von Gerste, dem wichtigsten Ausgangsmaterial von Bier.

Tab. 55 Zusammensetzung der Gerste

Bestandteile	%
Wasser	12,00
Proteine	9,00
Fette (total)	1,40
Fette (Polyenfettsäuren)	0,80
Kohlehydrate (total)	76,50
Kohlehydrate (Faserstoffe)	0,80
Citronensäure	0,07

Wie man sieht, stellt die Stärke etwa 3/4 aller Gersteninhaltsstoffe. Es wurden zwar 0,07% Citronensäure nachgewiesen, organoleptisch ist diese jedoch ohne Bedeutung.

Die in der Gerste enthaltenen 9% Proteine haben die in Tab. 56 zusammengestellte Aminosäurezusammensetzung.

Tab. 56 Aminosäurezusammensetzung der Proteine aus Gerste

Aminosäure	%
Arginin	5,0
Cystein/Cystin	2,1
Histidin	1,9
Isoleucin	3,8
Leucin	6,9
Lysin	3,4
Methionin	1,4
Phenylalanin	5,0
Threonin	3,7

Fortsetzung Tab. 56 Aminosäurezusammensetzung der Proteine aus Gerste

Aminosäure	%
Tryptophan	1,4
Tyrosin	3,5
Valin	5,0
Alanin	4,5
Asparaginsäure	5,9
Glutaminsäure	20,5
Glycin	43,2
Prolin	9,3
Serin	3,7

Hierbei fällt der hohe Anteil an Glycin auf. Die Gerstenproteine sind ernährungsphysiologisch als recht minderwertig einzustufen; aber das dürfte den durchschnittlichen Biertrinker nicht vom weiteren Konsum abhalten.

Die Fettsäurezusammensetzung der Gerstenlipide ist der Tab. 57 zu entnehmen.

Tab. 57 Fettsäurezusammensetzung des Gerstenfettes

Fettsäure	%
Palmitinsäure	17,3
Stearinsäure	0,9
Ölsäure	14,3
Linolsäure	62,8
Linolensäure	3,0

Ernährungsphysiologisch betrachtet ist das Fett der Gerste mit 62,8 % Linolsäure hervorragend. Am Rande sei vermerkt, daß die Fette aus Weizen, Gerste, Hafer, Roggen und Mais ähnlich zusammengesetzt sind. Die Verseifungszahlen, ein Maß für die durchschnittliche Kettenlänge der Fettsäuren, liegen zwischen 177 und 186 und die Jodzahlen, die ein Maß für die durchschnittliche Ungesättigtheit der Fette darstellen, zwischen 104 und 140.

Bei der Weinherstellung enthält die Maische, d.h. die gekelterten Trauben, vergärbare Zucker, Fruchtsäuren und Aromastoffe der Trauben, die Gärung kann also unmittelbar beginnen. Das ist bei der Gerste nicht der Fall. Die

Hefen haben nicht die Enzyme, um Stärke abzubauen und, verglichen mit einer Traube, weist ein Gerstenkorn kaum Geruch und Geschmack auf. Die Bierherstellung setzt also eine kompliziertere Gärungstechnik voraus, als man sie zur Herstellung von Wein benötigt. Zunächst muß die Stärke in vergärbare Zucker überführt werden. Das geschieht mittels des Enzyms Diastase, einer Carbohydrase, die sich in keimender Gerste bildet und deren Stärke für den weiteren Kohlehydratabbau aktiviert, d.h. in Zucker überführt.

Man geht dabei folgendermaßen vor: Unter Wasserzufuhr läßt man Gerste bei 15 - 18 °C während 7 - 8 Tagen keimen, bis der hervorbrechende Blattkeim 50 - 75 % der Kornlänge erreicht hat. Dieses „Grünmalz" wird auf der Darre auf Temperaturen von 90 - 110 °C erhitzt. Das Wasser verdunstet dabei; man versucht aber, durch eine schonende Temperaturführung die Enzymaktivität der Diastase weitgehend zu erhalten. Außerdem findet bei diesem Erhitzen eine *Maillard*-Reaktion statt; das Malz bräunt sich, und es entstehen *Strecker*-Aldehyde und Pyrazine.

Beim Rauchbier wird das Malz noch zusätzlich geräuchert. Hierbei kommen neben den phenolischen Räucherrauchbestandteilen wahrscheinlich leider auch Benzpyrene ins Bier.

100 kg trockene Gerste ergeben etwa 140 kg Grünmalz und 76 kg Darrmalz. In der Brauerei wird das Darrmalz geschrotet und ist nun in der Lage, sowohl die noch vorhandene eigene Stärke als auch die Stärke von weiterer zugesetzter Gerste zu verzuckern. Nach Beendigung dieses Prozeßschrittes liegt eine vergärbare Zuckerlösung vor.

Diese Flüssigkeit wird anschließend unter Zusatz von Hopfen in dem sog. Hopfenkessel zum Sieden erhitzt. Der Hopfen bringt die für das Bieraroma erforderliche Bitternote. Der bittere Geschmack von Hopfen beruht, wie in Kap. 3.4.11. berichtet, auf den α-Säuren wie Humulon, Cohumulon und Adhumulon, weniger auf den β-Säuren wie Lupulon, Colupulon und Adlupulon.

Wie schon erwähnt, findet man die wichtigen α-Säuren nicht mehr im Bier, sie werden durch den Brauprozeß in die wasserlöslichen iso-α-Säuren, Isohumulone, verwandelt.

Je nach dem Gärverfahren und der Hefe unterscheiden wir untergärige und obergärige Biere. Bei der Herstellung der *untergärigen* Biere verwendet man Stämme wie *Saccharomyces uvarum* oder *Saccharomyces carlsbergiensis*. Die Hauptgärung bei 5—10 °C verläuft innerhalb von 7 Tagen, anschließend setzt sich der größte Teil der Hefen auf dem Boden ab, daher der Name „untergärig". Ein Teil der Zucker verbleibt für die Nachgärung, die nach

4 Wochen Dauer in geschlossenen Tanks bei 0—3 °C beendet ist. Hergestellt werden so dunkle Biere, stärker gemalzt und schwach gehopft, sowie helle Biere, die man zum Teil stark hopft.

Bei der Herstellung *obergäriger* Biere erfolgt die Hauptgärung mit *Saccharomyces cerevisiae* bei 12—20 °C innerhalb von 4 - 5 Tagen. Dann steigt die Hefe an die Oberfläche, weshalb man von ,,obergärigem'' Bier spricht. Durch dieses Hefewachstum sind diese Biere oft aromatischer. Gebraut werden so Weizenbiere, Altbiere, Stout und Porter.

Die Alkoholgehalte der verschiedenen Biere schwanken zwischen 3,3 % und 4,4 %. Bockbier (der Name stammt von der niedersächsischen Stadt Einbek, die früher ein starkes Bier sogar bis nach Bayern exportierte) hat einen Alkoholgehalt bis 5,5 %.

Was die Aromastoffe von Bier angeht, so wurden die bitteren Hopfenbestandteile, die iso-α-Säuren, schon erwähnt. Daneben bleibt eine Restsüße von Zucker. Während beim Wein im Geschmack ein Süßsauer-Gleichgewicht besteht, fehlt die saure Komponente im Bier völlig. Hier dominiert ein Gleichgewicht zwischen süß und bitter. Im flüchtigen Anteil von Bieren wurden bisher keine Schlüsselverbindungen gefunden. Aus dem Gehalt an Isobutanol, Isopentanol, Dimethylsulfid und Isobutylacetat (41.11) läßt sich eine Vorhersage über die Lagerfähigkeit von Bieren machen.

Schlüsselverbindungen:

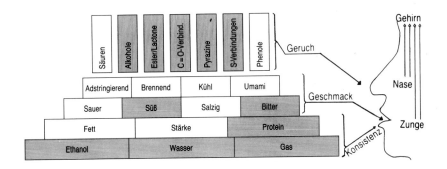

Abb. 75 Aromagramm von Bier

4.7.3. Saké, Reiswein

Trotz der irreführenden Bezeichnung Reis*wein* muß aufgrund der Herstellungstechnik der japanische Saké zu den Bieren gerechnet werden. Man geht von gedämpftem Reis aus, der durch Schimmelpilzkulturen von *Aspergillus oryzae* verzuckert wird. Der so entstandenen dicken Gärbrühe — von den Japanern Moto genannt — setzt man anschließend Saké-Hefe zu, *Saccharomyces Saké*, die den Zucker zu Alkohol und Kohlendioxid vergärt, wobei — im Gegensatz zu den *Saccharomyces*-Hefen, die schon bei einem Alkoholgehalt von 16% unwirksam werden — Alkoholgehalte bis 20% erreicht werden. Der säuerliche Geschmack von Saké beruht auf einem Gehalt von 400—1200 ppm Milchsäure, entweder erzeugt durch Milchsäurebakterien wie *Leuconostoc* oder *Lactobacillus* oder als Substanz zugesetzt, d.h. ohne daß man eine Milchsäuregärung einleitet. Neben Milchsäure sind an organischen Säuren noch Bernsteinsäure, Äpfelsäure und Citronensäure vorhanden. Der Restzuckergehalt in Saké liegt bei 3,5%.

200 ppm Glutaminsäure tragen zum Umami-Effekt von Saké bei. Der Alkoholgehalt von Saké wird je nach Qualität auf 16,0, 15,5 oder 15% Ethanol eingestellt. Saké hat eine strohgelbe Farbe und wird traditionell warm getrunken. Im flüchtigen Anteil wurden eine Reihe von Ethylestern kurzkettiger Fettsäuren von C_2—C_{10} nachgewiesen, wobei Ethylacetat die Hauptmenge stellt.

4.7.4. Alkoholische Destillate ohne spätere Zusätze

Im Gegensatz zur Herstellung von Wein und Bier ist im Falle von Alkoholdestillaten die Gärungstechnik relativ einfach, denn die zweite Stufe der Herstellung, die Destillation, gestattet es, fast alle unerwünschten Substanzen teils als Vorlauf, teils als Nachlauf auszuscheiden. Allerdings werden dabei auch die Aromastoffe entfernt oder stark vermindert, die nicht den Siedepunkt des Ethanols von 72,5 °C aufweisen. Selbst die geübteste Chemiker-Zunge bzw. -Nase kann einem auf 50% rückverdünnten 96%igen Ethanol nicht mehr anmerken, ob sein Ausgangsmaterial aus Kartoffeln oder Korn bestand oder ob der Alkohol aus der Kohle- oder Petro-Chemie stammte. Und hier liegt nun auch die ganze Problematik bei der Herstellung der ,,Klaren''. ,,Schneidet'' man bei der Destillation nicht ,,scharf'', können unerwünschte Stoffe mit übergehen. ,,Schneidet'' man zu scharf, so leidet einerseits die Ausbeute, andererseits aber auch das Aroma.

In diesem Zusammenhang sei auch das Problem der sog. ,,Branntwein-Schärfen'' angesprochen. In der Bundesrepublik Deutschland durch Gesetz verboten ist der Zusatz von Substanzen wie Oxalsäure, Ethylether, Fuselölen und Mineralsäuren, die man früher teilweise Destillaten zufügte, um deren berauschende Wirkung zu erhöhen.

4.7.4.1. Aquavit, Eau de Vie, Wodka, Schnäpse, „Klare"

Unter „Branntwein" sind alkoholische Destillate zusammengefaßt, die nach der Destillation keine weiteren Zusätze erhalten; falls diese Produkte aus Wein destilliert wurden, spricht man von Weinbrand. Gemeinsam ist den großen Gruppen der Kartoffel- und Getreideschnäpse, daß ihre Stärke primär nicht vergoren werden kann. Wir müssen also zunächst, wie beim Bier, mittels der Diastase aus keimender Gerste, die Stärke der gedämpften Kartoffeln oder des gedämpften und geschroteten Getreides in gärfähige Zucker überführen. Dann wird vergoren und anschließend destilliert.

Dabei erhält man in einer ersten Destillation den Rohbrand, nach erneuter Destillation den Feinbrand. Grob gesprochen trennt man im Vorlauf Acetaldehyd ab, im Nachlauf die Fuselöle. Der Gesetzgeber erlaubt nur den Zusatz von Trinkwasser zum Rückverdünnen auf einen Alkoholgehalt von 32%. Zusätze wie Kümmel oder Wacholder werden nur vor der Destillation zugefügt.

Aquavit, Lebenswasser, stammt noch aus den Zeiten, da ein Alkoholdestillat Medizin in der Hand des Arztes war. Der Aquavit bezieht sein Aroma vorwiegend aus Kümmel.

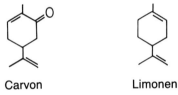

Carvon   Limonen

Schlüsselverbindungen: Carvon
Limonen

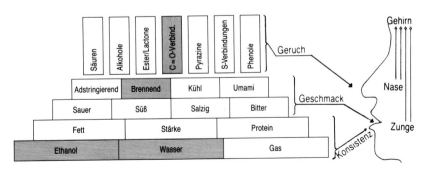

Abb. 76 Aromagramm von Aquavit

Eine weitere Aromatisierung besteht im Zusatz von Wacholdergeist, hergestellt ausschließlich durch Verdünnen von Wacholderbranntwein mit Wasser oder unter Verwendung von Wacholderlutter. Unter Lutter versteht man Rauhbrände, d.h. bei der ersten Destillation der vergorenen Maische übergehende schwach alkoholische fuselölhaltige Destillate. Dieser Wacholderlutter kann zusammen mit dem Rohbrand einer billigen Maische, wie z.B. aus Kartoffeln, der Feindestillation unterzogen werden. *Steinhäger, Gin, Genever* beziehen ihr Aroma so vorwiegend aus Wacholderbeeren.

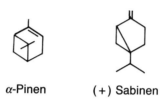

α-Pinen   (+) Sabinen

Schlüsselverbindungen: α-Pinen
(+) Sabinen

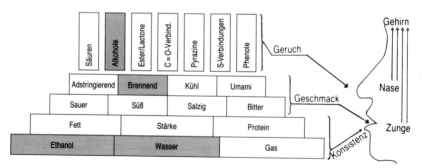

Abb. 77 Aromagramm von Gin

Über *Korn* braucht nichts gesagt zu werden. *Wodka*, das beliebte Wässerchen unserer östlichen Nachbarn, muß mindestens 40% Ethanol enthalten.

Doch zurück zur Chemie. Wie schon gesagt, stellt Acetaldehyd ein ernstes Problem dar, denn sein stechender und empyreumatischer Geruch wirkt äußerst unangenehm. Durch Destillation wird er (Kp 21 °C) weitgehend entfernt, die verbleibenden Spuren reagieren später bei der Reifung der Destillate mit dem im Überschuß vorhandenen Ethanol über das entsprechende Halbacetal zum Diethylacetal.

$$CH_3-\underset{H}{\overset{}{C}}=O + CH_3-CH_2-OH \rightarrow CH_3-\underset{OC_2H_5}{\overset{}{C}}-OH + H_2O \quad \text{Halbacetal}$$

$$+$$

$$CH_3-CH_2-OH$$

$$\downarrow$$

$$CH_3-\underset{OC_2H_5}{\overset{}{C}}-OC_2H_5 + H_2O \quad \text{Diethylacetal}$$

Die Tab. 58 unterrichtet über den Anteil des Diethylacetals am Gesamtgehalt von Acetaldehyd.

Tab. 58 Anteil von Diethylacetal am Gehalt von Acetaldehyd

Getränk	Ethanol [Vol.-%]	pH	Acetaldehyd total [ppm]	davon Diethylacetal [ppm]
kontinuierlich dest. Brandy, jung	54,5	4,4	64	23
kontinuierlich dest. Brandy, 7 Jahre, Faß	52,5	4,2	57	24
diskontinuierlich dest. Brandy, 7 Jahre, Faß	52,5	4,2	74	26
diskontinuierlich dest. Brandy, Flaschen	42,0	3,2	253	12
Zum Vergleich				
Sherry, alt	17	3,6		2,6
Weißwein	12	3,4		2,6

Im Nachlauf der Destillation befinden sich die Fuselöle. Über die Zusammensetzung von technischen Fuselölen verschiedener Herkunft informiert Tab. 59.

Tab. 59 Zusammensetzung verschiedener Fuselöle und Siedepunkte der Komponenten (Vol.-%)

Verbindung	Kp °C/ 760 mm Hg	Fuselöle aus dem Rohsprit von Kartoffeln	Roggen	Weizen	Gerste
Ethanol	72,5	6,49	10,02	0,71	0,15
Propanol	97,2	11,46	8,71	3,45	4,53
Isobutanol	108,0	31,94	18,69	17,48	21,17
2-Methylbutanol =opt. akt. Gärungsamylalkohol	128,9	12,85	17,17	21,55	22,33
3-Methylbutanol	132,0	37,26	45,41	56,81	51,82

4.7.4.2. Obstbranntweine

Unter ,,Obstbranntweinen'' in Süddeutschland auch ,,Obstler'' genannt, versteht man Destillate, die aus der vollen vergorenen Obstfrucht oder aus deren vergorenen Säften gewonnen werden. Weder der Maische noch dem Destillat dürfen Zucker, weiterer Alkohol oder Farbe zugesetzt werden. Zu diesen ,,Edelbranntweinen'', die mindestens 40 Vol.-% Alkohol enthalten müssen, und die auch als . . . Wasser, z.B. Kirschwasser, bezeichnet werden dürfen, gehören die großen Gruppen der Steinfruchtbrände (wie Produkte aus Kirschen, Mirabellen, Aprikosen), der Beerenobstbrände und der Kernobstbrände. ,,Obstgeiste'' dagegen heißen Produkte, die man durch Destillation von mit Alkohol angesetzten unvergorenen Früchten erhält, z.B. Himbeergeist, Johannisbeergeist. Auch hier ist nachträglich der Farb- und Zuckerzusatz verboten. Mit einem Mindestalkoholgehalt von 40% gehören die Obstgeiste auch zu den Edelbranntweinen.

Steinfruchtbrände

In Steinfruchtbränden aus Früchten wie Kirschen, Zwetschen und Mirabellen ist immer die aus den Amygdalin-ähnlichen ,,cyanogenen'' Glucosiden des Inneren der Steinfruchtsteine stammende Blausäure vorhanden. Als Schlüsselverbindung des Aromas von Steinfruchtbränden kann wohl Benzaldehyd angesehen werden.

Benzaldehyd

Beerenobstbrände/Himbeergeist

Nach obiger Definition ist Himbeergeist ein Destillat aus mit Alkohol angesetzten unvergorenen Himbeeren.

Wie wir in Abb. 14 gesehen haben, ist p-Hydroxyphenyl-3-butanon, das sog. Himbeerketon, die Schlüsselverbindung des Himbeeraromas. Da bei der Herstellung der „Obstgeiste" keine Gärung, sondern nur eine Extraktion stattfindet, liegt es nahe, auch im Himbeergeist das Himbeerketon als Schlüsselverbindung anzunehmen. Dies ist allerdings auch eine Frage der Nachweisgrenze und der Destillierbarkeit des Himbeerketons, denn immerhin besitzt diese Verbindung einen Schmelzpunkt von 82—83 °C. Neuere Untersuchungen (103) haben in den Ausgangshimbeeren einen Gehalt an Hydroxyphenylbutanon zwischen 0,4 und 3 ppm ergeben. Darüber hinaus konnte man die Nachweisgrenze dieser Verbindung von 0,02 mg auf 0,002 mg/100 ml Alkohol senken. Jedoch konnte das Himbeerketon nur in einem selbst hergestellten Himbeergeist aus 2 kg Himbeeren/l Alkohol nachgewiesen werden, in Handelsprodukten nicht. Nun wird selbst der qualitätsbewußteste Himbeergeist-Brenner nicht eine so große Menge an teuren Himbeeren einsetzen. In Himbeergeist, der ohne Zusatz von synthetischen Aromen hergestellt wurde, ist ein Gehalt an Himbeerketon von über 0,01 mg/100 ml Reinalkohol nicht zu erwarten.

p-Hydroxyphenyl-3-butanon

Kernobstbrände

Apfelbranntwein erfreut sich, besonders in Frankreich, großer Beliebtheit, wie z.B. der in der Normandie aus Cidre destillierte Calvados. Es darf wohl angenommen werden, daß die im Aromagramm von Apfelwein (Abb. 74) bezeichneten Schlüsselverbindungen auch für Apfelbranntwein gelten, dessen Aromagramm Abb. 78 zeigt.

HO—⟨◯⟩—CH₂—CH₃   ⟨◯⟩—CH₂—CH₂OH

p-Ethylphenol   Phenylethanol

$$CH_3-CH_2-CH_2-CH_2-CH_2-CH_2-O-\underset{\underset{O}{\parallel}}{C}-CH_3$$

Hexylacetat

Schlüsselverbindungen: p-Ethylphenol
Phenylethanol
Hexylacetat

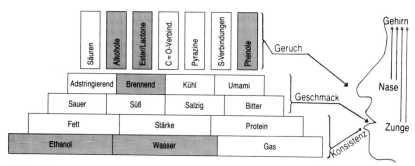

Abb. 78 Aromagramm von Calvados

In Birnenbranntwein aus Bartlett-Birnen sind die gleichen Schlüsselverbindungen wie im Aroma von Bartlett-Birnen (Abb. 12), nämlich die Methyl-, Ethyl-, Propyl- und Butylester der trans. cis-2,4-Decadiensäure.

$$CH_3-(CH_2)_4-\overset{cis}{CH=CH}-\overset{trans}{CH=CH}-\overset{O}{\overset{\parallel}{C}}-O-CH_3$$
$$-C_2H_5$$
$$-C_3H_7$$
$$-C_4H_9$$

Methyl-, Ethyl-, Propyl-, Butylester der trans,cis-2,4-Decadiensäure

4.7.5. Alkoholische Destillate mit Zusätzen nach der Destillation

In allen bisher besprochenen Destillaten war die Destillation der letzte Prozeßschritt. Eventuelle aromagebende Zusätze, wie Kümmel oder Wacholder, erfolgten vor dieser Operation. Nachfolgend werden Alkoholika beschrieben, denen man nach der Destillation noch Stoffe zufügt. Mit Zucker entstehen so z.B. die Liköre, Zuckercouleur gibt ihnen ggf. eine dunkle Farbe. So stellt man je nach dem Zusatz so verschiedene Getränke wie Ouzo und Magenbitter her. Die subtilere Art der Zugabe erfolgt aber aus dem Holz von Eichenfässern, in denen Cognac, Whisky und Rum „reifen".

4.7.5.1. Liköre

Liköre sind Spirituosen mit Zusatz von Zuckern und geschmacksgebenden Stoffen, bei denen der Extraktgehalt inklusive Zucker mindestens 10 g/100 ml beträgt, mit einem Alkoholgehalt von 30 oder 32 %.

Schlüsselverbindungen:

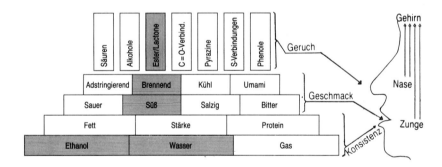

Abb. 79 Aromagramm von Likören

4.7.5.2. Bittere Spirituosen

Während bei Likören Zucker die entscheidende Zutat ist, sind es bei den sog. ,,Bitteren'' wie Magenbitter und Aperitifs die zugesetzten Bitterstoffe wie Gentiopikrin.

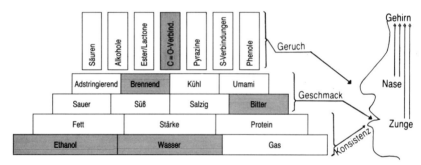

Gentiopikrin

Schlüsselverbindungen: Gentiopikrin

Abb. 80 Aromagramm von Bitteren Spirituosen

Der Bitterstoff Gentiopikrin stammt aus der Enzianwurzel. In diesem Zusammenhang sei noch ein anderes Enzianprodukt, der Enzianbranntwein, erwähnt. ,,Enzian'' wird hergestellt nur durch Destillation vergorener Enzianwurzeln oder aus Enziandestillat, das unter Verwendung von vergorenen Enzianwurzeln mit oder ohne Zusatz von Alkohol gewonnen wurde, ohne jeglichen sonstigen Geschmackszusatz. Der Alkoholgehalt muß mindestens 38 Vol.-% betragen; Zuckerzusatz und Färbung sind unzulässig.

Interessant ist die Herkunft der Enzianbrennerei: Das Almvieh frißt keinen gelben Enzian, wahrscheinlich weil auch die oberirdischen Teile zu bitter sind. Der gelbe Enzian könnte so eine ganze Almweide überwuchern und unbrauchbar machen. Deswegen wurden früher einzelne Bauern mit der

Pflicht belegt, in einem mehrjährigen Rhythmus durch Ausstechen der Enzianwurzeln die Almweiden zu säubern. Um irgendetwas mit den Wurzeln anfangen zu können, vergor und brannte man sie. Heute ist aus der Pflicht ein sorgsam gehütetes Privileg geworden.

4.7.5.3. Ouzo

Zusammen mit Retsina gehört Ouzo zu den beliebtesten Getränken Griechenlands. Man trinkt ihn meist mit Wasser verdünnt, wobei sich das Getränk milchig trübt.

Ouzo erhält seinen Geschmack durch Anis, dessen Hauptbestandteil trans-Anethol ist. Trans-Anethol ist auch die Schlüsselverbindung von Ouzo, dem sie auch in Substanz zugesetzt wird.

$$CH_3O-\langle\rangle-CH=CH-CH_3 \quad \text{trans}$$

trans-Anethol

Mit dem Ouzo verwandt ist der französische Pernod.

4.7.5.4. Rum, Weinbrand, Whisky

Nachfolgend wird eine Gruppe von Spirituosen beschrieben, die ihre aromagebenden Zusätze nach der Destillation im wesentlichen aus dem Holz der Eichenfässer beziehen, in denen sie „reifen". Da es sich um Produkte mit einem Alkoholgehalt von um 50% handelt, liegt das Gleichgewicht für die Bildung von Acetalen günstig, die den harten empyreumatischen Geruch von Aldehyden, insbesondere Acetaldehyd, abmildern.

Die aromawirksame Hauptkomponente, die aus Eichenholz extrahiert wird, ist wohl das Eugenol (41.12), das als aromagebender Hauptbestandteil von Nelken schon in Kap. 3.8.12 erwähnt wurde.

$$CH_3O-\langle\rangle-CH_2-CH=CH_2, \quad HO-$$

Eugenol

Weiterhin spielt eine wichtige Rolle p-Ethylphenol, das ein intensives Aroma in Richtung Eiche-Juchtenleder aufweist.

$$HO-\langle\rangle-CH_2-CH_3$$

p-Ethylphenol

Rum

Rum wird im wesentlichen aus frischem Zuckerrohr, Zuckerrohrsaft, Zuckerrohrmelasse und sonstigen Rückständen der Rohrzuckerfabrikation durch Vergären und nachfolgende Destillation hergestellt. Frisches Destillat ist farblos, Farbe und Aroma bilden sich erst durch die Lagerung in Eichen- oder alten Sherry-Fässern aus. Die Farbe wird, falls der Rum nicht farblos bleiben soll, durch Zuckercouleur intensiviert.

Hauptsächlich kommt Rum aus Mittelamerika bzw. den dort vorgelagerten Inseln, von wo aus er als Originalrum mit 70—80 Vol.-% Ethanol in den Export gelangt und in den Verbraucherländern auf die gewünschte Trinkstärke verdünnt wird. Als Mindestgehalt gelten 38%, handelsüblich ist Rum mit 40—55% Alkohol.

Verwendet wird Rum in Grog, in Longdrinks, in Tee, zum Aromatisieren von Süßspeisen und Backwaren sowie zum Flambieren. In Speiseeis ist Rum praktisch die einzig anwendbare Spirituose.

Man kann nämlich nur ein aromaintensives Produkt einsetzen, da Ethanol eine hohe Schmelzpunktdepression aufweist, die etwa 6 mal so hoch ist wie bei einem Disaccharid in gleicher Konzentration.

Ältere Publikationen, etwa aus den zwanziger Jahren, erwähnten Propionsäureethylester als wichtige Verbindung im Rumaroma.

Man hätte damals also ein Rumaroma aus diesem Ester und aus den in Destillaten ubiquitär vorkommenden Fuselalkoholen aufgebaut. 1979 waren es dann schon etwa 200 Verbindungen, die man im Aroma von Rum identfizierte. Mit einem Cocktail aus 20 Estern gelang eine Imitation des Aromas von Jamaika-Rum (105). Eine Studie aus dem Jahre 1981 (41.13) weist jedoch schon über 400 Verbindungen auf. Es ist schwierig, in diese Fülle von Substanzen Ordnung zu bringen. Dennoch soll in Abb. 81 ein Aromagramm von Rum des sog. Juchten-Typs aufgezeigt werden.

p-Ethylphenol

Eugenol

$CH_3-CH_2-\underset{\underset{O}{\|}}{C}-OC_2H_5$

Propionsäureethylester

Schlüsselverbindungen: p-Ethylphenol
Eugenol
Propionsäureethylester

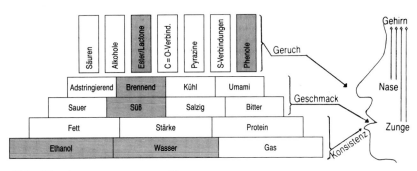

Abb. 81 Aromagramm von Rum

Weinbrand

Per Gesetz muß Weinbrand in der Bundesrepublik Deutschland mindestens zu 85 % seines Alkoholgehaltes aus im Herstellungsland gewonnenem Weindestillat bestehen, und das Destillat muß mindestens 6 Monate in Eichenfässern in dem Betrieb reifen, in dem auch der Brand erfolgt. Daneben existieren natürlich noch weitere Vorschriften.

Weinbrand wird ebenfalls wie Rum in 3 Prozeßschritten hergestellt: Gärung, Destillation und Reifung in Eichenfässern. Im Gegensatz zu dem vergorenen Zuckerrohr, aus dem man den Rum destilliert, hat aber der Wein, von dem man ausgeht, schon ein reiches Bukett, von dem sich ein großer Teil im Weinbrand-Aroma wiederfindet. Neu ist gegenüber Wein die erwünschte und bei höheren Alkoholgehalten bevorzugte Acetalbildung sowie die Extraktion vorwiegend phenolischer Aromastoffe aus dem Eichenholz. Man kann also auch hier mit Substanzen vom Typ Eugenol und p-Ethylphenol rechnen; ansonsten bestehen aber bezüglich der Schlüsselverbindungen noch weitgehend Unklarheiten.

Cognac darf ausschließlich aus Weinen der Charente gebrannt werden, deren Hauptstadt diesem französischen Edelprodukt den Namen gab.

Whisky

Whisky, ein Branntwein aus Destillaten verzuckerter und vergorener Maischen aus Gerstenmalz, Weizen oder Roggen, der auch später in Eichenfässern reift, kommt mit mindestens 43 % Alkoholgehalt in den Handel.

Im schottischen Whisky wird das Malz zusätzlich im Torffeuer geräuchert, beim irischen, kanadischen und Bourbon-Whisky jedoch nicht. In allen Whiskysorten kann man also mit Eugenol und p-Ethylphenol rechnen, die aus dem Eichenholz der Fässer herausgelöst wurden. Der schottische Whisky enthält darüber hinaus die Räucherrauchprodukte des Torfes, und zwar scheint es sich vor allem um Verbindungen vom Guajakol-Typ zu handeln.

Trotz umfangreicher Arbeiten mit weit über 300 nachgewiesenen Substanzen (41.14) sind bisher keine eigentlichen Schlüsselverbindungen erkannt worden.

4.8 Tabak

4.8.1 Kautabak

Kautabak war vor einigen Generationen bei Bergleuten populär, da bei ihrer Arbeit unter Tage offene Flammen verboten waren, und man daher, anstatt zu rauchen, Kautabak priemte. In den folgenden Jahren wandelte sich dieses Konsumverhalten grundlegend. Kautabak spielt heute keine Rolle mehr, man erhielt ihn aus schweren Sorten von Tabak, z.B. Kentucky, getränkt mit Soßen aus süßen und würzigen Stoffen.

4.8.2 Schnupftabak

Zur Herstellung von handelsüblichem Schnupftabak wird zerkleinerter, gesoßter Tabak mehrere Monate zur Ausbildung seines speziellen Aromas nachfermentiert. Man trocknet anschließend diese Masse, mahlt, siebt und versetzt sie mit Salzlösungen, Glycerin, Paraffinöl, evtl. mit Gewürzen wie Nelken und Zimt oder Verbindungen wie Menthol.

4.8.3 Rauchtabak

Das Tabakrauchen wurde 1492 von *Kolumbus* in Mittelamerika beobachtet und kam kurz darauf nach Europa. 1560 schickte der französische Gesandte *Nicot* (Nikotin) Tabaksamen von Portugal nach Paris. *Walter Raleigh* führte das Rauchen 1586 in England ein, und von dort kam es nach Holland. Rotterdam und Amsterdam wurden bald die Hauptumschlagstätten für Tabak.

Vom 17.-19. Jahrhundert war das Schnupfen von Tabak verbreiteter als das Rauchen. Seit der Einführung der Zigarre und insbesondere der Zigarette im Jahre 1863 bürgerte sich jedoch immer mehr das Rauchen ein.

Die Tabakpflanze *Nicotiana tabacum* gedeiht am besten in mildem, feuchtem Klima von mindestens 15 °C im Jahresdurchschnitt und 650 mm Regen. Im Herbst werden die Tabakblätter geerntet, dann 6—8 Wochen auf Schnüren getrocknet und anschließend fermentiert. Im Orient bevorzugt man nach leichter Vergilbung die Sonnentrocknung, in den USA die Heißlufttrocknung. Diese Verfahren sind für die spätere Aroma-Bildung wichtig. Von entscheidender Bedeutung ist indessen die Provenienz: Tabak aus Kuba, Sumatra, Brasilien und den Philippinen wird gern für Zigarren verwandt, der aus Maryland (244) für Pfeifentabake; für Zigaretten bevorzugt man Orient-, Virginia-, Burley- und Marylandtabake.

4.8.4 Tabaksoßen

Den fermentierten Tabak verbessert man in den Fabriken noch im Aroma, oft nur durch Sortenmischung: Sonnengetrocknete Orient- und türkische Tabake werden z.B. ohne zusätzliche Behandlung verwendet. In anderen Fällen, insbesondere bei luftgetrockneten Burley-Tabaken, die von Hause aus recht aromaschwach sind, erfolgt bei erhöhten Temperaturen die sog. Soßung (109).

Die Tabaksoßen sind wäßrige Lösungen bzw. Dispersionen von Zuckern, Feuchthaltemitteln, organischen Säuren, Aromastoffen, schimmelverhütenden Substanzen und Zusätzen, welche die Verbrennungsgeschwindigkeit regulieren.

Zucker sind mengenmäßig die wichtigsten Soßenbestandteile. Sie wirken allgemein durch ihren Einfluß auf die Schwere eines Tabaks und durch die Absenkung des pH-Wertes. Reduzierende Zucker sind wichtig für die beim Rauchen ablaufenden *Maillard*-Reaktionen und den *Strecker*-Abbau, wobei Saccharose, Zuckersirup, Glucose, Honig und Invertzucker verwandt werden. Zur Abmilderung stechender Noten, insbesondere von basischen Verbindungen, scheint Fructose besser geeignet zu sein als Glucose und Saccharose.

Feuchthaltemittel reduzieren den Einfluß der umgebenden Luftfeuchtigkeit, sie erhöhen die Geschmeidigkeit des Tabakblattes und vermindern die Staubbildung. Gern verwendet man dazu Verbindungen wie Glycerin, Sorbit und 1,2-Propylenglykol.

Als Aromastoffe setzt man natürliche, naturidentische und synthetische Verbindungen ein. Da die Soßung bei Temperaturen von mindestens 100 °C erfolgt, fügt man flüchtige Aromakomponenten nicht bei der Soßung zu, sondern als sog. Aromaspitzen erst später bei niedereren Temperaturen. In den Soßen verwendet man aber gern Komponenten wie Kakaopulver, Lakritzsaft, Fruchtsäfte oder deren Extrakte, Tonkabohnen (= Cumarin, Waldmeister-Note).

Nicht-flüchtige organische Säuren sind bei der Soßung von Blattrispen wegen deren Cellulose nötig. Die Soßen werden warm im Soßungszylinder auf den Tabak gesprüht.

Luftgetrocknete leichte Burley-Tabake haben eine sehr offene Zellstruktur und absorbieren daher gut die Soßen und auch die Aromaspitzen. Typisch für Burley-Tabake sind relativ niedrige Zuckergehalte bei relativ hohem Proteingehalt. Der pH-Wert des Rauches ist daher vergleichsweise hoch, so daß er ,,beißen`` kann. Gibt man nun erhöhte Zuckermengen zu der Soße und erhitzt dann, so verflüchtigen sich die niederen Amine, und die Aminosäuren/Proteine reagieren teilweise zu nichtflüchtigen *Maillard*-Produkten und zu flüchtigen *Strecker*-Aldehyden. Der pH-Wert sinkt dabei auf annehmbare Werte. Diese Operation findet im sog. Burley-Toaster statt, einem Trockner in drei Stufen mit einem Förderband. In der ersten Stufe behandelt man Tabak und Soße mit Heißluft von 120—160 °C, im zweiten Abschnitt wird mit Luft gekühlt, und in der dritten Stufe erfolgt die Rückfeuchtung des Tabaks mit Wasser und Dampf. Fettarmes Kakaopulver ist ein typischer Bestandteil von Burley-Soßen.

Heißluftgetrocknete Virginia-Tabake sind nicht so hitzeresistent wie Burley-Tabake. Man muß die Soßung hier bei niedrigeren Temperaturen durchführen. Klassische Virginiasoßen enthalten Lakritzsaft sowie Extrakte aus Pflaumensaft und Tonkabohnen.

Sonnengetrocknete Orient- und türkische Tabake erweisen sich als sehr empfindlich gegen höhere Temperaturen. Sie werden in der Hitze nämlich bitter; man verzichtet daher in diesem Falle auf die Soßung.

4.8.5 Aromaspitzen

Aromaspitzen werden auf den gesoßten, getrockneten und geschnittenen Tabak aufgesprüht. Hier setzt man alle Verbindungen ein, die durch die vorhergehenden thermischen Behandlungen gelitten hätten, und gibt so dem Tabak das „Finish". Menthol in unterschwelligen Konzentrationen gilt als klassische Aromaspitze. Daneben findet man in der einschlägigen Patentliteratur für Tabakaromasoßen eine ganze Reihe von Verbindungen, die sich als Lebensmittelaromen bewährt haben, von den γ-Lactonen der Pfirsiche bis zu den Pyrazinen von Puffmais (109,110,111).

4.8.6 Tabakrauch

Der Tabakrauch ist ein komplexes Aerosol. In der Glutzone findet die Verbrennung statt und ergibt Kohlendioxid, Kohlenmonoxid, Benzpyren, Wasser und weitere Verbrennungsprodukte. In der anschließenden Zone spielen sich eine Reihe thermisch bedingter Reaktionen ab, wie die Bildung von *Maillard*-Produkten und *Strecker*-Aldehyden. Durch den intermittierenden Zug des Rauchers kommt es nun zu einer Art pulsierender Wasserdampfdestillation, in der sowohl Produkte aus der Glutzone und der thermischen Zone als auch etherische Öle der Aromaspitzen zum Mund des Rauchers gelangen. Allerdings spielen sich in der kühleren Zone des Tabakproduktes weitere Adsorptionsprozesse ab, was ganz gezielt auch in einem Filtermundstück vor sich gehen kann. Bei der orientalischen Wasserpfeife schickt man den Rauch durch ein läuterndes Bad.

Die geradezu explosionsartige Zunahme der Kenntnisse über Tabakrauch ergibt sich schon allein daraus, daß aus einer Arbeit aus dem Jahre 1967 über 400 Komponenten des Tabakrauches bekannt sind (112), während man sechs Jahre später (113) schon von 6000 Verbindungen sprach oder allein in dem wasserlöslichen Anteil von Zigarettenrauch 479 Verbindungen identifizierte (114) bzw. in einem Labor allein im Burley-Tabak 208 Verbindungen fand (115).

Diesem beeindruckenden Bild steht allerdings keine adäquate Einsicht in die sensorische Relevanz dieser Befunde gegenüber. Zwar behauptet eine Reklame aus dem Jahre 1972 (116) von über 2000 Komponenten, die man aus dem Rauch einer gewissen Zigarettensorte isoliert habe, davon seien 5%, d.h. 100 Substanzen, „Schlüsselverbindungen".

Bezeichnenderweise erschienen später nie mehr Anzeigen mit solchen Aussagen. Wir kennen also einerseits nicht die 100 ,,Schlüsselverbindungen", andererseits schließt schon allein die Zahl von 100 Substanzen das Wort Schlüsselverbindung aus. Im Tabakrauch werden Vertreter praktisch aller relevanten Substanzgruppen wie Säuren, Alkohole, Ester, Aldehyde, Ketone, Amine, Pyrazine, Phenole gefunden. Es wurde zwar auch schon ein Thiophenderivat nachgewiesen; jedoch scheinen Schwefelverbindungen, wenn überhaupt, dann nur von untergeordnetem Einfluß zu sein. Wie weiter oben bei der Betrachtung der Tabak-Aromaspitzen bereits berichtet, kann man hier praktisch jedes Lebensmittelaroma zusetzen. Voll der Problematik bewußt und trotz fehlender Detailuntersuchungen wird in Abb. 82 versucht, das Aromagramm von Tabakrauch aufzuzeichnen.

Schlüsselverbindungen:

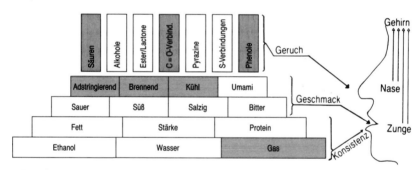

Abb. 82 Aromagramm von Tabakrauch

Nikotin ist die geistig anregende und stimulierende Komponente im Tabak.

Nicotin

Über die gesundheitsschädliche Wirkung von Kohlenmonoxid, 3,4-Benzpyren und weiteren Polyaromaten wurde berichtet (106, 107, 117, 225, 226).

3,4-Benzpyren

4.9 Sonstiges

4.9.1 Speiseessig

Selbstverständlich ist die Schlüsselverbindung im Aroma von Speiseessig die Essigsäure. Bei näherer Betrachtung ergeben sich aber noch eine Reihe weiterer Gesichtspunkte. Essigsäure ist im Aromagramm sowohl im Geschmackssockel vertreten, wie die nichtflüchtigen Verbindungen Citronensäure oder Bernsteinsäure, als auch in dem Feld ,,Säuren'' bei den Verbindungen, die in den Geruch eingehen. Reine 100%ige Essigsäure, eine wasserhelle, stechend riechende Flüssigkeit, erstarrt schon bei + 16 °C zu eisähnlichen Kristallen; daher der Name Eisessig. Im Handel erhält man gewöhnlichen oder einfachen Essig mit 3,5—7,0% Essigsäure, Doppelessig mit 7,0—10,5% Essigsäure, und bei einem Essigsäuregehalt von mehr als 15,5%, meist zwischen 60,0 und 70,0%, spricht man von Essigessenz.

Je nach Herkunft unterscheiden wir Synthese-, Branntwein- und Weinessig. Essigessenz kommt meist aus der Kohle- oder Petro-Chemie. Der daraus durch Verdünnung bereitete Syntheseessig hat das härteste, primitivste Aroma. In Branntweinessig wurde zusätzlich Essigsäureethylester nachgewiesen, und in dem viel stärker aromatischen Weinessig fand man zusätzlich, aus der Gärung stammend, Isobutylalkohol und Isoamylalkohole, ihre Essigsäureester sowie Diacetyl. Aus dem mengenmäßigen Verhältnis der beiden Isoamylalkohole, nämlich dem 3-Methyl-1-butanol und dem 2-Methyl-1-butanol, zueinander kann eine Verfälschung von Weinessig mit Syntheseessig nachgewiesen werden (41.15). In Abb. 83 ist das Aromagramm von Speiseessig dargestellt.

Schlüsselverbindung: Essigsäure

Branntweinessig: Essigsäure + Ethylacetat

Weinessig: Essigsäure + Ethylacetat + Isobutanol
+ Isoamylalkohole
+ Essigsäureester von Isobutanol +
Isoamylalkoholen
+ Diacetyl

Schlüsselverbindungen: Essigsäure
+ Spurenverbindungen, s. Schema

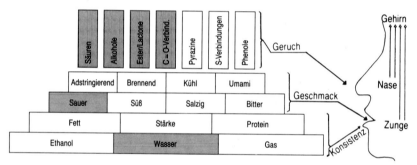

Abb. 83 Aromagramm von Speiseessig

Werden Essig oder essighaltige Speisen in Gefäßen aufbewahrt, die Blei enthalten, sei es als Legierung, Lot oder Glasur, so bildet sich das giftige und süßschmeckende Bleiacetat, von Toxikologen ironisch „Erbschaftszucker" genannt (dem nach neueren Untersuchungen unbeabsichtigt auch eine Reihe römischer Kaiser zum Opfer gefallen sein sollen, die man bisher nach *Tacitus* meist auf das Konto gezielter Giftmorde buchte).

Aus den USA sind in letzter Zeit die sog. Dressings zu uns gekommen. Diese Dressings stellen Salatsoßen dar, die der guten alten Essig-Öl-Mischung, die nun als French-Dressing bezeichnet wird, Konkurrenz machen. Basis ist auch hier die Essigsäure. Angereichert sind diese Produkte mit Gewürzen wie z. B. Pfeffer, mit Kräutern wie z. B. Dill, mit weiteren

Lebensmitteln wie Tomatenketchup oder Blauschimmelkäse; statt Essig kann auch Citronensäure die saure Komponente stellen.

4.9.2 Brot und Gebäck

Beim Backvorgang, sei es nun bei Brot, Kuchen oder Gebäck, finden eine Reihe von Reaktionen zwischen Proteinen/Aminosäuren und Kohlehydraten/Zuckern vom *Maillard*-Typ statt, und es entstehen die für das Aroma entscheidenden Verbindungen wie *Strecker*-Aldehyde, Pyrazine, Furfural.

Aldehyde

Pyrazine

Furfural

Maltol

Schlüsselverbindungen: Aldehyde
Pyrazine
Furfural
Maltol

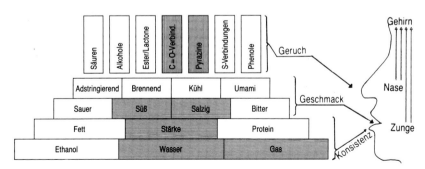

Abb. 84 Aromagramm von Brot, Kuchen, Gebäck

Selbstverständlich kann man dieses Aromagramm nur als vereinfachtes Grundmuster betrachten (104).

4.9.3 Reis

Reis, die für Ostasien wichtigste Getreideart mit einer Weltproduktion im Jahre 1980 von über 400 Millionen Tonnen, hat ein spezifisches Aroma, als dessen Schlüsselverbindung 2-Acetyl-1-pyrrolin erkannt wurde (220):

2-Acetyl-1-pyrrolin

Schlüsselverbindungen: 2-Acetyl-1-pyrrolin

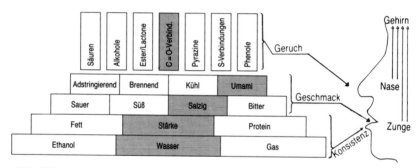

Abb. 85 Aromagramm von Reis

4.9.4 Honig

Der von Bienen aus Nektar hergestellte Blütenhonig ist eine durchscheinende, dickflüssige Masse von gelber Farbe. Er besteht aus 70 bis 80 % Invertzucker (Fructose und Glucose), etwa 20 % Wasser, Spuren von Wachs, Pollenkörnern, Farb- und Aromastoffen. Im Honig kommen zwar auch Phenylacetaldehyd und Phenylethanol vor, diese Verbindungen weisen auch Honigaroma auf, aber die Schlüsselverbindung von Honig scheint die Phenylessigsäure zu sein (102).

$$\langle\bigcirc\rangle-CH_2-C\begin{matrix}\nearrow O \\ \searrow OH\end{matrix}$$

Phenylessigsäure

Aus Phenylalanin und Zuckern bildet sich beim Erwärmen Phenylacetaldehyd; dies könnte evtl. als Honigaroma für Backwaren, die konventionell mit Honig hergestellt werden, interessant sein.

Schlüsselverbindungen: Phenylessigsäure

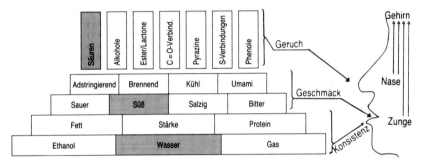

Abb. 86 Aromagramm von Honig

4.9.5 Speiseeis

Unter Speiseeis versteht man im allgemeinen Zubereitungen aus einer Flüssigkeit wie Milch, Zucker, Sahne, aromagebenden Stoffen und Bindemitteln, durch Gefrieren zubereitet und zum Verzehr im gefrorenen Zustand bestimmt. Charakteristisch ist die Auflockerung des Speiseeisgefüges während des Gefriervorganges durch untergeschlagene Luft. Die feinen Gasbläschen in Eis wirken einer zu starken örtlichen Unterkühlung des Mundes oder der Zähne entgegen. Die Volumenzunahme in % wird als Aufschlag bezeichnet, sie liegt bei ,,handgemachtem" Konditoreis bei 50%, in industriell gefertigtem Speiseeis bei 90%.

Als aromagebende Stoffe können Obst oder Obsterzeugnisse, Gewürze wie Vanille oder andere Lebensmittel wie Kakao eingesetzt werden.

Fruchteis stellt eine aufgeschäumte und gefrorene Suspension dar, Eiscreme eine aufgeschäumte und gefrorene Emulsion mit Wasser als kontinuierlicher Phase. Der Aromaerhalt bei der Lagerung bringt bei Fruchteis keine Probleme, auch bei Fruchteiscremes nicht, falls, wie z. B. im Falle von Zitroneneiscreme, die entscheidenden Aromabestandteile relativ hydrophil sind. Sind sie hydrophober, wie im Falle von Erdbeereiscreme, so werden sie aufgrund des *Nernst'*schen Verteilungskoeffizienten zwischen Wasser- und Fettphase in die Fetttröpfchen diffundieren und damit beim Eislutschen nicht zur Verfügung stehen. In solchen Fällen bewährt sich die Applikation der Früchte in getrennten Schichten von Soßen, da dann die Möglichkeit des Auswanderns der Aromastoffe in die Fetttröpfchen auf ein Minimum reduziert ist. In Kapitel 5 werden die Fragen des Aromaerhalts und die Anwendung des *Nernst'*schen Verteilungssatzes detailliert besprochen. Das verallgemeinerte Aromagramm von Speiseeis ist in Abb. 87 dargestellt.

Schlüsselverbindungen:

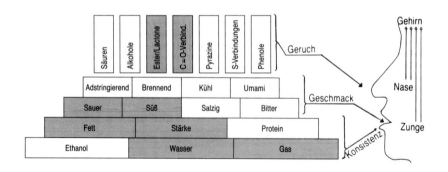

Abb. 87 Aromagramm von Speiseeis

Dieses Aromagramm läßt naturgemäß einen weiten Spielraum, der aber für die verschiedenen Arten von Speiseeis unumgänglich erscheint.

4.9.6 Süßigkeiten

4.9.6.1 Pfefferminztabletten

Die beliebten Pfefferminztabletten gehören zur Gruppe der Komprimate, d. h. den Süßigkeiten, die kalt aus Zucker, evtl. unter Zusatz von geringen Mengen von Binde- und Gleitmitteln, wie Talkum und Magnesiumstearat, zu Tabletten, Bonbons etc. gepreßt werden. Aromagebender Zusatz ist das Pfefferminzöl, die Schlüsselverbindung somit (-)Menthol.

4.9.6.2 Fruchtdrops

Fruchtdrops werden meist durch Einkochen wäßriger Zuckerlösungen hergestellt und sind nur in Ausnahmefällen Komprimate. Im Geschmack herrscht Süß/Sauer vor. Bei den flüchtigen Verbindungen handelt es sich im wesentlichen um die bekannten Fruchtester.

4.9.6.3 Schaumzuckerwaren

Als schaumstabilisierende Stoffe werden hier vorwiegend Proteine wie Eialbumine, Gelatine, modifizierte Caseine und Sojaproteine eingesetzt. Die Aromatisierung erfolgt meistens in Richtung Pfefferminz oder Frucht.

4.9.6.4 Eukalyptus-Bonbons

Schlüsselverbindung des Eukalyptusöls, des entscheidenden Bestandsteils von Eukalyptusbonbons, ist das 1,8-Cineol, auch Eukalyptol genannt.

1,8-Cineol = Eukalyptol

4.9.6.5 Eiskonfekt

Durch die Verwendung schnell schmelzender Fette, wie z. B. Kakaobutter oder Kokosfett, wird bei Eiskonfekt, das oft Kakao als aromagebende Komponente enthält, durch den Entzug der Schmelzwärme im Mund ein angenehm kühlender Effekt erzielt. Oft unterstützt man diesen Effekt noch durch die kühlende Wirkung von Menthol.

4.9.6.6 Lakritz

Lakritzen sind Süßwaren, die ihr charakteristisches Aroma durch Zusatz von mindestens 5 % Süßholzextrakt erhalten. Die süße Schlüsselverbindung von Lakritz ist Glycyrrhizinsäure (s. auch Kap. 3.2.1).

Schlüsselverbindungen: Glycyrrhizinsäure

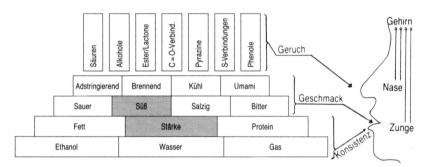

Abb. 88   Aromagramm von Lakritz

Die schwarze Farbe der Lakritzen erzielt man durch Zugabe von Zuckercouleur. Es kann nicht ausgeschlossen werden, daß auch der Geschmack der Lakritzen durch Zuckercouleur beeinflußt wird.

4.9.6.7 Salmiakpastillen

Neben Süßholzextrakt und Anisöl enthalten Salmiakpastillen bis zu 2 % Ammoniumchlorid, als frei verkäufliche Arzneimittel bis zu 8 % (Ammoniumchlorid gilt als Expectorans, als schleimlösendes Mittel bei Erkältungen). Ammoniumchlorid allein schmeckt eher salzig; offensichtlich entsteht der brennend-scharfe Geschmack der Salmiakpastillen durch die synergistische Wirkung von Glycyrrhizinsäure und Ammoniumchlorid.

Schlüsselverbindungen: Glycyrrhizinsäure
Ammoniumchlorid

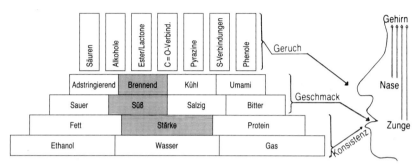

Abb. 89 Aromagramm von Salmiakpastillen

4.9.6.8 Marzipan

Hergestellt aus Mandeln und Zucker, enthält Marzipan als Schlüsselverbindung Benzaldehyd. Zum süßen Geschmack kann, da die Mitverarbeitung bitterer Mandeln bis zu 12 % des Mandelgewichts gestattet ist, eine bittere Note treten. Im klassischen Marzipan runden Spuren von Rosenwasser das Aroma ab.

Schlüsselverbindungen: Benzaldehyd

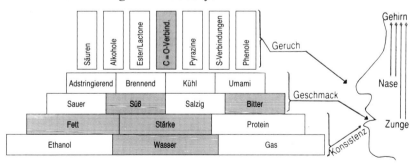

Abb. 90 Aromagramm von Marzipan

unipektin

Unipektin baut:
- Aroma-, Entschwefelungs- und Eindampfanlagen für alle Fruchtsäfte
- Eindampfanlagen für pulpöse Fruchtsäfte und Pürees
- Anlagen für die Herstellung alkoholarmer, alkoholfreier Weine und Biere
- Wärmeaustauscher für hochviskose Flüssigkeiten.

Unipektin plant:
komplette Verarbeitungslinien für Äpfel, Trauben, Beeren und Zitrusfrüchte.

Unipektin AG Schweiz
Dufourstrasse 48, CH-8034 Zürich
Tel. 01/47 54 44, Telex 816 551 CH
Telefax 01/251 71 89

5. Herstellung von Lebensmittelaromen

Der Begriff Lebensmittelaroma wird in zweifacher Hinsicht verwendet. Einerseits bezeichnet man als Lebensmittelaroma das einem Lebensmittel inhärente Aroma (darauf bezogen sich unsere bisherigen Betrachtungen), andererseits aber auch die einem Lebensmittel zuzusetzenden Substanzen, um sein Aroma zu verbessern bzw. ein Aroma zu erzeugen. In vorliegendem Kapitel wird von Lebensmittelaromen in diesem zweiten Sinn gesprochen werden.

Wozu braucht man überhaupt diese (zusätzlichen) Lebensmittelaromen? Schon die klassische küchenmäßige Zubereitung von Speisen verzichtet nicht auf die Zugabe von ,,zusätzlichen" Lebensmittelaromen wie Salz, Gewürzen usw. Bei der industriellen Herstellung von Lebensmitteln gar ist ohne die Verwendung zusätzlicher Lebensmittelaromen nicht auszukommen. Die mannigfachen Gründe dafür lassen sich auf wenige Grundprinzipien zurückführen: Zunächst muß man die Uneinheitlichkeit des Ausgangsmaterials berücksichtigen. Früchte werden einmal reifer, einmal weniger reif angeliefert, ihr Wassergehalt schwankt innerhalb gewisser Grenzen, oder bei Schlachttieren geht in die Fettsäurezusammensetzung ihrer Körperfette die Zusammensetzung der Futterfette mit ein, und wie in Kap. 2.3 gezeigt wurde, bilden sich z. B. eine ganze Reihe von Aromen aus den Fetten. Ferner ist bei der industriellen Produktion praktisch immer eine Pasteurisierung oder Sterilisierung erforderlich, und bei diesen erhöhten Temperaturen treten oft Aromaverluste auf. Da die Abtötungsrate von Mikroorganismen einen höheren Temperaturkoeffizienten hat als übliche chemische Reaktionen, versucht man durch Erhitzen auf 120 bis 130 °C, die sog. UHT-Sterilisierung (Ultra High Temperature), während nur Bruchteilen von Sekunden bis Sekunden diese Verluste auf ein Minimum zu beschränken. Biochemisch gesehen, wird dabei die Desoxyribonucleinsäure, die Erbsubstanz der Mikroorganismen, zerstört. Offensichtlich sind diese Verbindungen thermisch noch empfindlicher als Proteine.

Außerdem erwartet man von industriell hergestellten Lebensmitteln allerseits längere Haltbarkeitszeiten. Aus Gründen, die später erörtert werden, ist bei der Lagerung oft mit Aromaverlusten zu rechnen. Bei der Reifung von Käse oder Wein stehen enzymatisch-mikrobiologische Vorgänge im Vordergrund, die zu einer Aromaverbesserung führen. Diese Reifungsvorgänge bedürfen einer intensiven fachmännischen Beobachtung und Betreuung; ähnliches gilt für die Reifung von Sekt, Cognac, Rum und Whisky.

Weiterhin gibt es Lebensmittel, die ihr Aroma allein den zugesetzten Lebensmittelaromen verdanken, wie z. B. Margarine. In diesem speziellen Falle betrachten wir auch die zugesetzte gesäuerte Milch als Lebensmittelaroma.

Ein weiterer Grund für die Aromatisierung eines Lebensmittels ist die Schaffung eines unverwechselbaren Aroma-Profils für das bestimmte Lebensmittel, wodurch sich das Produkt eindeutig von Konkurrenzprodukten abhebt und dadurch ohne jegliche bzw. ohne große Werbe- und Marketing-Strategien den Käufer zum Kaufen anregt.

Ein weiteres äußerst wichtiges Anwendungsgebiet von Lebensmittelaromen stellen Diätlebensmittel dar. Dieser Markt mit gewaltigen Zukunftschancen beginnt sich langsam zu formieren: Lebensmittel für Diabetiker, kochsalzreduzierte Produkte, niedrigkalorische Marken stellen erst einen Anfang dar.

Wir werden uns zunächst den beiden großen Gruppen der natürlichen und der naturidentischen Aromen zuwenden. Die künstlichen Lebensmittelaromen — sie spielen in der Bundesrepublik Deutschland nur eine geringe Rolle — schließen sich dann an.

5.1 ,,Natürliche" Aromen

,,Natürliche" Aromastoffe im Sinne des Gesetzes werden ausschließlich aus natürlichen Ausgangsstoffen durch physikalische oder fermentative Verfahren gewonnen.

5.1.1 Fermentative Verfahren zur Aromagewinnung

Hierher gehört die große Gruppe der aus Milch mikrobiell hergestellten Produkte, ähnlich wie Joghurt oder Käse. Die Versuchsbedingungen sind hier aber so ausgelegt, daß besonders aromaintensive Produkte entstehen.

Mit Hilfe der Submerskultivierung, bei der man in großen, hermetisch abgeschlossenen Tanks ausgewählte Stämme von Mikroorganismen unter genau definierten Bedingungen von pH-Wert, Gaszufuhr, Rührgeschwindigkeit und Nährstoffangebot submers wachsen läßt, erhält man ein intensives Wachstum derjenigen Mikroorganismen, an deren Stoffwechselaktivitäten man interessiert ist. Dieses Verfahren feierte seine Triumphe in der Pharmazie z. B. bei der Herstellung von Antibiotika oder bei einzelnen Schritten der Synthese von Ovulationshemmern. Für die Lebensmittelindustrie können auf diese Weise Citronensäure oder l-Aminosäuren hergestellt werden.

Aus Fetten durch Lipasewirkung erhaltene Fettsäuren gelten als ,,natürlich''. Erstaunlicherweise gelten aber laut Gesetz dieselben Fettsäuren, aber durch Alkaliverseifung erhalten, nicht als ,,natürlich'', weil die Verseifung ein chemischer Vorgang ist.

Bezeichnenderweise erschien zu dieser Frage der ,,natürlichen'' Verbindungen in ,,Nature'' ein Artikel (161) unter der provokanten Überschrift: ,,*Friedrich Wöhler, R. I. P.*''. ,,Requiescat in pace'', ,,Möge er in Frieden ruhen'', die feierliche Grabinschrift wird bemüht, denn die *Wöhler*'sche Harnstoffsynthese im Jahre 1828 stellte zum ersten Mal eine organische Verbindung aus anorganischen Ausgangsmaterialien her und zerstörte die Jahrhunderte alte Hypothese der Lebenskraft, der ,,vis vitalis''. Aber offensichtlich erwies sich die ,,vis vitalis'' doch als stärker.

Ein Blick über die Grenzen zeigt, daß das italienische Lebensmittelrecht beispielsweise nur den Zusatz von Verbindungen gestattet, deren Vorkommen in pflanzlichen Lebensmitteln nachgewiesen ist (187).

5.1.2 Physikalische Verfahren zur Aromagewinnung

Zu den physikalischen Verfahren der Aromagewinnung gehören einerseits das Auspressen, andererseits die Destillation, vorwiegend in Form der Wasserdampfdestillation, und dazwischen liegen die Extraktionsverfahren. Wir ordnen letztere nach sinkendem Siedepunkt der Extraktionsmittel von der Extraktion mit Fetten über die mit Wasser und organischen Lösungsmitteln bis hin zur Extraktion mit überkritischen Gasen wie Kohlendioxid, der Distraktion.

5.1.2.1 Auspressen

Das Auspressen ist fast ausschließlich auf die Gewinnung temperaturempfindlicher Agrumenöle beschränkt; eine höhere Temperatur würde nämlich den frischen Duft von Zitronen-, Orangen- und Mandarinenöl beeinträchtigen. Die Öle sind in den Fruchtschalen in Drüsen von 0,4—0,6 mm Durchmesser enthalten. Das ausgepreßte Öl fällt in Form einer wäßrigen Emulsion an, die früher von Hand im sog. Schwammverfahren, heute durch Zentrifugieren getrennt wird.

5.1.2.2 Wasserdampfdestillation

Die Wasserdampfdestillation ist die älteste und wegen ihrer niederer Kosten auch heute noch die wichtigste Methode zur Gewinnung von Aromen aus Pflanzen. Oft müssen die Pflanzenteile vorher durch Zerkleinern oder durch Einwirkung oft endogener Enzyme für die Destillation vorbereitet werden.

Zweifellos kann bei den Temperaturen der Wasserdampfdestillation schon eine Schädigung der Aromastoffe eintreten, und es erhebt sich die Frage, warum man z. B. in Lebensmittelrezepturen einen Muskatnußextrakt einsetzt und nicht die Muskatnuß selbst. Zwei Gründe sind es, die für den Einsatz der Aromakonzentrate sprechen: Einerseits weisen Gewürze oft eine starke mikrobielle Belastung auf. Bestrahlung und Begasung wendet man wegen möglicher Nebenreaktionen nicht gern an, und trockenes Erhitzen kann dem Aroma schaden. Andererseits sind Gewürze Naturstoffe, die je nach Provenienz und Jahr in verschiedener Aroma-Intensität anfallen. Die Aroma-Industrie liefert nun an die Lebensmittelhersteller Gewürzöle, die mikrobiologisch unbedenklich und in ihrer Intensität standardisiert sind, was eine problemlose Verwendung in Lebensmittelrezepturen erlaubt.

5.1.2.3 Extraktionsverfahren

Wir kommen zum weitaus interessantesten Gebiet der Gewinnung von natürlichen Lebensmittelaromen, nämlich den Extraktionsverfahren.

Extraktion mit Fetten

Bei diesem Verfahren, angewandt insbesondere für die Extraktion von Blütenblättern, extrahiert das Fett aus den welkenden Blüten sich ständig nachbildendes Aroma. Bei dieser ,,Enfleurage à froid'' fällt ein Aromafett an, das mit 96 %igem Alkohol extrahiert werden kann, aber auch als solches von Parfümerien gekauft wird. Da diese Enfleurage sehr arbeitsaufwendig ist, hat man sie praktisch aufgegeben. Wenn in diesem Zusammenhang das Gebiet der Riechstoffe für die Parfümindustrie berührt wird, dann deswegen, weil die Methoden der Aromagewinnung und oft auch die Produkte weitgehend identisch sind. Ferner liefern praktisch alle großen Aromahäuser Aromen sowohl für die Lebensmittelindustrie als auch für die Hersteller von Körperpflege-, Wasch- und Haushaltsreinigungsmittel.

Extraktion mit Wasser(dampf)

Aus Holzminden kam vor 20 Jahren ein äußerst interessantes Verfahren zur Gewinnung natürlicher Lebensmittelaromen (162): Nach dem Blanchieren dampft man schonend im Vakuum ein, fängt die Brüden auf und trennt darin mittels eines organischen Lösungsmittels die Aromastoffe vom Wasser ab. Nach dem Verdampfen des Lösungsmittels setzt man das so erhaltene Aromakonzentrat wieder dem eingedickten Ausgangsmaterial zu. Man könnte also von einer geschickt angewandten Wasserdampfdestillation im Vakuum unter Rückführung der Brüdenextrakte sprechen. Man erhält so z. B. aus

Zwiebeln ein blanchiertes, keimfreies natürliches Zwiebelaroma, das standardisiert seinen Weg in die Lebensmittelindustrie fand.

Extraktion mit organischen Lösungsmitteln

Schon 1835 versuchte man, Duftstoffe von Blüten mit Ether zu extrahieren, 1874 wurde ein Patent auf die Verwendung von Petrolether als Extraktionsmittel erteilt.

Als Standardtechnik wurde in unseren Laboratorien zur Gewinnung von Aromen im Labormaßstab die Entgasung im Hochvakuum, Kondensation der flüchtigen Anteile an einem mit flüssigem Stickstoff (-196 °C) gekühlten Kühlfinger, vorsichtiges Auftauen und Extraktion mit Ethylchlorid angewandt. Nach Abdestillieren des Ethylchlorids bei seinem Siedepunkt von 12,2 °C hinterbleibt ein fett-, wasser- und salzfreies Aromakonzentrat.

Für industrielle Extraktionen scheint n-Hexan das Mittel der Wahl zu sein. Aromatische Verbindungen wie Benzol werden aus gesundheitlichen Gründen nicht mehr benutzt, und bei Halogenkohlenwasserstoffen erlebte man unliebsame Nebenreaktionen mit Lebensmittelbestandteilen.

Das Prinzip, durch tief siedende Lösungsmittel thermische Schädigungen und thermisch bedingte Verluste zu minimieren, ist am intensivsten ausgeprägt bei der Verwendung von überkritischen Gasen wie Propan oder Kohlendioxid als Extraktionsmittel, der Distraktion.

Extraktion mit überkritischen Gasen (Distraktion)

Schon 1969 kamen aus den USA Meldungen über die Verwendung von flüssigem Kohlendioxid zur Extraktion von Aromen aus Lebensmitteln (163). Im überkritischen Bereich kann man Gase wie Propan (Kp -45 °C) oder Kohlendioxid (Kp -31,3 °C) für ein selektiv arbeitendes Verfahren zur Stofftrennung einsetzen, einen Prozeß zwischen Destillation und Extraktion. Außer Aromen lassen sich so auch Coffein aus Kaffee, Nicotin aus Tabakblättern oder Sojaöl aus Sojaschrot extrahieren.

Einer allgemeinen Anwendung steht allerdings der hohe Preis des Verfahrens entgegen — oder auch seine zu große Leistungsfähigkeit. So erhielt man zwar aus Sojaschrot durch Kohlendioxid-Distraktion ein hervorragendes Öl, das aber weniger oxidationsstabil war als ein in herkömmlicher Weise mittels Hexanextraktion erhaltenes Öl. Durch die große Selektivität der Distraktion waren nämlich keine Phosphatide mit extrahiert worden, die bekanntlich als Antioxidantien wirken (164).

Auch Steroidgemische lassen sich selektiv je nach Polarität extrahieren (165).

Der kleine Unterschied

...in der Welt der Aromen.

Pharmarom Aromenfabrikations GmbH

Industriestr. 13 · 6106 Erzhausen · Postfach 1133
Telex 419 689 Arom d · Telefon (0 61 50) 64 00

DESTILLA

Ihr Geschmack ist unsere Aufgabe

Wir machen aus Natur für Sie natürlich nur das Allerbeste

Destilla-Aromen GmbH & Co. KG
Postfach 1136 · D-8860 Nördlingen
Telefon (09081) 3779

AROMEN
ESSENZEN
GRUNDSTOFFE
DESTILLATE
EXTRAKTE
KONZENTRATE
ÄTHERISCHE ÖLE
NATUR-
FARBSTOFFE

5.2 Naturidentische Aromen

Naturidentische Aromen sind den natürlichen chemisch gleich. Am Beginn der Arbeiten steht im allgemeinen die Gewinnung eines authentischen Aromakonzentrates, ein Vorgang, der oft die Übertragung subtiler Labormethoden in den Technikumsmaßstab fordert. So mußten z. B. einmal 50 kg Lebensmittel zur Gewinnung eines Aromakonzentrates aufgearbeitet werden; die Literatur berichtet von bis zu zehnfachen Mengen davon. Wichtig ist hierbei, durch Zumischversuche laufend zu überprüfen, ob das Verfahren zur Aromagewinnung den gesamten Aromakomplex umfaßt und ob keine Artefakte aufgetreten sind. Um keine Ressourcen zu verschwenden, sollte vor der Analyse unbedingt überprüft werden, ob ein artefaktfreies Aromakonzentrat vorliegt.

Zur Analyse bedient man sich heute meistens chromatographischer Verfahren, vorwiegend der Gaschromatografie, wenn möglich gekoppelt mit der Massenspektrometrie.

Nichtflüchtige Verbindungen erfaßt man aus dem Rückstand oder dem Gesamtlebensmittel durch Säulenchromatografie, heute oft in Form der Hochdruckflüssigkeitschromatografie (HPLC), während Aminosäuren durch die Ionenaustauschsäulenchromatografie nach *Moore* und *Stein* bestimmt werden.

Leichtflüchtige Verbindungen erfaßt man vorteilhaft mit integrierten Verfahren, d. h. ohne intermediäre Bildung eines Aromakonzentrates, direkt aus dem Lebensmittel oder dem Kopfraum darüber.

Nach Vorliegen der Analyse wird der Chemiker zunächst vergleichen, welche der gefundenen Verbindungen neu bzw. welche schon publiziert oder gar patentiert sind.

Vor 30 Jahren waren Angaben über die Aromabestandteile von Lebensmitteln noch äußerst spärlich. Heute quillt die Literatur davon über. Leider fehlen fast immer quantitative Analysen und praktisch immer Angaben über die sensorische Relevanz der Befunde.

Wenn man sich nun durch eine Literaturstudie vergewissert hat, daß einige der Verbindungen neu sind, dann müssen diese sensorisch überprüft werden. Hat man Glück, so stößt man auf Schlüsselverbindungen. Andernfalls ist man gezwungen, einen Cocktail aufzubauen. Das kann selbstverständlich nur stufenweise geschehen, wobei nach jeder Stufe sensorische Prüfungen stattfinden. Es empfiehlt sich, feste und flüssige Komponenten voneinander zu trennen.

Eine wertvolle Hilfe bei der Formulierung von Cocktails sind selbstverständlich quantitative Befunde. Man betrachtet dann zunächst die Schwellwerte dieser Komponenten. Schwellwerte (166) sind die minimalen Konzentrationen, in denen Verbindungen noch wahrnehmbar sind. Hat man z. B. in einem Lebensmittel 0,1 % Glucose nachgewiesen und liegt deren Schwellwert bei 1 %, dann muß der süße Geschmack des Lebensmittels von anderen Verbindungen kommen. Nun ist der Schwellwert aber keine absolute Größe, sondern vom Medium abhängig. In Tab. 60 sind die Geschmacksschwellwerte einer Reihe von Aromasubstanzen in verschiedenen Medien (167) zusammengestellt.

Tab. 60 Schwellwerte verschiedener Aromastoffe in diversen Medien [ppm]

Aromastoff	Wasser	Milch	Medium Paraffinöl	Bier	9 % Ethanol-H_2O
Buttersäure	3,0000	25,000	0,60	1,0	4,0000
Capronsäure	5,0000	14,000	2,50	5,0	9,0000
Caprylsäure	0,5000	—	350,00	4,0	15,0000
Isopentanol	0,7000	—	—	75,0	—
Ethylacetat	0,1000	—	—	30,0	17,0000
Isoamylacetat	0,0050	—	—	2,0	0,2000
Propanal	0,0600	0,400	1,60	5,0	—
Butanal	0,0600	0,200	0,15	1,0	—
Hexanal	0,0200	0,050	0,15	—	—
Decanal	0,0009	0,240	1,00	—	—
Diacetyl	0,0040	0,025	—	0,1	0,0025

Wie man sieht, sind die Unterschiede der Schwellwerte in den verschiedenen Medien ganz beachtlich. Noch schwieriger wird die Arbeit dadurch, daß man nicht weiß, ob sich die Schwellwerte z. B. einer Reihe homologer Verbindungen wie Aldehyde addieren, oder ob intensiv schmeckende Verbindungen mit niederem Schwellwert die anderen Komponenten überdecken. (Parfums waren ursprünglich z. B. dazu gedacht, unangenehme Körpergerüche zu kaschieren; oder man setzt heute intensiv riechende Aldehyde ein, um Blutgeruch zu überdecken.) Schwellwerte sind deshalb zwar als ein nützliches Hilfswerkzeug zu betrachten, ihre Bedeutung sollte aber nicht überbewertet werden.

Wie man sieht, sind wir noch weit davon entfernt, mit Hilfe von Computerprogrammen Cocktails zu entwickeln. Als Fernziel ist die generelle Berechnung eines Aromas aus der chemischen Konstitution zu bezeichnen.

Den extremen Gegenpol zu dem soeben skizzierten wissenschaftlichen Weg zur Herstellung von Aromen stellt der sog. ,,Perfumery Approach'' dar. Parfumeure kreieren ihre Produkte hauptsächlich mit der Nase. Auf diesem empirischen Wege werden nicht nur Aromen für Körperpflegemittel, sondern auch Lebensmittelaromen komponiert. Diese Art der Aromaentwicklung steckt allerdings voller Probleme.

Im allgemeinen werden Aromacocktails aus naturidentischen Verbindungen hergestellt. Man kann Cocktails selbstverständlich auch aus natürlichen Aromakomponenten aufbauen; das ist aber vorwiegend eine Frage des Preises. Bei einfachen Verbindungen wie Fettsäuren oder Methylketonen kann man davon ausgehen, daß die ,,natürlichen'' Verbindungen mindestens etwa eine Zehnerpotenz teurer sind als die entsprechenden ,,naturidentischen''. Bei komplizierteren Naturstoffen wie z. B. Linalool kann jedoch das Naturprodukt schon eher mit dem synthetischen Produkt konkurrieren. Es bedarf eben einer sehr sorgsamen Kalkulation, wieviel einem die Deklaration ,,natürlich'' wert ist.

5.3 Synthese von Aromastoffen

Als Beispiel für die Synthese naturidentischer Verbindungen sollen nachfolgend die Herstellung von 1-Octen-3-ol, der Schlüsselverbindung von Champignons, und von cis-3-Hexen-1-ol, dem sog. Blattalkohol, dem wesentlichen Träger frischen grünen Geruchs, beschrieben werden.

5.3.1 Darstellung von 1-Octen-3-ol

Diese Verbindung wurde als Racemat in einer *Grignard*-Reaktion aus den leicht zugänglichen Komponenten Acrolein und Amylbromid hergestellt.

5.3.1.1 Reaktionsschema

$$C_5H_{11}-Br + Mg \rightarrow C_5H_{11}-MgBr$$

$$C_5H_{11}-MgBr + CH_2=CH-\underset{H}{\overset{}{C}}=O \rightarrow C_5H_{11}-\underset{OMgBr}{\overset{}{C}H}-CH=CH_2$$

$$C_5H_{11}-\underset{OMgBr}{\overset{}{C}H}-CH=CH_2 \overset{H_2O}{\rightarrow} C_5H_{11}-\underset{OH}{\overset{}{C}H}-CH=CH_2$$

5.3.1.2 Ausgangsmaterialien

Ether: Der handelsübliche Ether hat oft nur einen geringen Wassergehalt (ca. 0.06% nach *Karl-Fischer*-Titration). Er kann dann ohne Trocknung, aber nach Destillation verwendet werden.

Magnesium: Magnesiumspäne nach *Grignard*

Amylbromid: Das Produkt enthält ca. 5% Amylalkohol, der mit Amylbromid ein Azeotrop bildet. Der Alkohol muß daher vor der Destillation mit konzentrierter Schwefelsäure extrahiert werden.

Acrolein: Das käufliche Acrolein enthält wechselnde Mengen Propionaldehyd, der bei der Umsetzung mit Amylmagnesiumbromid Octanol-3 ergibt. Dieses kann mit den üblichen Laborkolonnen kaum von 1-Octen-3-ol getrennt werden, ein Gehalt von 1,1—1,3% Octanol-3 im Fertigprodukt wird jedoch toleriert. Bei einem hohen Gehalt an Propionaldehyd ist eine fraktionierte Kolonnendestillation des Acroleins erforderlich, sonst genügt eine einfache Kurzwegdestillation.

5.3.1.3 Reinigung der Ausgangsmaterialien

Ether: Der Ether wird auf Peroxide und durch *Karl-Fischer*-Titration auf Wassergehalt geprüft und destilliert.

Amylbromid: 1000 ml n-Amylbromid werden dreimal mit konz. Schwefelsäure (jeweils 200 ml), dann zweimal mit je 200 ml Wasser, anschließend mit 200 ml einer gesättigten Natriumbicarbonatlösung und zum Schluß noch einmal mit Wasser ausgeschüttelt. Man trocknet mit Magnesiumsulfat. Anschließend wird an einer Kolonne mit Glaswendel-Füllkörpern, Füllhöhe 80 cm, unter vermindertem Druck destilliert. Nach einem Vorlauf von etwa 40 ml geht das n-Amylbromid bei 49,6 °C und 46 Torr über.

Kolonnendestillation von Acrolein: Es wird eine Kolonne mit Maschendrahtringen 3 x 3 mm, Füllhöhe 60 cm, verwendet. Die Destillation muß unter Lichtausschluß durchgeführt werden. Sie soll nicht unterbrochen werden und ist möglichst im Verlauf eines Tages durchzuführen, da sonst die Gefahr einer Polymerisation in der Kolonne besteht. In die leeren Vorlagen gibt man 0,2 % Hydrochinon, bezogen auf das Gewicht der erwarteten Fraktionen. Etwa 30 % der eingesetzten Acroleinmenge muß als Vorlauf gerechnet werden. Kp_{748} 51,1—51,8 °C. Sofort nach Beendigung der Destillation wird die Kolonne mit Methanol sauberdestilliert.

Kurzwegdestillation: Unmittelbar vor Gebrauch wird das Acrolein durch Kurzwegdestillation vom Rückstand befreit. Das gleiche gilt für Acrolein, das durch Kolonnendestillation gereinigt worden war.

5.3.1.4 Umsetzung

Man verwendet einen mit Rührer, Tropftrichter und Rückflußkühler mit Trockenrohr versehenen 4-l-Dreihalskolben. In den Kolben gibt man 48 g Magnesiumspäne, einige Kristalle Jod und 50 ml Ether und tropft unter Rühren 300 g Amylbromid in 750 ml Ether so zu, daß der Ether am Sieden gehalten wird. Dieser Vorgang dauert etwa drei Stunden. Anschließend erhitzt man noch eine halbe Stunde am Rückfluß. Dann werden unter starkem Rühren 78 g Acrolein in 200 ml Ether tropfenweise hinzugegeben. Man erhitzt noch weitere 15 Minuten zum Sieden, läßt abkühlen und gießt das Gemisch vorsichtig auf ca. 1,5 kg Eis.

Nach Aufschmelzen des Eises (über Nacht) löst man das Magnesiumhydroxid in etwa 400 ml halbkonzentrierter Salzsäure. Die Etherphase wird mit 5 x 100 ml Wasser neutral gewaschen und anschließend mit Natriumsulfat getrocknet. Man destilliert den Ether ab und erhält 155 g Rohprodukt an 1-Octen-3-ol.

5.3.1.5 Reinigung des 1-Octen-3-ol

Das Rohprodukt wird zunächst bei einem Druck von 1—2 Torr und 60 °C Badtemperatur über eine Brücke destilliert. Bei ca. 40 °C gehen 129 g Destillat über, es bleibt ein Rückstand von 21 g zurück.

Anschließend erfolgt die Feindestillation über eine Kolonne mit Maschendrahtringen 3 x 3 mm als Füllkörper, Füllhöhe 40 cm.
Vorlauf   57—79 °C bei 19 Torr: 9 g
Hauptlauf   79 °C bei 19 Torr: 107 g

5.3.1.6 Ausbeute

Eine Ausbeute von 107 g bedeutet rund 60%, bezogen auf die Menge des eingesetzten Acroleins. Nach der Destillation verbleiben in Kolonne und Blase 22 g praktisch reines 1-Octen-3-ol, das für weitere Destillationen verwendet werden kann.

5.3.2 Darstellung von cis-3-Hexen-1-ol

Um zu einer einheitlichen Konfiguration der Doppelbindung zu gelangen, wurde die korrespondierende 3fach ungesättigte Verbindung, das 3-Hexin-1-ol, selektiv hydriert. Das 3-Hexin-1-ol wurde durch Kondensation von Butin-1 mit Ethylenoxid erhalten.

5.3.2.1 Reaktionsschema

$$CH_3-CH_2-C\equiv CH \xrightarrow{Mg} CH_3-CH_2-C\equiv C-MgCl$$

$$\downarrow + \underset{O}{CH_2-CH_2}$$

$$CH_3-CH_2-C\equiv C-CH_2-CH_2OH$$

$$\downarrow + H_2$$

$$CH_3-CH_2-CH=CH-CH_2-CH_2OH$$

cis-3-Hexen-1-ol

5.3.2.2 Ausgangsmaterialien

Magnesium nach *Grignard*
Ethylchlorid gasförmig
1-Butin, mit Trockeneiskühler kondensiert, Vorlage im Wasserbad von 8—10 °C
Ethylenoxid, mit Trockeneiskühler kondensiert
Tetrahydrofuran zur Analyse

5.3.2.3 Umsetzungen

Impflösung A: Man gibt in einen mit Rührer, Rückflußkühler, Tropftrichter und Gaseinleitungsrohr versehenen Halbliterkolben 12 g Mg, 50 ml Ether und 300 mg Jod und leitet Ethylchlorid ein. Nach fünf Minuten setzt die Reaktion ein, ersichtlich am Verschwinden der Jodfarbe. Nach 15, 35 und

50 Min. werden jeweils 50 ml Tetrahydrofuran innerhalb von drei Minuten hinzugegeben. Nach 75 Min. ist das Magnesium bis auf Spuren gelöst. Man füllt die Reaktionslösung auf 300 ml auf.

Impflösung B: In den Kolben werden 12 g Mg, 50 ml Tetrahydrofuran und 30 ml Impflösung A gegeben und Ethylchlorid eingeleitet. Nach 15 und 30 Min. werden jeweils 50 ml Tetrahydrofuran innerhalb von drei Minuten hinzugesetzt. Gesamte Reaktionsdauer eine Stunde. Die Lösung wird auf 250 ml aufgefüllt.

Butinylmagnesiumchlorid: In einen mit Rührer, Tropftrichter und Thermometer versehenen 1-l-Kolben gibt man 12 g Mg, 50 ml Tetrahydrofuran und 25 ml Impflösung B und stellt Ethylmagnesiumchlorid her. Anschließend wird das Gemisch in einem Kältebad auf 0 °C gekühlt und bei 0—5 °C eine Lösung von 61 ml 1-Butin in 200 ml auf 5 °C gekühltem Tetrahydrofuran zugesetzt. Nach etwa 20 Min. setzt Ethan-Entwicklung ein. Gesamtzugabe etwa drei Stunden. Man hält anschließend noch zweieinhalb Stunden unter Rühren bei dieser Temperatur und läßt dann über Nacht bei Raumtemperatur stehen.

3-Hexin-1-ol: Nach Abkühlung auf 0 °C wird obige Lösung mit etwa 45 ml Ethylenoxid in 100 ml auf 5 °C gekühltem Tetrahydrofuran innerhalb von 2½ Std. versetzt. Die Reaktionstemperatur beträgt dabei ca. 7 °C, die Badtemperatur ca. 1—2 °C. Man rührt noch 4 Std. unter Kühlung und läßt dann über Nacht bei Raumtemperatur stehen.

Unter Eiskühlung werden dann 100 ml Wasser innerhalb von 5 Min. zugetropft. Das Reaktionsgemisch wird zunächst teilweise gallertartig, verflüssigt sich aber im Verlauf der weiteren Zugabe wieder. Die Kolbentemperatur beträgt etwa 15 °C.

Anschließend gibt man innerhalb von 25 Min. 200 ml halbkonzentrierte Salzsäure hinzu, wobei die Temperatur auf 22 °C ansteigt. Es bilden sich 2 Phasen. Man sättigt die Wasserphase mit Kochsalz; die organische Phase wird im Scheidetrichter abgetrennt, die Wasserphase zweimal mit je 100 ml Hexan extrahiert und die vereinigten organischen Phasen mit Natriumsulfat getrocknet und im Vakuum eingedampft.

5.3.2.4 Destillation des 3-Hexin-1-ol

Das Rohprodukt wird an einer Füllkörperkolonne, 40 x 2 cm, Füllkörper Maschendrahtringe 2 x 2 mm, Abnahme ca. 1 Tropfen pro Sek. bei einem Rücklaufverhältnis von etwa 1:20 unter Zusatz von 30 ml n-Nonanol als Schlepper destilliert. Siedepunkt des 3-Hexin-1-ol 60 °C bei 10 Torr. Vor-

und Nachläufe werden an einer Normag-Drehbandkolonne von 50 cm wirksamer Länge bei einer Abnahme von 1 Tropfen/2 Sek. und einem Rücklaufverhältnis von etwa 1:15 redestilliert.

Ausbeute: 26,0 g = 48 %, bezogen auf das eingesetzte Mg.

5.3.2.5 Hydrierung des 3-Hexin-1-ol zum cis-3-Hexen-1-ol

Reagentien:
Palladium auf Calciumcarbonat, 5 % Pd, puriss.,
Chinolin, Erg. B.6,
Essigsäuremethylester

Apparatur:
Hydrierkolben mit Temperiermantel, Magnetrührer und einem mit einer Silicongummischeibe verschlossenen Ansatz zur Entnahme von Proben für die Gaschromatografie.
2 l Gasbürette mit Wasser als Sperrflüssigkeit.

Hydrierung:
Hydrieransatz aus 10 g 3-Hexin-1-ol, 100 ml Essigsäuremethylester, 100 mg Katalysator und 0,1 ml Chinolin. Hydriertemperatur 20 °C. Normaldruck und hydrostatischer Überdruck der Gasbürette (etwa 50 cm Wassersäule).

Der Hydrierungsverlauf wird gaschromatografisch kontrolliert und der Gehalt an 3-Hexin-1-ol durch Dreiecksberechnung ohne Berücksichtigung von trans-3-Hexen-1-ol ermittelt (normales Gaschromatogramm ohne inneren Standard). Die Hydrierung wird bei ca. 1 % 3-Hexenol-1 abgebrochen; die Hydrierzeit beträgt etwa 3 Std.

Aufarbeitung:
Der Katalysator wird durch ein Blaubandfilter abfiltriert und das Lösungsmittel unter vermindertem Druck bei 40 °C Badtemperatur abdestilliert. Das so erhaltene Rohprodukt wird an einer Normag-Drehbandkolonne, 50 cm wirksame Länge, Abnahme ca. 1 Tropfen/2 Sek. bei einem Rücklaufverhältnis für den Vorlauf von ca. 1:30, für den Hauptlauf von etwa 1:25 destilliert. Siedepunkt des cis-3-Hexenol-1 53 °C bei 10 Torr. Ausbeute: 8,3 g = 81 %.

5.4. Künstliche Aromen

Neben den natürlichen und naturidentischen Aromen erlaubt der Gesetzgeber noch die Verwendung einer kleinen Anzahl von künstlichen Aromastoffen. Allerdings müssen diese künstlichen Aromen als solche deklariert werden, und die Mengen sind auch limitiert (s. Tab. 61).

Tab. 61 Künstliche Aromastoffe

Substanz	erlaubte Menge mg/kg	Geruch/Geschmack
Ethylvanillin	250	Vanille
Allylphenoxyacetat	2	Nelken
α-Amylzimtaldehyd	1	Jasmin
Anisylacetat	25	Anis, süß in Fruchtnoten
Hydroxycitronellal	} 25	Maiglöckchen
Hydroxycitronellaldiethylacetal		Lindenblüten
Hydroxycitronellaldimethylacetal		Lilie, Cyclamen
6-Methylcumarin	30	Waldmeister
Methylheptincarbonat	4	Frucht
Moschus ambret	1	Moschus
β-Naphthylmethylketon	5	Orangenblüten
2-Phenylpropionaldehyd	1	Hyazinthe, Flieder, Jasmin
Piperonyl-isobutyrat	3	Heliotrop
Propenylguaethol	25	Vanille
Resorcindimethylether	5	Haselnuß
Vanillinacetat	25	Vanille
NH_4Cl, nur in Verbindung mit Lakritz für Salmiakpastillen	20000	,,Salmiak''

In Tab. 61 fällt auf, daß viele dieser Verbindungen ihren Ursprung auf dem Parfum-Gebiet haben.

5.5 Mikroenkapsulierung

Die Mikroenkapsulierung ist eine Technik, die es gestattet, Aromen in geschützter Form zu applizieren. Ihre Ursprünge liegen nicht auf dem Aromagebiet; sie wurde vielmehr in den 40er Jahren in den USA von Chemikern der *National Cash Register Company* erfunden, um Durchschreibeformulare herzustellen, die ohne Verwendung des üblichen Kohlepapiers Kopien liefern. Man enkapsulierte dazu Farbe in einer opaken Wandmasse zu Mikrokapseln, mit denen man die Rückseite der Formulare imprägnierte: Nur dort, wo durch den Druck des Schreibwerkzeugs die Mikrokapseln platzen, wird die Farbe frei und kopiert. Und dies sind auch schon die wesentlichen Elemente der Mikroenkapsulierung: Eine ,,Füllung", die durch ein Wandmaterial geschützt wird.

Diese Technik wurde nun auch auf dem Gebiet der Lebensmittelaromen verwendet. Natürlich müssen die Wandmaterialien selbst auch Lebensmittelbestandteile sein. Es bewährten sich hierfür Proteine wie Gelatine, Eialbumin, Milchproteine oder Kohlenhydrate wie Stärke, Maltodextrin, Gummi arabicum und auch Mischungen von Proteinen und Kohlenhydraten. Bei der Emulsionsbildung strebt man Tröpfchen von etwa 10μ Durchmesser an. Im Labor verwendet man dazu einen schnellaufenden Mischer, z.B. einen Ultraturrax, im Technikum einen Dispax-Reaktor. Im Labor schließt sich eine Gefriertrocknung an, im Technikum wird das Produkt sprühgetrocknet.

Wozu macht man nun diese recht aufwendige Technik? Hier geht es primär um den Aromaerhalt bei der Lagerung von Lebensmitteln. Um dies verstehen zu können, müssen wir uns zunächst mit dem *Nernst'*schen Verteilungssatz beschäftigen.

5.5.1 Nernst'scher Verteilungssatz

Walter Nernst formulierte 1891, daß eine Substanz sich in 2 nicht mischbaren Flüssigkeiten so verteilt, daß das Verhältnis der Konzentrationen in den beiden Flüssigkeiten für eine gegebene Temperatur konstant ist.

$$\frac{c_1}{c_2} = K$$

c_1 = Konzentration in Flüssigkeit 1

c_2 = Konzentration in Flüssigkeit 2

Die Konstante K ist der Verteilungskoeffizient für die genannte Substanz zwischen den 2 Flüssigkeiten. In Tab. 62 sind als Beispiel die Verteilungskoeffizienten von einigen Alkoholen zwischen Triolein und Wasser bei 18 °C zusammengestellt.

Tab. 62 Verteilungskoeffizienten von Alkoholen steigender Kettenlänge zwischen Triolein und Wasser bei 18 °C.

Alkohol	Verteilungskoeffizient
Methanol	0,0095
Ethanol	0,0350
n-Propanol	0,1550
n-Butanol	0,6300
n-Pentanol	2,3000
n-Hexanol	7,5000

Wie man sieht, steigt der Koeffizient mit steigender Kettenlänge gewaltig an. Nur am Rande sei vermerkt, daß die Pharmakologen für die Wirkung von Betäubungsmitteln wie Chloroform oder Ether auch eine Verteilung zwischen Blutlipiden und Wasser als entscheidend ansehen und eine ganze Theorie der Wirkung dieser Betäubungsmittel aus dem Verteilungssatz ableiten. Auch für Lebensmittel und ihre Aromen gilt der Verteilungssatz (251).

Dazu folgende Beispiele:

5.5.2 Wasser-in-Öl (W/O)-Emulsionen

Unter diesen Oberbegriff fallen Lebensmittel wie Butter, Margarine oder Spreads. Fett stellt die kontinuierliche Phase dar, in der die Wasserphase in Form feiner Tröpfchen emulgiert ist. Bei ,,normal'' aromatisierter Margarine/Butter liegen bei Verzehr in kaltem Zustand die in Abb. 91 dargestellten Verhältnisse vor.

Abb. 91 Margarine, Butter, ,,normal'' aromatisiert, Verzehr kalt

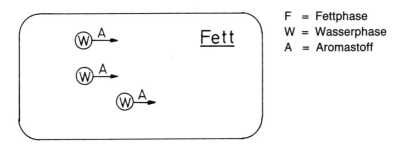

F = Fettphase
W = Wasserphase
A = Aromastoff

Die im allgemeinen lipophilen Aromastoffe gehen im Verlauf der Lagerung zum größten Teil aufgrund ihres Verteilungskoeffizienten in die Fettphase über. Beim Verzehr wird auf der Zunge primär die Wasserphase wirksam, die Fettphase schmilzt langsam auf, die Aromastoffe werden verzögert frei und geben über den Rachenraum den typischen organoleptischen Eindruck. Für diese Ansichten sprechen:

1. die Aroma-Verflachung von Butter und Margarine beim Lagern,
2. die Erfahrung, daß ,,feine'' Emulsionen den organoleptischen Gesamteindruck vermindern.

Es bieten sich folgende Gegenmaßnahmen an:

Ein Teil des Fettes läßt sich ohne Qualitätsverlust mikroenkapsulieren, wie in Abb. 92 dargestellt. Dieses Fett ist nun nur einem verlangsamten Eindringen der Aromastoffe zugänglich, so daß der unten beschriebene Prozeß verlangsamt wird.

Abb. 92 Margarine/Butter mit partiell mikroenkapsuliertem Fett

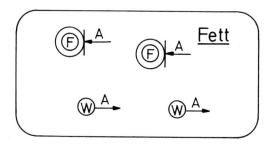

Gegenüber dieser mehr ,,passiven'' Art läßt sich auch ein ,,aktiver'' Aromaschutz konzipieren, indem man das Aroma mikroenkapsuliert. Wie in Abb. 93 dargestellt, können im Verlauf der Lagerung laufend Mikrokapseln zerfallen.

Abb. 93 Margarine/Butter mit mikrokapsuliertem Aroma, Verzehr kalt

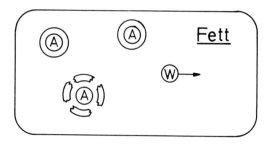

Dieser Sachverhalt ist in Abb. 94 dargestellt.

Abb. 94 Kontinuierliche Aroma-Freigabe

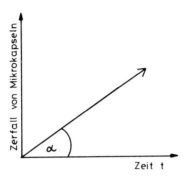

Durch Variation von Wandmaterial, Wandstärke und Durchmesser der Mikrokapseln ist es möglich, die kontinuierliche Abgabe, d.h. den Winkel α in obigem Diagramm, so zu steuern, daß die kontinuierliche Aromaverflachung laufend kompensiert wird.

Eine andere Möglichkeit bestünde darin, die Kapseln so auszulegen, daß sie beim Verzehr zerfallen, sei es durch das Kauen, sei es durch die Diastase des Speichels, durch die Temperaturerhöhung beim Kauen oder sonstige Vorgänge (Abb. 95).

Abb. 95 Diskontinuierliche Aroma-Freigabe zum Zeitpunkt t

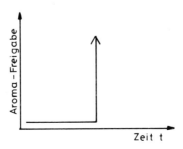

Abb. 96 stellt die Verhältnisse beim Erhitzen normal aromatisierter Margarine/Butter dar. Hier besteht die Gefahr, daß z.B. beim Braten die Aromastoffe aus dem Bratgut herausdestillieren.

Abb. 96 Margarine/Butter, normal aromatisiert, erhitzt

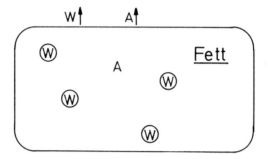

Wie man Abb. 97 entnimmt, wird die Mikroenkapsulierung so ausgelegt, daß die diskontinuierliche Abgabe durch Zerplatzen der Kapseln durch die erhöhte Temperatur des Bratprozesses ausgelöst wird.

Abb. 97 Margarine/Butter mit mikroenkapsuliertem Aroma, Verzehr nach Erhitzen

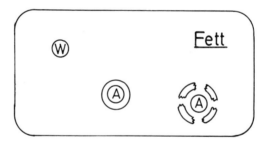

Diese Überlegungen gelten auch, wenn in der W/O-Emulsion der W-Anteil gegen Null geht, d.h. im Falle von Bratölen oder Bratfetten.

5.5.3 Öl-in-Wasser-(O/W)-Emulsionen

Wie in Abb. 98 dargestellt, erfolgt bei der Lagerung solcher Emulsionen eine Verteilung der Aromastoffe zwischen Fetttröpfchen und Wasserphase.

Abb. 98 Schmelzkäse, ,,normal'' aromatisiert, Verzehr kalt.

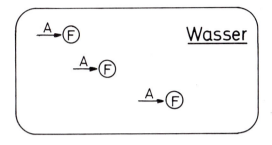

Beim Verzehr spricht primär die Wasserphase die Geschmackspapillen der Zunge an, und durch die Kauarbeit gelangen die flüchtigen Aromastoffe in den Nasen/Rachenraum. Die Tatsache, daß man bei Schmelzkäse keine Aromaverflachung beim Lagern kennt, bzw. daß sich sogar der Geschmack beim Lagern ,,abrundet'' (wohl dadurch, daß die durch den *Nernst*'schen Verteilungssatz festgelegte Verteilung zwischen Fett und Wasser erreicht wird), spricht für diese Anschauungen. Hier ist keine Mikroenkapsulierung nötig. Anders dagegen liegen die Verhältnisse, wenn der Käse warm verzehrt wird, d.h. beim Toasten (Abb. 99).

Abb. 99 Schmelzkäse oder Käse, ,,normal'' aromatisiert, Verzehr warm

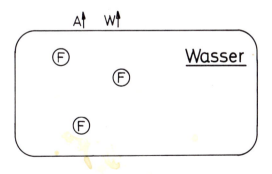

Beim Toasten besteht die Gefahr, daß das Aroma entweicht. Hier bietet sich daher die Mikroenkapsulierung an, wie man Abb. 100 entnimmt. Auch hier muß eine diskontinuierliche Abgabe durch Zerplatzen der Mikrokapseln nach Erreichen der Toasttemperatur angestrebt werden.

Abb. 100 Schmelzkäse oder Käse mit mikroenkapsuliertem Aroma, Verzehr warm

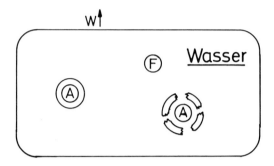

5.5.4 Speiseeis

Bei der Lagerung von Eiscreme geht der größte Teil der meist lipophilen Aromastoffe in die Fettphase.

Abb. 101 Eiscreme, „normal" aromatisiert

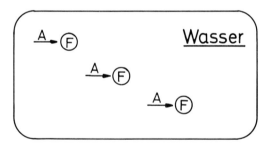

Beim Verzehr wird offensichtlich nur die Wasserphase aufgeschmolzen, die Fetttröpfchen schließen den größten Teil des Aromas ein und entziehen es der Wahrnehmung. Für diese Annahme spricht:
1. nur fetthaltiges Speiseeis, d.h. Eiscreme, zeigt diese Aromaverflachung beim Lagern,
2. reines Wassereis ist aromastabil,
3. Fruchteis ist lagerstabiler als z.B. Schokoladeeiscreme mit ihren hydrophoben Aromakomponenten,
4. durch Anwendung verhältnismäßig dicker Schichten von Fruchtsoßen bleibt auch eine Eiscreme relativ aromastabil.

Zur Verbesserung der Lagerstabilität von Eiscreme bieten sich generell an: Verwendung von partiell mikroenkapsuliertem Fett (s. Abb. 102),

Abb. 102 Eiscreme mit partiell mikroenkapsuliertem Fett

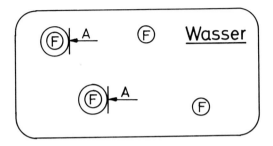

wodurch der Übergang der Aromastoffe in die Fettphase verlangsamt werden soll, oder Einsatz von mikroenkapsuliertem Aroma (s. Abb. 103).

Abb. 103 Eiscreme mit mikroenkapsuliertem Aroma

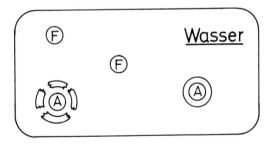

Hier kann man wiederum 2 Arten der Aroma-Freisetzung anstreben: Entweder man will eine kontinuierliche Abgabe, oder man legt die Mikroenkapsulierung so aus, daß beim Verzehr durch Zerplatzen der Kapseln eine diskontinuierliche Freisetzung erfolgt. Der Temperatursprung von -18°C auf +10°C bietet sich dazu direkt an.

5.5.5 Trockensuppen

Bei Trockensuppen liegt geradezu der klassische Fall einer diskontinuierlichen Freisetzung eines mikroenkapsulierten Aromas vor.

Abb. 104 Transport- und Verzehrform von Trockensuppen mit mikroenkapsulierten Aromen

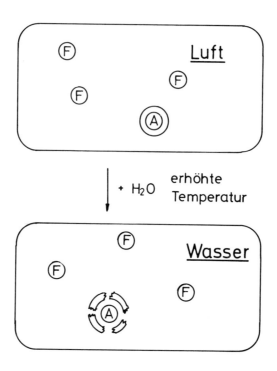

Bei den aufgezeigten Beispielen zur Mikroenkapsulierung wurde die derzeitige lebensmittelrechtliche Gesetzgebung in der Bundesrepublik Deutschland außer acht gelassen; es handelt sich im wesentlichen um Perspektiven.

5.5.6 „Umkehr"-Mikroenkapsulierung

Will man ein flüssiges Aroma ohne größeren Aufwand in eine rieselfähige, „trockene" Form bringen, so bietet sich ein Aufziehen auf feinkörniges Kochsalz an. Man kann auf diese Weise etwa 1 % Aromastoff auf Kochsalz aufbringen, hat quasi eine Umkehrung der Mikroenkapsulierung, denn hier legt sich die Aromaschicht um den Träger, das Kochsalzkorn. Nur die einfache Handhabung, aus einem flüssigen Aroma ein rieselfähiges Pulver zu erhalten, spricht für dieses Verfahren. Alle sonstigen Vorteile der Mikroenkapsulierung, insbesondere der Schutz der Kapseln, sind hierbei nicht gegeben.

5.5.7 Cyclodextrine

Cyclodextrine, auch *Schardinger*-Dextrine genannt, sind cyclische Oligosaccharide aus 6—8 Glucose-Einheiten. Da sie Einschlußverbindungen mit Aromastoffen bilden können, bietet sich hier die Möglichkeit einer protrahierten oder diskontinuierlichen Aroma-Freisetzung an. Der relativ hohe Preis stand allerdings bisher einer breiteren Anwendung im Wege (41.3).

5.5.8. Harnstoffadukte

Harnstoff hat die Fähigkeit, mit n-Paraffinen, n-Fettalkoholen, n-Fettsäuren oder Estern kristalline Harnstoff-Addukte zu bilden, wobei Einschlußverbindungen entstehen. Zur Herstellung gibt man die Reaktionspartner, meistens in Methanol oder Aceton gelöst, zusammen, und es scheiden sich dann sofort die Addukte kristallin ab, vorausgesetzt, daß die Harnstoffpartner unverzweigt sind und mindestens 6 C-Atome enthalten. Röntgenografische Untersuchungen zeigten, daß die Moleküle des normalerweise tetragonal kristallisierenden Harnstoffs bei Kontakt mit additionsfähigen organischen Substanzen sich zu einem hexagonalen Gitter umlagern und in einem wabenförmigen Gebilde mit durchgehenden kanalartigen Hohlräumen die Gastmoleküle einlagern.

Auf diese Weise wird z.B. Linolsäuremethylester als Harnstoffaddukt praktisch völlig gegen Autoxidation geschützt, wie man aus Abb. 105 entnimmt.

5.5.9 Adsorption von Aromen an Proteinen, Kohlenhydraten und anderen Nicht-Lipiden

Während die Verteilung von Aromen zwischen Fett und Wasser, wie oben beschrieben, durch den *Nernst*'schen Verteilungssatz bestimmt ist, wird von Proteinen und Kohlenhydraten ein Teil des Aromas adsorbiert und ist damit mehr oder weniger der organoleptischen Wirkung entzogen. Orientierende Versuche zeigten, daß Proteine (277) die Aromen stärker adsorbieren als Kohlenhydrate. Dickungsmittel setzen allgemein Geschmacks- und Geruchswirksamkeit herab (271).

5.6 ,,Processing Flavours''

,,Processing Flavours'' nennt man Aromen, die im Verlauf der Lebensmittelherstellung, dem ,,Processing'', entstehen. Man setzt also Aromavorläufer ein, Einzelsubstanzen oder Mischungen, aus denen dann, meistens unter Einwirkung der bei der industriellen Lebensmittelherstellung unumgänglichen erhöhten Temperaturen, die eigentlichen Aromen entstehen.

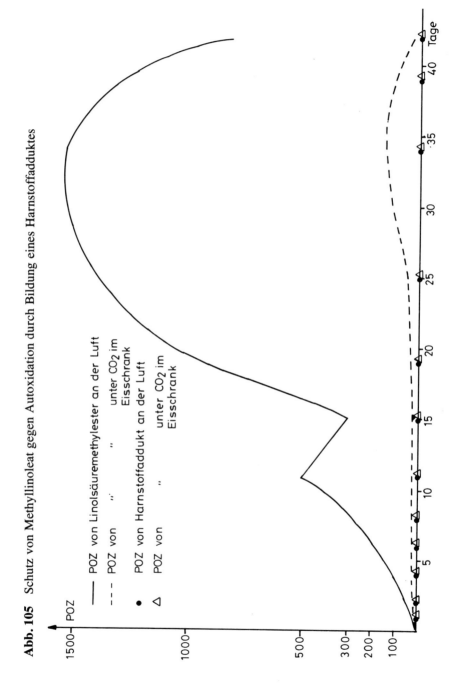

Abb. 105 Schutz von Methyllinoleat gegen Autoxidation durch Bildung eines Harnstoffadduktes

5.6.1 *Strecker*-Abbau von Aminosäuren

Wie weiter oben bereits gesagt (s. Tab. 12), entsteht durch Erhitzen der Aminosäuren Valin und Leucin mit Fructose ein Schokoladearoma. Setzt man also die Aminosäuren und Fructose kalt einem Lebensmittel zu und überläßt die Aromabildung den anschließenden thermischen Reaktionen, so liegt ein ,,Processing Flavour" vor.

Ähnlich wäre es bei der Zugabe von Phenylalanin zu einem kalten Honig oder Kunsthonig. Im Verlauf der weiteren Verarbeitung, z.b. bei einem Aufschmelzen, erfolgt dann der *Strecker*-Abbau des Phenylalanins zum Phenylacetaldehyd, der ein ähnlich süßes Aroma aufweist wie die Phenylessigsäure. Zucker sind in Honig ja ohnehin im Überschuß vorhanden.

Bedeutung haben ,,Processing Flavours" auch als Fleischaromen. Hier sind es insbesondere Mischungen schwefelhaltiger Aminosäuren wie Cystein und Cystin, die mit Zuckern zu sog. thermischen Fleischaromen reagieren.

5.6.2 Käsegebäck-Aroma

Käsegebäck wird üblicherweise unter Verwendung beachtlicher Mengen an Käse, die ca. 15% des Mehlgewichts ausmachen, hergestellt. Beim Versuch, mittels Aromacocktails ein Käsegebäck herzustellen, wurde leider festgestellt, daß die Aromastoffe beim Backen praktisch vollständig verschwanden. Ausgehend von dem Befund, daß man durch Zugabe von Leucin oder leucinreichen Hydrolysaten ein Käsegebäck herstellen kann, wurde zunächst nach einem möglichst leucinreichen Protein gesucht; es wurde im Zein, dem Protein von Mais, gefunden (s. Tab. 63).

Da bei der Totalhydrolyse — Proteinhydrolysate als Geschmacksverstärker, d.h. als Quelle für Glutaminsäure, werden in Kap. 6 behandelt — im vorliegenden Fall ein unangenehmer Bouillon-Geschmack auftrat, wurde nur partiell hydrolysiert. Während jedoch bei Hydrolysegraden unter 50% α-Aminostickstoff — bestimmt mittels Formaldehydtitration — ein leimiger Geschmack auftrat, eignete sich ein Partialhydrolysat von etwa 50% α-Aminostickstoff hervorragend für die gewünschten Zwecke.

Tab. 63 Aminosäurezusammensetzung von Zein

α-Aminosäure	%
Arginin	5,0
Cystein/Cystin	2,1
Histidin	2,4
Isoleucin	4,0
Leucin	12,0
Lysin	3,0
Methionin	2,1
Phenylalanin	5,0
Threonin	4,2
Tryptophan	0,8
Tyrosin	3,8
Valin	5,6
Alanin	9,9
Asparaginsäure	12,3
Glutaminsäure	15,4
Glycin	3,0
Prolin	8,3
Serin	4,2

Tab. 64 Käsegebäck-Aroma

Zein → Hydrolyse mit 5facher Menge 6 n HCl, 4 h bei 100 °C, Verfolgung der Hydrolyse mittels Formaldehydtitration

Niedriegere Hydrolysegrade: Leim-Geschmack ← Partialhydrolysat mit 50 % α-Amino-N. Nach Neutralisation mit NaOH und Sprüh- oder Gefriertrocknung: Käsegebäckaroma (mit 60 % NaCl) → höhere Hydrolysegrade: Bouillongeschmack

Ein Zusatz von 3—5% dieses Käsegebäck-Aromas liefert ohne jeglichen weiteren Zusatz von Käse ein ansprechendes Käsegebäck, sowohl auf Basis Hefeteig als auch Mürbeteig. Wahrscheinlich wird der durch die *Strecker*-Reaktion entstandene Isovaleraldehyd weiter zur Isovaleriansäure oxidiert, die das Käsearoma bewirkt.

Bemerkenswert erscheint die große Lagerstabilität des so hergestellten Käsegebäcks, insbesondere des auf Hefeteigbasis zubereiteten. Der Ansatz — 1000 g Mehl, 100 g Hefe, 500 g Wasser und 30 g Zein-Partialhydrolysat — weist allerdings auch keine Komponenten auf, die sich im Verlauf der Lagerung verändern könnten.

5.6.3 S-Methylmethionin als Vorläufer des Spargelaromas

Wie bereits weiter oben berichtet, ist Dimethylsulfid die Schlüsselverbindung des Spargelaromas und entsteht beim Kochen aus dem in der Pflanze enthaltenen Vorläufer, dem S-Methylmethionin.

$$\begin{array}{c} CH_3 \\ \diagdown \\ S^{\oplus}-CH_2-CH_2-CH-COOH \\ \diagup | \\ CH_3 NH_2 \end{array} \quad Cl^{\ominus} \quad H\;OH$$

Man kann einem Ansatz Suppe auch diesen Aromavorläufer zusetzen, um ein Spargelaroma zu erzielen. Da bei der industriellen Herstellung von Dosensuppen in der Schlußphase aber immer eine Sterilisierung erfolgt, ist der Einsatz von S-Methylmethionin auf Trockensuppen beschränkt.

5.7 „Aromatisieren" von Pflanzen und Tieren

Die moderne Tier- und Pflanzenzüchtung hat großartige Erfolge erzielt. Offensichtlich wurde aber bisher noch nicht versucht, Züchtungen zur Erzielung eines besseren Aromas von tierischen und pflanzlichen Produkten einzusetzen.

Eine weitere Größe, die unseres Wissens zur Zeit nicht genutzt wird, um das Aroma von tierischen und pflanzlichen Produkten zu intensivieren, ist die Fütterung resp. Dügung. Man sollte versuchen, Schlachttiere durch eine gezielte Fütterung in der Endphase im Aroma zu verbessern. Bei Pflanzen liegen, soweit uns bekannt, keine Versuche vor, durch gezielte Düngung einen Einfluß auf das Aroma zu nehmen. Düngung ist natürlich hier im weitesten Sinne zu verstehen.

Bei der Aquakultur von Nutzfischen (168, 242) bietet sich als weitere Möglichkeit eine ,,Aromatisierung'' der Tiere über das Wasser an (169).

5.8 Aromatisierung der Verpackung

Eine Möglichkeit der Beeinflussung des Aromas eines Lebensmittels besteht in einer Aromatisierung des Verpackungsmaterials. Da eine Aromatisierung des gesamten Kunststoffes zu aufwendig ist, wurde ein Verfahren entwickelt (170), das die Aromen quasi in einem Druckvorgang auf die Oberfläche des Kunststoffes aufbringt. Lagerversuche zeigten, daß so ,,aufgedruckte'' Aromen über Monate halten. Es bestehen damit Möglichkeiten, einen beliebigen Geruch aus der Verpackung, z.B. einem Becher, mit dem Geschmack des Lebensmittels zu kombinieren.

Ihre Nahrungsmittel Unsere Autolysate

Natürliche Geschmacks-verbesserer

Ohly Autolysate sind rein biologisch hergestellte Hefe-Extrakte, die in Nahrungsmitteln wie Suppen, Saucen, Konserven, Snacks, Tiefkühlkost, Fleisch- und Fischprodukten, Gewürzen, Dressings, Soft Drinks und einer Vielzahl weiterer Einsatzgebiete Anwendung finden.

Ohly Autolysate
- erhöhen die Qualität
- geben Ihren Produkten besseren Geschmack und besseres Aroma aufgrund ihres hohen Anteils an Aminosäuren
- sind in speziellen Typen in heller und dunkler Farbe, für alle Arten von Nahrungsmitteln in flüssiger, viskoser und trockener Form erhältlich
- sind leicht löslich

Ohly-Service
- Fragen Sie nach Produktinformationen, Rezepten oder Mustern.

OHLY GMBH
Lipper Weg 195 · D-4370 Marl · Telefon 0 23 65/6 02-0
Telex 8 29 504 dhw d · Telefax 0 23 65/6 02 76

Ein Unternehmen der
DHW

Schnellmethoden zur Beurteilung von Lebensmitteln

und ihren Rohstoffen

Herausgeber: Werner Baltes

BEHR'S...VERLAG

1. Auflage 1987 · 432 Seiten · DIN A5 · Hardcover
DM 98,– zuzügl. MwSt. und Vertriebskosten

Priv.-Doz. Dr. R. Matissek
**Schnellmethoden in der Lebensmittelanalytik
– Möglichkeiten und Grenzen –**

Dr. K. G. Schmidt
Schnelltests für die Analytik von Wässern und Lebensmitteln

K.-H. Torkler
Schnellbestimmungsgeräte zur Qualitätskontrolle in Nahrungsmitteln

Dipl.-Chem. F. Honold, Prof. Dr. K. Cammann
Ionenselektive Elektroden

Dr. H.-J. Hoffmann
Schnelle Bestimmung von metallischen Kontaminanten in Lebensmitteln und ihren Rohstoffen durch ICP-AES und AAS

Prof. Dr. H. Jork
Dünnschicht-Chromatographie – ein Screening-Verfahren im Bereich der Lebensmittelanalytik

Prof. Dr. H. Engelhardt
Hochdruck-Flüssigkeits-Chromatographie (HPLC). Einige Betrachtungen zum Einsatz in der Lebensmittelanalytik

Prof. Dr. K. Eichner
Charakterisierung verarbeitungs- und lagerungsbedingter Veränderungen über chromatographische Bestimmungen von Leitsubstanzen

Prof. Dr. P. Schreier, O. Fröhlich
Schnelle Probenvorbereitung für die instrumentelle Analytik

Dr. R. Wittkowski
Schnelle Qualitätskontrolle durch Headspace-Analyse

Dr. L. Rudzik
Anwendung infrarotspektroskopischer Methoden

Dr. G. Zaeschmar
Einsatz von NIR bei der Untersuchung von Milchprodukten

Dr. P. Barker
Niedrig auflösende Kernresonanzspektrometrie

Prof. Dr. H. Büning-Pfaue
Schnelle Nachweismethoden für Tierarznei- und Masthilfsmittel

Dr. G. Henniger
Enzymatische Schnellmethoden

Chem.-Dir. Dr. H. O. Günther
Immunchemische Methoden

Lm.-Chem. P. Offizorz
Theorie und Anwendung der Isotachophorese in der Lebensmittelanalytik

Prof. A. Fricker
Schnellmethoden in der Lebensmittelsensorik

Dr. E. Windhab
Physikalische Meßmethoden für: Rheologie, Konsistenz und Korngrößenverteilung

Dipl.-Biol. R. Zschaler
Mikrobiologische Schnellmethoden

BEHR'S...VERLAG

Averhoffstraße 10 · D-2000 Hamburg 76 · Telefon (040) 2 20 10 51 · Telex 2 15 012 behrs d

6. Aromaverstärker

Bei der Betrachtung der Schwellwerte (Kap. 5.2) wurde bereits aufgezeigt, daß wir noch weit davon entfernt sind zu wissen, wie sich die sensorischen Eindrücke verschiedener Verbindungen zueinander verhalten, ob sich die Schwellwerte z.b. addieren oder ob Substanzen mit niedrigem Schwellwert die anderen Aroma-Eindrücke ,,maskieren''. Eine Gruppe von Substanzen, von denen man zumindest von der Wirkung her über diese Beziehung einigermaßen informiert ist, stellen die sog. Aromaverstärker dar. Da sind einerseits die Geschmacksverstärker (außer Kochsalz), Verbindungen wie Natriumglutamat und Nucleotide, auf Vorschlag der Japaner unter deren Begriff Umami zusammengefaßt, andererseits Geruchsverstärker, Verbindungen mit intensivem Eigengeruch wie Vanillin, Maltol oder Ethylcyclopentenolon, die in niederer Dosierung die von anderen Verbindungen hervorgerufenen Geruchseindrücke intensivieren und abrunden. Mit diesen beiden Wirkungen der Intensivierung und Abrundung, d.h. Unterdrückung unerwünschter Aromaeindrücke, lassen sich Aromaverstärker am besten umreißen.

Im Zusammenhang damit muß auch erwähnt werden, daß es Verbindungen gibt, welche die Bitterkeit abmildern. Aus *Herba Yantha*, dem Kraut einer amerikanischen Eriodictyon-Art, hat man so ein Flavonol, das Homoeriodictyol, isoliert, das den bitteren Geschmack unterdrückt (155).

Homoeriodictyol

Ferner wurde aus *Gymnema silvestre*, einem Schlingstrauch aus Westafrika und Australien, die Gymnemasäure isoliert, die ebenfalls den Bittergeschmack vermindert. Sie ist das Glucuronid eines mit verschiedenen kurzkettigen Fettsäuren veresterten Triterpensapogenins, des Hexahydroxyoleanen-12 (Gymnemagenin).

$$\text{Gymnemagenin}$$

Auch die Wirkung des weiter oben beschriebenen Miraculins, eines Glycoproteins, das selbst nicht süß schmeckt, aber saure Speisen süß erscheinen läßt, gehört in diese Kategorie.

Außerdem sei hier noch das d-Penicillamin, das β-Dimethylcystein genannt,

$$HS-\underset{\underset{CH_3}{|}}{\overset{\overset{CH_3}{|}}{C}}-\underset{\underset{NH_2}{|}}{CH}-COOH$$

das als Chelatbildner als Antidot bei Metallvergiftungen eingesetzt wird. Offensichtlich wird dabei dem Körper auch so viel Zink entzogen, daß die Rezeptorproteine in den Geschmackspapillen ihre Funktion nicht mehr erfüllen können und die allgemeine Geschmacksempfindung nachläßt. Das Schwinden der Empfindlichkeit des Geschmacks bei zunehmendem Alter wird übrigens auch auf Zinkmangel zurückgeführt. Penicillamin wäre das direkte Gegenteil eines Aromaverstärkers; es liegen bisher allerdings keine Untersuchungen vor, ob und ggf. welche Geschmackseindrücke bevorzugt unterdrückt werden, denn das wiederum würde Penicillamin in die Nähe der jetzt zu besprechenden Verbindungen rücken.

6.1 Umami

Verbindungen wie Glutaminsäure oder auch die Nucleotide wirken als Geschmacksverstärker bei Lebensmitteln vom Typ Fleisch oder Gemüse, dem Geschmackstyp, den man im Angelsächsischen mit ,,savoury" beschreibt, besitzen jedoch keine verstärkende Wirkung bei ,,süßen" Geschmacksrichtungen wie Obst oder Früchten. Einer japanischen Anregung folgend, werden die geschmacksintensivierenden Wirkungen von Glutaminsäure und Nucleotiden unter dem japanischen Begriff ,,Umami" zusammengefaßt.

6.2 Glutaminsäure

1866 schrieb *Ritthausen,* der Glutaminsäure aus hydrolysiertem Kleber, dem Weizenprotein, isoliert hatte, an den Mineralogen *Werther* über die neue Substanz (50): ,,dieselbe schmeckt deutlich sauer, etwas adstringierend, erinnert aber im Nachgeschmack entfernt an konzentrierten Fleischextrakt".

Diese Beobachtung wurde indes nicht weiter beachtet, insbesondere nicht die aromaintensivierende Wirkung. *K. Ikeda* entdeckte dann 1909 in der in Japan als Speisewürze benutzten Meeresalge *Laminaria japonica* die l-Glutaminsäure als aromaintensivierende Substanz und führte sie in die Lebensmitteltechnologie ein (51).

6.2.1 Marktvolumen

Inzwischen ist die l-Glutaminsäure (einschließlich Na-Salz) mit 340 000 t in 1980 die Aminosäure mit dem größten Produktionsvolumen, gefolgt von 120 000 t d,l-Methionin und 34 000 t l-Lysin · HCL (173, 195, 196).

6.2.2 Herstellung

Die Herstellung von Glutaminsäure erfolgt überlicherweise mikrobiell in Fermentern. Als Mikroorganismen verwendet man Stämme wie *Corynebacterium glutamicum* oder *Brevibacterium flavum.* Als Kohlenstoffquelle diente ursprünglich Glucose, als Stickstoffquelle Ammoniak. Aus einer Tonne Glucose entstanden etwa 500 kg l-Glutaminsäure. Inzwischen setzt man anstelle der Glucose die billigere Melasse von Rohr- oder Rübenzucker ein; man kann sogar Essigsäure, Ethanol oder n-Paraffine als Kohlenstoffquelle verwenden. In den Fermenter wird die wäßrige Lösung des Kohlenstofflieferanten gegeben, dann fügt man Vitamine und Spurenelemente hinzu und impft die mikrobiellen Kulturen ein. Unter heftigem Rühren leitet man dann Luft und Ammoniak ein. Die Fermentation läuft etwa 40 Std. bei 35 °C, dann wird abgebrochen, und man isoliert die l-Glutaminsäure (173, 196, 195).

Vorteile dieses fermentativen Verfahrens gegenüber der organisch-präparativen Synthese ist, daß direkt die optisch ,,richtige" Form der Aminosäuren anfällt. Mit Ausnahme von Methionin, das als Racemat verwendet wird, muß sich nämlich nach der organischen Synthese immer noch eine Spaltung der optischen Isomeren anschließen.

Die dritte Art der Aminosäuregewinnung wäre die Isolierung der gewünschten Aminosäure, d.h. hier der 1-Glutaminsäure, aus Proteinhydrolysaten. Dieser Weg funktioniert immer, ist allerdings relativ kostspielig, während man zur Fermentation noch nicht für alle Aminosäuren „leistungsfähige" Mikroorganismenstämme hat.

6.2.3 Verwendung von MSG (Mono Sodium Glutamate)

Tab. 65 gibt einen Überblick über die Verwendung von MSG in Gemüsen (174).

Tab. 65 MSG-Zusätze in verschiedenen Gemüsen

Lebensmittel	% MSG-Zusatz
roh	
Kohl	0,2
Sellerie	0,2
Tomaten	0,2
gekocht, direkter Verzehr	
Spargel	0,5—3,0
Grüne Bohnen	0,1—0,2
Karotten	0,2—2,0
Pilze	0,1—1,0
gekocht, eingedost	
Spargel	0,1—1,0
Karotten	0,2—1,0
gekocht, tiefgefroren	
Spargel	0,5—1,0
Erbsen	0,1—0,3

6.2.4 Zur Wirkungsweise von MSG

Gestützt auf eine Reihe von Beispielen aus Publikationen und Patenten, die nachfolgend diskutiert werden, soll hier die Hypothese vertreten werden, daß zur Erzielung einer aromaintensivierenden, glutamatähnlichen Wirkung eine Verbindung 2 negative Ladungen tragen muß, die 3 bis 9, bevorzugt 4 bis 6 C-Atome voneinander entfernt sind. Anstelle eines C-Atoms kann auch ein S-Atom treten. Eine evtl. vorhandene α-Aminogruppe in 1-Konfiguration wirkt zusätzlich aromaintensivierend.

$$\overset{\ominus}{COO}-\left[-\overset{|}{\underset{|}{C}}-\right]_n-\overset{\ominus}{COO}$$

n = 1-7

Folgende Befunde sprechen für diese Hypothese (141):
1. Nur die dissoziierte Form der l-Glutaminsäure ist geschmacksaktiv.
2. l-Cystein-S-sulfonsäure $\overset{\ominus}{SO_3}-S-CH_2-\underset{NH_2}{CH}-\overset{\ominus}{COO}$ wirkt ähnlich wie MSG.
3. l-Homocysteinsäure $\overset{\ominus}{SO_3}-CH_2-CH_2-\underset{NH_2}{CH}-\overset{\ominus}{COO}$ hat ähnliche Wirkungen wie l-Glutaminsäure.
4. l-Asparaginsäure soll ähnlich wirken wie MSG.
5. Von der 1-α-Aminoadipinsäure gilt das gleiche.
6. Adipinsäure maskiert den bitteren Beigeschmack synthetischer Süßstoffe.
7. Bernsteinsäure wird in ihrer Wirkung mit Glutaminsäure verglichen.
8. Die geschmacksintensivierenden Eigenschaften der Fruchtsäuren Äpfel-, Wein- und Citronensäure sind bekannt.
9. Eine Ausdehnung dieser Hypothese auf die geschmacksaktiven Nucleotide erscheint durchaus plausibel, da diese Verbindungen auch 2 negative Ladungen tragen.
10. Auch für die geschmacksintensivierende Tricholomasäure sind hydrolytische Reaktionen vorstellbar, die zu den beiden geforderten negativen Ladungen führen.
11. Glutathion (γ-Glutamylcysteinylglycin) soll den Fleischgeschmack intensivieren.
12. Die Diammoniumsalze der Dicarbonsäuren von Malon- bis Sebacinsäure werden als Na-freier Ersatz für Kochsalz verwandt.

Der toxikologisch vorgebildete Leser wird leicht erkennen, daß die heute geläufigen Vorstellungen zur Curare-Wirkung bei dieser Hypothese (141, 176, 177, 30.6, 41.26) Pate gestanden haben. Curare, das Pfeilgift mittelamerikanischer Indianer aus Strychnos- und Chondodendron-Arten, enthält Alkaloide, die muskelschlaffend wirken. Man verwendet es daher in der Chirurgie, um auch bei leichter Narkose eine ausreichende Muskelschlaffung zu erreichen und so die Menge an Anästhetikum zu vermindern. Bei der Erforschung der pharmakologischen Curare-Wirkung fand man, daß das Vorliegen von 2 positiven Ladungen in einer gewissen Distanz voneinander für die Wirkung entscheidend ist. So fand man, daß z.b. schon eine so einfach gebaute Verbindung wie Succinylcholin diese Wirkung aufweist:

$$(CH_3)_3\overset{\oplus}{N}-CH_2-CH_2-O-\underset{\underset{O}{\|}}{C}-CH_2-CH_2-\underset{\underset{O}{\|}}{C}-O-CH_2-CH_2-\overset{\oplus}{N}(CH_3)_3$$

6.2.5 Glutaminsäurereiche Oligopeptide

Wie schon bei der Besprechung von Käse und Fleisch erläutert, spielen offensichtlich niedere Peptide mit einem Molekulargewicht bis 6000 Dalton für den Geschmack dieser Lebensmittel eine entscheidende Rolle. Nun treten insbesondere in den hydrophilen Regionen von Proteinen oft mehrere Glutaminsäurereste direkt hintereinander auf. Spaltet man diese glutaminsäurereichen Peptide ab, so sollten nach der oben erläuterten Hypothese Peptide mit geschmacksintensivierenden Eigenschaften auftreten. Mitte der 70er Jahre erschienen auch einige japanische Arbeiten, welche die geschmacksintensivierende oder die maskierende Wirkung von glutaminsäurereichen Peptiden beschrieben, wodurch unsere Hypothese auch bezüglich Peptiden bestätigt wurde.

6.2.6 Das China-Restaurant-Syndrom (Kwok's Disease)

Die Verwendung von Glutamat kam Ende der 60er Jahre unter Beschuß, als *Kwok* (178) nach einem üppigen chinesischen Essen ein brennendes Gefühl im Nacken verspürte, begleitet von Kopfschmerzen usw., sofort zur Feder griff und das ,,Chinese Restaurant Syndrome'' schuf, auch ,,Kwok's Disease'' genannt. Diese Feststellung von *Kwok* verursachte zunächst Unruhe, die zu breitangelegten Serien von Tierversuchen führte, dann legte sich langsam die Aufregung (179, 180, 181).

6.3 Proteinhydrolysate

Proteinhydrolysate sind allein schon von der Menge her sehr bedeutsame Bestandteile von Lebensmittelaromen. Man schätzt ihre jährliche Weltproduktion auf 1,7 Millionen Tonnen (41.5). Es gibt 3 große Gruppen von Proteinhydrolysaten. Die 1. Gruppe umfaßt die Säurehydrolysate, meist auf Pflanzenbasis, Hydrolyzed Vegetable Proteins (HVP), gekennzeichnet durch einen hohen Gehalt an α-Aminosäuren, insbesondere Glutaminsäure, und an Kochsalz (182). Zur zweiten Gruppe gehören die Hefehydrolysate, Autolized Yeast Extracts (AYE), enzymatisch durch zelleigene Fermente gewonnen und mit einem zusätzlichen hohen Gehalt an Nucleotiden. Die in Ostasien als Speisewürze dominierenden Sojasoßen, die man durch Enzyme von *Aspergillus oryzae* und *Saccharomyces Rouxii* aus Sojabohnen erhält, bilden die dritte Gruppe von Proteinhydrolysaten. Tab. 66 gibt einen Vergleich der Zusammensetzung von Proteinhydrolysaten (41.5).

Tab. 66 Zusammensetzung von Proteinhydrolysaten (% Trockengewicht)

	hydrolysiertes Pflanzenprotein HVP	Hefe-Autolysat AYE	Sojasoße
Gesamt-N	5,0— 7,5	8,0—10,5	4,5
Kochsalz	35,0—45,0	2,1	44,0
α-Aminosäuren	23,0	28,0	12,5
Glutaminsäure	12,0	2,5— 7,0	5,0— 6,0
Peptide	7,0	21,0	12,5
organ. Säuren	2,5— 8,5	2,0— 4,0	3,0— 6,0
Nucleotide	—	1,1	—
Fett	0,2— 0,5	0,1— 0,3	5,0
Kohlenhydrate	0,0— 0,6	12,0—21,0	6,0—15,0
NH_4Cl	0,2— 4,8	0,6— 1,0	0,8

Wie man sieht, bestehen beträchtliche Unterschiede in der Zusammensetzung.

6.3.1 Saure Hydrolysate

Bei der sauren Hydrolyse von Proteinen werden unter dem katalytischen Einfluß von Wasserstoffionen die Peptidbindungen gespalten.

$$R_1-\underset{\underset{NH_2}{|}}{CH}-\overset{\overset{O}{\|}}{C}-NH-\underset{\underset{}{|}}{\overset{\overset{R_2}{|}}{CH}}-COOH$$

$$\overset{\oplus}{H} \downarrow \quad + H_2O$$

$$R_1-\underset{\underset{NH_2}{|}}{CH}-COOH \quad + \quad H_2N-\underset{\underset{R_2}{|}}{CH}-COOH$$

Als Rohmaterial dienen möglichst preiswerte Ausgangsproteine wie das Maisprotein Zein, Weizengluten, Sojaprotein, Reisprotein, Hefe und Casein, bis auf Casein Pflanzenprodukte. Als Säure hat sich allgemein Salzsäure durchgesetzt, da sie nach Neutralisation das nicht unerwünschte NaCl ergibt. Man verwendet rund 10—20% der Menge des Proteins an HCl, stellt meist auf die bei 113°C konstant siedende Salzsäure (20% HCl und 80% H_2O) ein und braucht dann etwa 10—20 Stunden bis zur völligen Hydrolyse.

Auch Amidbindungen werden bei der Hydrolyse gespalten, wobei Ammoniak entsteht.

$$R-CH_2-\underset{\underset{NH_2}{|}}{C}=O \quad \overset{H_2O}{\rightarrow} \quad R-CH_2-\underset{\underset{OH}{|}}{C}=O + NH_3$$

Als weitere Reaktion muß hier noch erwähnt werden, daß Tryptophan mit Kohlehydraten zu dem kolloidalen Humin kondensiert.

Die Tab. 67 gibt den Verlauf der sauren Hydrolyse von Zein und Casein bei 95°C, verfolgt anhand des α-Aminostickstoffs.

Beim Zein sind nach 72 Stunden Hydrolyse 89,9% α-Aminostickstoff entstanden; theoretisch sind maximal 95% zu erwarten. Beim Casein wurden 75,8% α-Aminostickstoff bestimmt; aufgrund der Aminosäurezusammmensetzung ist mit maximal 82% zu rechnen. Nach Beendigung der Hydrolyse wird meistens mit NaOH neutralisiert, wobei Kochsalz entsteht. Für Diätlebensmittel mit vermindertem Natriumgehalt kann man selbstverständlich auch mit KOH neutralisieren. Ein Teil der Salzsäure ließe sich zwar vor der Neutralisation abdestillieren, aber das konstant siedende Gemisch verhindert ihre vollständige Entfernung. Da das Hydrolyseprodukt oft eine dunkle Farbe aufweist, wird gern noch mit Aktivkohle entfärbt.

Tab. 67 Saure Hydrolyse von Zein und Casein

Hydrolysedauer (Std.)	α-Aminostickstoff (% des Gesamt-N)	
	Zein	Casein
0	16,5	8,9
1	54,2	36,5
2	67,4	50,5
3	74,0	58,5
4	75,3	64,6
8	82,7	70,2
16	83,3	73,0
20	85,9	73,0
24	85,9	73,0
40	27,3	73,0
64	88,6	75,8
72	89,9	75,6

Tab. 68 zeigt die typische Aminosäurezusammensetzung eines durch Säurehydrolyse erhaltenen Proteinhydrolysats aus einer Mischung von Sojaprotein und Weizengluten in gleichen Teilen.

Tab. 68 Aminosäurezusammensetzung eines Hydrolysats

Aminosäure	%
Arginin	2,0
Histidin	1,0
Lysin	1,4
Tyrosin	1,7
Phenylalanin	2,4
Cystein/Cystin	0,5
Methionin	1,2
Threonin	1,3
Leucin	2,9
Isoleucin	1,7
Valin	1,8
Asparaginsäure	4,1
Glutaminsäure	15,5

Über die Anwendung von Proteinhydrolysaten informiert Tab. 69.

Tab. 69 Zusatz von Proteinhydrolysaten zu Lebensmitteln

Lebensmittel	Zusatz von Proteinhydrolysat (%)
Wiener Würstchen	0,25— 0,50
Cremesuppen (Dose)	0,10— 0,25
Gemüsesuppe (Trockensuppe)	5,00—15,00 (Trockenbasis)
Steaksoße	1,00— 3,00
Kartoffelchips	0,10— 1,00
Nüsse	0,10— 0,25

6.3.2 Bouillongeruch von Proteinhydrolysaten

Der charakteristische Bouillongeruch von sauren Proteinhydrolysaten entsteht, wenn das Ausgangsprotein die Aminosäure Threonin enthält. Unter den Hydrolysebedingungen entsteht auch die α-Ketobuttersäure. Durch Dimerisierung von 2 Molekülen α-Ketobuttersäure in einer Aldolkondensation, Cyclisierung und Decarboxylierung des Kondensationsproduktes bildet sich so ein enolisiertes Hydroxylacton, das α-Hydroxy-β-methyl-$\Delta^{\alpha\beta}$-γ-hexenolacton,

das nach Literaturangaben (184,185,186) der Träger des Bouillongeruchs von Proteinhydrolysaten ist.

6.3.3 Hefe-Autolysate

Bei der enzymatischen Herstellung von Hefe-Autolysaten liefern die Hefen sowohl das Protein als auch die Fermente, die man durch Zerstören der Hefezellen freisetzt und die dann deren Proteine und Nucleinsäuren zu den Aminosäuren und Nucleotiden hydrolysieren.

Ein weiterer Vorteil: Entweder man läßt die Hefe auf dem Abfallprodukt Melasse wachsen oder man setzt ,,verbrauchte" Bierbrauhefe ein, muß dann aber zunächst durch eine milde basische Wäsche die vom Hopfen stammenden bitteren Isohumulone entfernen. Da Nucleotide und Glutamat synergistisch wirken, ist durch das gemeinsame Entstehen dieser beiden wichtigen Vertreter der Umami-Gruppe ein weiterer Vorteil gegeben. Da diese Hydrolyse üblicherweise bei 40—50 °C abläuft, einer Temperatur, die größtenteils durch die exotherme Wärmetönung der enzymatischen Reaktionen aufgebracht wird, wodurch sich äußere Wärmezufuhr erübrigt, finden auch kaum thermische Schädigungen thermolabiler Verbindungen, z.b. Vitaminen der B-Gruppe, statt.

6.3.4 Sojasoße

Auch Sojasoße ist ein enzymatisches Hydrolysat. Die Fermente, die zu ihrer Herstellung führen, sind aber nicht wie im Falle der Hefe-Autolysate endogen, sondern man setzt zur Vergärung der Mischung von Soja und Weizen zunächst sog. *Koji*-Hefen ein, *Aspergillus oryzae* oder *Aspergillus sojae*. Dann erfolgen konkurrierend Milchsäuregärung und alkoholische Fermentation durch *Pediococcus halophilus* und *Saccharomyces Rouxii*. Nach Beendigung der Hydrolyse wird 1 Stunde auf 80 °C erhitzt, um zu pasteurisieren und noch vorhandene restliche Proteine auszufällen. Nach Filtration oder Zentrifugieren gelangt die Sojasoße flüssig in den Handel.

6.3.5 Vergleich der Aminosäurezusammensetzung verschiedener Hydrolysate

Tab. 70 Aminosäuren in verschiedenen Hydrolysaten

Aminosäure [g/100 g Produkt]	saure Hydrolysate aus Weizen	Soja	Mais	Hefe-Autolysat	Sojasoße
Lysin	0,8	1,7	0,6	1,7	1,6
Histidin	0,8	0,6	0,7	0,6	0,6
Cystein/Cystin	—	—	—	—	0,2
Arginin	1,7	1,6	1,0	1,3	0,6
Asparaginsäure	2,3	3,5	3,3	1,4	2,6
Threonin	1,2	1,1	1,3	1,6	1,1
Serin	2,3	1,5	2,8	2,4	1,3
Glutaminsäure	14,1	5,5	11,1	6,8	5,7
Prolin	5,4	1,6	5,0	0,8	1,7
Glycin	1,8	1,2	1,3	0,9	1,0
Alanin	1,6	1,3	5,1	3,9	1,1
Valin	1,1	1,1	1,1	2,4	1,4
Methionin	0,4	0,1	0,4	0,6	0,4
Isoleucin	0,7	1,0	0,4	1,8	1,2
Leucin	1,1	1,8	1,4	3,2	1,8
Tyrosin	0,4	0,2	0,2	—	0,2
Phenylalanin	1,5	1,1	1,8	1,8	1,1
Tryptophan	0,5	0,5	—	0,2	—

6.3.6 Sonstige Verbindungen in Hydrolysaten

Natürlich ist Glutaminsäure die wichtigste Komponente in den Hydrolysaten — daneben die Nucleotide in den Hefe-Autolysaten. Man hat aber noch ganze Serien weiterer Verbindungen in Hydrolysaten identifiziert, wie Pyrazine, organische Säuren, Furane und Furanone, Schwefelverbindungen vom einfachen Schwefelwasserstoff bis zu aliphatischen und aromatischen Schwefelverbindungen, Aldehyde, Ketone, Alkohole, Phenole, Ester, Thiamin und daraus entstehend Thiazol-Alkohol (41.5). Hier soll jedoch auf eine detaillierte Wiedergabe dieser Verbindungen verzichtet werden.

6.4 Nucleotide

Schon *Justus von Liebig* fiel 1847 der ,,angenehm fleischbrühartige Geschmack'' der Inosinsäure auf (48), aber eine weitere Untersuchung insbesondere auf geschmacksintensivierende Wirkungen erfolgte damals noch nicht.

Auch die 1913 erschienene Arbeit (49) über den geschmacksaktiven Stoff von Bonito, getrocknetem Fisch, der als das Histidinsalz der Inosinsäure identifiziert wurde, geriet in Vergessenheit. Erst vor einer Generation wurde die allgemein geschmacksintensivierende Wirkung der Nucleotide erkannt (188), und diese Verbindungen fanden anschließend Eingang in die Lebensmitteltechnik. Bevor auf die Spezifität dieser Geschmacksverbesserer näher eingegangen wird, scheint ein kurzer Blick auf das Gesamtgebiet der Nucleinsäuren und Nucleotide angebracht.

6.4.1 Nucleinsäuren und Nucleotide

Die Nucleinsäuren wurden 1869 von *Mielscher* in den Zellkernen von Eiterzellen entdeckt, daher der Name Nucleinsäuren. In den letzten Jahren laufen diese hochmolekularen Verbindungen als Träger der Erbinformationen und Schlüsselverbindungen der Proteinbiosynthese an biochemischem Interesse den Proteinen geradezu den Rang ab.

Aufgebaut sind die Nucleinsäuren als Polyester aus Pentosen, nämlich der Ribose oder der Desoxyribose, die glucosidartig gebunden je eine Base tragen und durch Phosphorsäure esterartig miteinander verknüpft sind.

```
     Base          O         Base          O         Base          O
      |            ||          |           ||          |           ||
 —Zucker—O—P—O—Zucker—O—P—O—Zucker—O—P—O—
                   |                       |                       |
                   O ⊖                     O ⊕                     O ⊖   x

                              Nucleinsäure    x = 10—5000
```

Die einzelnen „Bausteine" einer Nucleinsäure, bestehend aus Zucker, Base und Phosphorsäure, werden Nucleotide genannt.

$$\begin{array}{c} \text{Base} \\ | \\ -\text{Zucker}-\text{O}-\overset{\overset{\displaystyle \text{O}}{\|}}{\underset{\underset{\displaystyle \text{O} \ominus}{|}}{\text{P}}}-\text{O}- \end{array} \qquad \text{Nucleotid}$$

Als Zucker, Pentosen, kommen in Nucleinsäuren vor: Ribose und Desoxyribose.

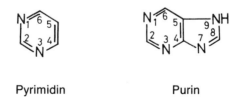

Ribose   Desoxyribose

Daher unterscheidet man zwischen den Ribonucleinsäuren und den Desoxyribonucleinsäuren. Während die wichtigste Funktion der Ribonucleinsäuren die Proteinbiosynthese ist, dient die Desoxyribonucleinsäure als duplizierbarer genetischer Code.

Die Basen in den Nucleinsäuren sind entweder vom Pyrimidin-Typ wie Cytosin, Uracil und Thymin

Pyrimidin   Purin

oder vom Purin-Typ wie Adenin, Guanin und Hypoxanthin.

Vollständigkeitshalber soll nur noch erwähnt werden, daß man die (phosphatfreien) Verbindungen zwischen den Zuckern und den Basen als Nucleoside bezeichnet. Die Namen der Nucleoside sind von denen der

Basen abgeleitet und enden bei den Pyrimidinderivaten auf -idin, bei den Purinnucleosiden auf -osin, beispielsweise:

Base	Nucleosid
Cytosin	Cytidin
Uracil	Uridin
Thymin	Thymidin
Adenin	Adenosin
Guanin	Guanosin
Hypoxanthin	Inosin

Auf die wichtige Rolle der Nucleoside als Coenzyme, auf Adenosintriphosphat als biologischer ,,Energiespeicher", auf Basenpaarung, Triplets und Genetischen Code kann hier leider nur hingewiesen werden.

6.4.2 Struktur geschmacksaktiver Nucleotide

Nur Nucleotide einer bestimmten Molekülstruktur weisen eine geschmacksintensivierende Wirkung auf.

x = NH_2 → Guanosin-5'-monophosphat
x = H → Inosin-5'-monophosphat
x = OH → Xanthosin-5'-monophosphat

Es sind die 6-Hydroxypurin-5'-mononucleotide; schon das 5'-Adenosinmonophosphat, ein 6-Aminopurin-5'-mononucleotid, hat einen stark verminderten Effekt. 2'- und 3'-Phosphorsäureester haben keine Wirkung.

Offensichtlich sind die Hydroxylgruppen an C 2' und C 3' des Zuckers ohne Einfluß. Desoxyribonucleotide haben dieselbe Wirkung wie Ribonucleotide, blieben indes bis heute ohne praktische Bedeutung. Polymere Nucleotide sind nicht wirksam (188).

6.4.3 Anwendung von Nucleotiden

In Fleisch und Gemüse entfalten Nucleotide der oben beschriebenen Struktur ihre volle Wirkung als Geschmacksverstärker. Dabei potenzieren sich die Wirkungen von Glutamat und Nucleotiden; man spricht von einer Steigerung der Wirkung auf das 100fache. Insbesondere als Glutamat durch die berüchtigte ,,Kwok's Disease" unter Beschuß geriet, war man natürlich froh, auf die bis dato unbescholtenen Nucleotide ausweichen zu können. Tab. 71 gibt einen Überblick über die verschiedenen Lebensmitteln zugesetzten Mengen an Glutamat und Nucleotiden, bei denen eine Mischung 50 : 50 von Inosin-5'-monophosphat und Guanosin-5'-monophosphat verwandt wurde (174).

Tab. 71 Zusätze an Glutamat und Nucleotiden [in %]

Lebensmittel	Glutamat	Nucleotide
Trockensuppen	5,00 — 8,00	0,100 — 0,200
Dosensuppen	0,12 — 0,18	0,002 — 0,003
Dosenspargel	0,08 — 0,16	0,003 — 0,004
Dosenfisch	0,10 — 0,30	0,003 — 0,004
Soßen	1,00 — 1,20	0,010 — 0,036
Ketchup	0,15 — 0,30	0,010 — 0,020
Wurst	0,30 — 0,50	0,002 — 0,014
Mayonnaise	0,40 — 0,60	0,012 — 0,018
Sojasoße	0,10 — 0,15	0,030 — 0,050
Gemüsesaft	0,10 — 0,15	0,005 — 0,016

6.4.4 Nucleotide in Milchprodukten

Der Zusatz von Glutamat zu Milchprodukten wie Schmelzkäse ist problematisch und kann nur unter Zusatz weiterer Aminosäuren, insbesondere Lysin und Methionin, geschehen um zu vermeiden, daß ein störender bouillonartiger Geschmack durchkommt (190). Nucleotide erwiesen sich für Schmelzkäse als völlig ungeeignet, bereits ein Zusatz von 0,03 % gab einen störenden Geschmack nach Suppenwürze.

6.4.5 Liebigs Fleischextrakt — Speisewürze

Diese beiden Produkttypen sind die Kleinhandelsformen einerseits von Nucleotiden (Liebigs Fleischextrakt), andererseits von Proteinhydrolysaten (Speisewürze), denn der Verbraucher wird allgemein weder kristallines Glutamat noch reine Nucleotide kaufen.

6.4.6 Vergleich der verschiedenen Gruppen mit Umami-Wirkung

Vergleicht man die geschmacksaktive Wirkung von Proteinhydrolysaten, Glutaminsäure und Nucleotiden, so liegt die Zukunft wohl bei der Glutaminsäure, die z. Zt. schon tonnenweise als kristalline Substanz verarbeitet wird. Modifiziert man ihre Wirkung durch Zugabe von Nucleotiden und weiteren Aminosäuren oder stellt man gar naturidentische geschmacksaktive Peptide her, so haben demgegenüber Proteinhydrolysate kaum noch eine Bedeutung.

6.5 „Ungewöhnliche" Wechselwirkungen verschiedener geschmacksaktiver Substanzen

6.5.1 Einfluß von Salz auf den süßen Geschmackseindruck

Zusatz von 0,1 % NaCl zu Wasser-Saccharoselösungen erhöht in einem gewissen Konzentrationsbereich deren Süßigkeit. Ordnet man in steigender Reihenfolge der subjektiven Süßempfindung, so findet man z. B.: 15 % Saccharose $<$ 16 % Saccharose $<$ 15 % Saccharose + 0,1 % NaCl $<$ 17 % Saccharose. Man kann also mehr als 1 % Saccharose durch 0,1 % NaCl ersetzen. Versuche mit verschiedenen Kochsalzersatzmitteln stehen noch aus, der Einfluß anderer Salze wurde untersucht (191).

6.5.2 Wechselwirkungen zwischen saurem und bitterem Geschmackseindruck

Bei der Bestimmung der Geschmacksschwellwerte von Theobromin in wäßriger Lösung wurde dessen Abhängigkeit vom pH-Wert gefunden: 12 ppm bei pH 4, 20 ppm bei pH 6 und 25 ppm bei pH 8. Einstellen einer Theobrominlösung mit Citronensäure auf pH 6 ergab so eine eindeutige Geschmacksintensivierung (81).

Ähnliches wurde auch bei Kaffee festgestellt (192).

6.6 Geruchsverstärker

Bei den bisher besprochenen Geschmacksverstärkern ist zwar ein Eigengeschmack vorhanden, der aber gering ist im Vergleich zu deren geschmacksintensivierender Wirkung. Demgegenüber haben Geruchsverstärker einen sehr ausgeprägten Eigengeruch, der allerdings mit dem zu verstärkenden ,,harmoniert". Ein weiterer gravierender Unterschied zwischen Geruchsverstärkern und geschmacksintensivierenden Stoffen wie Kochsalz, Glutamat oder Nucleotiden liegt darin, daß letztere praktisch alle Geschmacksrichtungen, die man als ,,savoury" bezeichnet, also Fleisch, Fisch, Gemüse, Milchprodukte, intensivieren, während für die Geschmackskategorie ,,süß" derartig allgemein wirkende Geschmacksverstärker bisher nicht bekannt sind.

6.6.1 Maltol

Maltol, das 2-Methyl-3-hydroxypyron, entsteht

bei der thermischen Behandlung von Kohlenhydraten. Es hat einen ,,warmen" karamellartigen (194) Eigengeruch und kommt im Malzkaffee, in der Brotkruste, im Kakao, aber auch in Erdbeeren vor. Maltol wird zur Intensivierung und Abrundung der Aromen von Lebensmitteln der süßen, fruchtigen oder sahnigen Geschmacksrichtung verwandt. Durch Zusatz von 5 - 75 ppm sollen bis zu 15% Zucker eingespart werden können. Die Tab. 72 gibt einen Überblick über die Mengen an Maltol, die üblicherweise verschiedenen Lebensmitteln zugesetzt werden.

Ethylmaltol, nicht natürlich nachgewiesen,

Ethylmaltol

in der Bundesrepublik Deutschland lebensmittelrechtlich nicht zugelassen, hat eine etwa 4 - 6mal stärkere Wirkung als Maltol und kann daher in entsprechend geringerer Dosierung eingesetzt werden (193, 194).

Tab. 72 Zusatz von Maltol zu Lebensmitteln

Lebensmittel	Zusatz von Maltol [ppm]
Fruchtsaftpulver	2 — 30
„Malz"-Milch	20 — 100
Likör	10 — 100
Eiscreme	10 — 30
Pudding	30 — 150
Kuchen	75 — 250
Keks	75 — 200
Schokolade	30 — 200
Kakao	10 — 50

6.6.2 Methylcyclopentenolon (MCP)

3-Methyl-2-cyclopenten-2-ol-1-on (19) riecht nach Karamell/Kaffee, wurde in verschiedenen Lebensmitteln nachgewiesen und intensiviert Geruchseindrücke der Richtung Walnuß, Ahornsirup, Lakritz, Schokolade, Karamell.

3-Methyl-2-cyclopenten-2-ol-1-on

Tab. 73 Zusatz von Methylcyclopentenolon

Lebensmittel	Zusatz von MCP [ppm]
Speiseeis	5 — 50
Kandis-Süßigkeiten	15 — 100
Gebäck	10 — 100
Kaugummi	5 — 30
Getränke	10 — 50

6.6.3 Vanillin

Vanillin besitzt ebenfalls die Eigenschaft, Geruchseindrücke der Richtung Fruchtaromen, aber auch Schokolade angenehm abzurunden und zu intensivieren und wird selbst bei der Tabaksoßung gern eingesetzt (19).

$$\text{HO}-\underset{\text{CH}_3\text{O}}{\bigcirc}-\text{C}\underset{\text{H}}{\overset{\text{O}}{=}}$$

Vanillin

6.7 Einfluß von Geruchsverstärkern auf Geschmackseindrücke

Bei der Besprechung von Methylcyclopentenolon wurde bereits erwähnt, daß durch diese Verbindung auch der süße Geschmack intensiviert wird. Wechselwirkungen zwischen Geruch und Geschmack sind nicht überraschend, denn wie aus den Aromagrammen hervorgeht, entsteht der Gesamteindruck der sinnlichen Wahrnehmung von Geruch und Geschmack erst im Gehirn.

Leider sind unsere Kenntnisse über die wechselweise Beeinflussung der verschiedenen organoleptischen Eindrücke noch äußerst lückenhaft. Begriffe wie ,,Abrundung'', ,,Maskierung'', ,,Harmonisierung'' müssen im Grunde unbefriedigend bleiben. Was uns fehlt, sind klare Regeln, wie sich die Schwellwerte in Wechselwirkungen zueinander verhalten und wie sich Aromaverstärker quantitativ darauf auswirken.

6.7.1 Methylcyclopentenolon und Salzgeschmack

Durch 10 — 20 ppm MCP läßt sich etwa 1—2% Salz ,,maskieren''.

6.7.2 Käsearomen und Salzgeschmack

Auch Käsearomen sind imstande, den salzigen Geschmackseindruck zu modifizieren. So wirken 5% Kochsalz in Roquefort oder 4% Kochsalz in Parmesan nicht unangenehm salzig, während 4% Kochsalz in dem wesentlich aromaärmeren Feta-Käse ,,durchschlagen''.

6.7.3 Lactone und brennender Geschmack

Wie schon erwähnt, können Lactone den brennenden Geschmack, den z. B. viele ostasiatische Speisen für die Zunge des Europäers haben, abmildern. Lactone scheinen auch die Aldehyde, die durch Autoxidation von Fetten entstehen, maskieren zu können.

Autoren: Dr. Erich Lück (Herausgeber), Dr. Gert-Wolfhard von Rymon-Lipinski. 184 Seiten DIN A 5, DM 68,— + Vertieb/MwSt.

Teil I Fachbeiträge: Allgemeine Bedeutung von Hilfs- und Zusatzstoffen — Geschichte der Verwendung von Hilfs- und Zusatzstoffen — Gesundheitliche Aspekte der Hilfs- und Zusatzstoffe — Lebensmittelrechtliche Zulassungen: Begriffsdefinitionen, Spezielle Zusatzstoffbestimmungen in der Bundesrepublik Deutschland, in den USA und in anderen Ländern. Einteilungsprinzipien der Hilfs- und Zusatzstoffe: Stoffe mit diätetischen Funktionen — Stoffe mit stabilisierenden Funktionen — Stoffe mit sensorischen Funktionen — Verarbeitungshilfen — Süßstoffe.

Dieses Werk gibt dem Praktiker Informationen und Arbeitshilfen in leicht verständlicher Art und Weise. Dennoch handelt es sich hier um ein umfassendes Werk für Praktiker wie Anwendungstechniker, Betriebsmechaniker, Juristen oder auch andere interessierte Fachleute der Ernährungswirtschaft. Die einzelnen Beiträge sind fachgerecht gegliedert, sachlich knapp und praxisnah geschrieben und sollen konzentriert informiern.

Teil II Einkaufsführer: In diesem Teil werden etwa 500 Hilfs- und Zusatzstoffe von 125 Herstellern zu Ihrer Auswahl geglistet. Ein Suchwortverzeichnis erleichtert die schnelle Auffindung.

BEHR'S...VERLAG
Averhoffstraße 10, 2000 Hamburg 76,
Tel. (0 40) 2 20 10 51, Telex 2 15 012 behrs d

7. Unerwünschte Geruchs- und Geschmacksnoten (Off-Flavours)

Schon so manches Produkt wurde infolge eines Off-Flavours aus dem Markt gedrängt. So erscheint es auch gerechtfertigt und sinnvoll, daß man kürzlich der Analyse und Kontrolle unerwünschter Geruchs- und Geschmacksnoten ein ganzes Symposium widmete (199).

Bei der nachfolgenden Betrachtung unerwünschter Geruchs- und Geschmacksnoten sind sowohl offensichtlich verdorbene als auch in betrügerischer Absicht verfälschte Waren ausgeschlossen.

Als praktisches Beispiel sind in Tab. 74 die Geruchs- und Geschmacksfehler von Milch sowie die dafür verantwortlichen Verbindungen und deren Herkunft aufgeführt (198).

In der folgenden systematischen Betrachtung wird unterschieden zwischen ,,äußeren" Fehlern, ,,Ungleichgewichten" und ,,inneren" Fehlern.

7.1 ,,Äußere" Fehler

Hierunter sollen z. B. die eben erwähnten Fehler im Geschmack von Milch verstanden werden, die auf schlechtem Futter beruhen, aber auch der oft muffige Geruch von überlagertem Milchpulver, der Insektizidgeruch, den unsere Kartoffeln früher oft aufwiesen, weiter auch der oben erwähnte Ebergeruch im Fleisch männlicher Schweine, ferner der Fischgeruch von Eiern und Geflügelfleisch nach exzessiver Verfütterung von Fischmehl oder der ,,Moddergeschmack" von Karpfen, die zu lange im Schlamm gegründelt haben.

In Austern und Hummern hat man Bis(methylthio)-methan als Ursache eines abweichenden Geruches identifiziert (200), das wohl von speziellen Algenarten und deren oft explosionsartigem Auftreten, der sog. Algenblüte, herrührt.

$$CH_3-S-CH_2-S-CH_3 \quad \text{Bis(methylthio)-methan}$$

Geosmin (siehe Kapitel 4.25) ist für den gelegentlich auftretenden muffigen Geruch von Garnelen aus Zuchtbecken (281) verantwortlich (279).

Tab. 74 Geruchs- und Geschmacksfehler in Milch

Fehler	Verbindung(en)	Herkunft
Futtergeschmack	Methylmercaptan, Benzylmercaptan, Dimethylsulfid, Dimethyldisulfid, Indol, Skatol, Trimethylamin	Futter*)
Oxidationsgeschmack	Carbonylverbindungen in höherer Konzentration	Oxidation ungesättigter Fettsäuren
Lichtgeschmack	Methional	Methionin, Vit. B_2, Licht
Ranzigkeit	Niedere Fettsäuren 500—1500 ppm	Lipolyse von Milchfett
„Unsauberer" Geschmack	Dimethylsulfid in höheren Konzentrationen	Psychotrope Bakterien
„Kuhstall"- Geschmack	Aceton, 50—100 ppm	Ketose der Kühe
Malzgeschmack	2-Methylpropanol, 3-Methylbutanol	*Streptococcus lactis, var. maltigenes*
Fruchtgeschmack	Ethylester niederer Fettsäuren	*Pseudomonas fragii*
Phenolgeschmack	Kresole	*Bacillus circulans*
Bitterkeit	hydrophobe Peptide	Erhitzungsresistente Proteasen
Koch-, Karamell- Geschmack	Mercaptane, Methylketone, Lactone	falsche Temperaturführung beim Pasteurisieren

* Der Futtergeschmack kann von Produkten wie Zwiebeln, Silage, Luzerne, Wirsing, Raps, Rüben, grüner Gerste, Steinklee, Melasse, Brauereirückständen, Knoblauch, Schnittlauch, Senf, Kapuzinerkresse, wildem Hanf und Rainfarn stammen.

Spuren eines Desinfektionsmittels, des 6-Chlor-ortho-kresols,

6-Chlor-ortho-kresol

gaben sowohl Biskuits (201) als auch tiefgefrorenem Geflügel (202) einen ,,Arzneimittelgeschmack''.
Auch Pentachlorphenol aus der Faßimprägnierung von Wein stört, indem es den sog. ,,Muffton'' hervorruft (203).

Pentachlorphenol

Auch der Übergang von Komponenten mit unangenehmem Geruch aus dem Packmaterial ist den ,,externen'' Fehlern zuzurechnen.

7.2 ,,Ungleichgewichte''

Mit *Paracelsus* könnte man sagen: Est dosis qui facit aroma, d. h. oft kommt es auf die Konzentration einer organoleptisch relevanten Verbindung im Lebensmittel an. Wird z. B. in Käse die Konzentration an hydrophoben Peptiden zu hoch, so wird der bittere Geschmack, der bisher in dem Aroma integriert war, dominant und schlägt unangenehm durch. Ähnlich verhält es sich, wenn die im Bukett durchaus wertvollen Ester zu intensiv werden und der Käse den Fehler ,,fruchtig'' erhält. Vergleichbar damit verursachen zu hohe Konzentrationen an Isovaleraldehyd den Fehler ,,malzig'' in Käse. Diese Fälle unterstreichen die Bedeutung einer quantitativen Erfassung der einzelnen Aromakomponenten. Auch die unter Kap. 3.4.4 angesprochene Bitterkeit, die gelegentlich in Gurken oder Zucchinis durch Cucurbitacine verursacht wird, können wir wohl zu den Ungleichgewichten zählen.

7.3 Bildung neuer unerwünschter Geruchs- und Geschmackskomponenten

Den von außen eingebrachten Fehlnoten und den durch Ungleichgewichte entstandenen Verzerrungen stehen die eigentlichen ,,inneren" störenden Geruchs- und Geschmacksstoffe gegenüber. Ihre Bildung kann mikrobiologisch, enzymatisch, organisch-chemisch oder selbst physikalisch erfolgen.

7.3.1 Mikrobiologisch verursachte Fremdnoten

Oft sind unerwünschte Mikroorganismenstämme die Verursacher von störendem Geruch und Geschmack.

Pseudomonas graveolens produziert z. B. 2-Methoxy-3-isopropylidenpyrazin und verleiht so Milchprodukten den Geruch verschimmelter Kartoffeln. In Milch erzeugen psychotrope Bakterien erhöhte Mengen an Dimethylsulfid und verursachen so den ,,unsauberen" Geruch der Milch, während *Streptococcus lactis var. maltigenes* zu viel an Isobutanol und Isoamylalkohol liefert und ihr einen malzigen Fehlgeschmack gibt. *Pseudomonas fragii* hingegen verursacht durch exzessive Synthese von Ethylestern niederer Fettsäuren einen unerwünschten fruchtigen Geschmack der Milch. *Bacillus circulans* verleiht der Milch durch Kresole einen ,,Phenolgeschmack".

All diese Mikroorganismen wirken über ihre Enzyme. Zur Unterscheidung, ob ein Fehlaroma durch den Enzymapparat lebender Mikroorganismen verursacht wird oder durch Enzyme ohne lebende Mikroorganismen, prüft man mittels Überimpfen. Nimmt auf einem geeigneten Nährboden die zu untersuchende Aktivität, d. h. die Bildung des Fremdaromas, nach Bebrüten zu, so dürften Mikroorganismen die Ursache des Fremdaromas sein. Bei ,,freien" Enzymen findet unter diesen Bedingungen keine Steigerung der Fehlaroma-Intensität statt. Durch thermische Inaktivierung, d. h. Pasteurisierung, Sterilisation oder Blanchierung, lassen sich sowohl die mikrobiologische als auch die fermentative Aktivität stoppen; damit unterscheiden sich die Vorgänge fundamental von organisch-chemischen Prozessen.

7.3.2 Enzymatische Bildung von Fremdnoten

Die Bildung hydrophober bitterer Peptide war schon weiter oben besprochen worden. Ein weiterer interessanter Fall ist die Bildung bitterer Lipide durch Lipoxidasen und Lipasen von Getreide und Hülsenfrüchten. Diese Bitterkeit kann durch Enthülsen und Schälen vermieden werden. So wird auf diesem Wege z. B. bei Hafer, dessen hitzelabile Lipasen und Lipoxidasen vorher durch schonendes Dämpfen und Darren inaktiviert worden waren, die Bildung von ranzigen und bitteren Noten verhindert. Vitamine bleiben hierbei erhalten, auch das Eiweiß behält seine Wertigkeit, insbesondere treten keine Verluste an verfügbarem Lysin ein.

7.3.3 Entstehen von Fremdnoten durch chemische Reaktionen

Meistens entstehen diese Fremdnoten durch Additionsreaktionen an den Doppelbindungen, wobei oft Sauerstoff, Chlor oder Schwefelwasserstoff addiert werden.

7.3.3.1 Addition von Sauerstoff

Hier ist vor allem an die Autoxidation von Ölen und Fetten zu denken, die primär zu Hydroperoxiden und bei deren Zerfall zu Aldehyden führt, die u. a. für Ranzigkeit und Fischgeruch verantwortlich sind. Verallgemeinert gesagt, entstehen aus der doppelt ungesättigten Linolsäure einfach und doppelt ungesättigte Aldehyde, welche die Ranzigkeit verursachen, während sich aus den höheren ungesättigten Fettsäuren der Seetieröle Trienale und noch höher ungesättigte Aldehyde als Träger des Fischgeruchs bilden.

7.3.3.2 Addition von Chlor an aromatische Verbindungen

Der Korkgeschmack von Wein wird durch Trichloranisol hervorgerufen (203, 204), das folgendermaßen entsteht:

Lignin ⟶ 2,4,6-Trichlorphenol ⟶ 2,4,6-Trichloranisol ⟶ Wein

In den Erzeugerländern, meist im Mittelmeergebiet, wird die abgeschälte Rinde der Korkeiche in chlorhaltigen Bädern gebleicht, und es entstehen dabei aus Lignin Spuren von 2,4,6-Trichlorphenol. Mikrobiologisch werden diese dann zu 2,4,6-Trichloranisol methyliert, das der Wein bei der Lagerung aus den Flaschenkorken extrahiert. Für geübte Prüfer hat die Substanz einen Schwellwert in Wein von etwa 0,01 ppm. Zur Vermeidung dieses Fehlaromas wird entweder empfohlen, auf die Chlorbleiche zu verzichten oder die Mikroorganismen durch Strahlenbehandlung abzutöten.

Auch der ,,Apothekengeschmack" von Bier wird auf halogenierte aromatische Verbindungen zurückgeführt; das Chlor stammt hierbei aus stark gechlortem Leitungswasser.

7.3.3.3 Addition von Schwefelwasserstoff an Doppelbindungen

Ende der 60er Jahre tauchte in Produkten wie Schinken, Käse, Gefriergemüse, Dosenfleisch und Dosensuppen ein neuer, ungewohnter Fremdgeruch auf, den man als ,,Katzenuringeruch" bezeichnete. Es konnte nachgewiesen werden (205, 206), daß dafür das Reaktionsprodukt aus Mesityloxid und Schwefelwasserstoff verantwortlich ist.

$$(CH_3)_2C=CH-\underset{\underset{O}{\|}}{C}-CH_3 + H_2S \rightarrow (CH_3)\underset{\underset{SH}{|}}{C}-CH_2-\underset{\underset{O}{\|}}{C}-CH_3$$

Mesityloxid   2-Mercapto-2-methylpentanon-4

Schwefelwasserstoff gilt in Lebensmitteln als praktisch ubiquitär, Mesityloxid kommt in Spuren in Methylisobutylketon vor, einem der wichtigsten Lacklösungsmittel. Man kondensiert nämlich zu dessen Herstellung zunächst zwei Moleküle Aceton zu Diacetonalkohol.

$$(CH_3)_2\underset{\underset{O}{\|}}{C} + CH_3-\underset{\underset{O}{\|}}{C}-CH_3 \xrightarrow{OH} (CH_3)\underset{\underset{OH}{|}}{CH}-CH_2-\underset{\underset{O}{\|}}{C}-CH_3$$

Diacetonalkohol

Dann entwässert man den Diacetonalkohol zu Mesityloxid

$$(CH_3)\underset{\underset{OH}{|}}{CH}-CH_2-\underset{\underset{O}{\|}}{C}-CH_3 \xrightarrow[-H_2O]{H} (CH_3)_2C=CH-\underset{\underset{O}{\|}}{C}-CH_3$$

Mesityloxid

und hydriert anschließend das Mesityloxid zum Methylisobutylketon.

$$\begin{array}{c}CH_3\\ \\ CH_3\end{array}\!\!>\!\!C=CH-\underset{\underset{O}{\|}}{C}-CH_3 \xrightarrow{H_2} \begin{array}{c}CH_3\\ \\ CH_3\end{array}\!\!>\!\!CH-CH_2-\underset{\underset{O}{\|}}{C}-CH_3$$

Methylisobutylketon

In Methylisobutylketon sind nun offensichtlich noch Spuren des Mesityloxids vorhanden, die zu der oben beschriebenen Reaktion führen.

Auch hier ist der Schwellwert recht niedrig: 0,02 ppm Mesityloxid reichten schon aus, und H_2S ist in entsprechenden Konzentrationen praktisch immer vorhanden.

Da sich Schwefelwasserstoffspuren in Lebensmitteln wohl kaum vermeiden lassen, kann man zwar die Forderung erheben, in den Lacken kein Methylisobutylketon oder dieses nur in garantiert Mesityloxid-freier Form anzuwenden. Sicherheit gibt indes nur ein ,,Screening" der angewandten Lacke: Man erhitzt das zu untersuchende Material in verschlossenen Ampullen in einer mit Schwefelwasserstoff gesättigten Pufferlösung während 30 Min. auf 100°C und prüft nach Abkühlung und Öffnen der Ampullen sensorisch auf ,,Katzenuringeruch". Oder es wird ein Versuch mit einer einzelnen Dose durchgeführt, die mit dem zu untersuchenden Lack ausgekleidet und mit dem entsprechenden Lebensmittel gefüllt ist, indem man nach 48 Std. Lagerungszeit bei 5°C und anschließendem 85minütigen Erhitzen auf 116°C (Autoklav) nach Abkühlung und Öffnung der Dose sensorisch beurteilt.

7.3.3.4 ,,Physikalische" Gründe für Fremdnoten

Wird Milch in Glasflaschen intensivem Licht ausgesetzt, so entsteht in einem strahlungskatalysierten *Strecker*-Abbau aus Methionin und Vitamin B_2 das Methional und verursacht den ,,Lichtgeschmack".

$$CH_3-S-CH_2-CH_2-\underset{\underset{NH_2}{|}}{CH}-COOH \xrightarrow[Vit.B_2]{Licht} CH_3-S-CH_2-CH_2-\underset{\underset{H}{|}}{C}=O$$

Methionin   Methional

Verallgemeinert gesehen, sieht es so aus, daß grundsätzlich neue Reaktionen durch Belichtung nicht auftreten, daß aber bekannte Prozesse beschleunigt werden, wobei besonders wirksam sind einerseits die Wellenlängen von UV bis Blau, also etwa zwischen 200 und 500 mμ, andererseits Wellenlängen von Rot, also von etwa 600 mμ an.

Für Verpackungszwecke besonders geeignet sind entweder opake oder grüne Materialien. Grün gefärbte Pergamentbeutel verhinderten so das Ranzigwerden von Kartoffelchips. Diese Überlegungen sind von großer praktischer Bedeutung, zumal man in Kühltruhen Lichtstärken von 1000 bis 2000 Lux gemessen hat, in offenen Regalen 1500 Lux und bis 85 000 Lux in sonnigen Schaufenstern. Zum Vergleich: Zum Lesen und Schreiben reichen 40 bis 50 Lux aus. In den USA ist man deshalb von Neonröhren über Truhen schon wieder zur klassischen Glühfadenröhre zurückgekehrt, da diese eine Strahlung liefert, die weniger UV-Anteile enthält und somit ungefährlicher ist.

Auch im Bier wurde ein „Lichtgeschmack" beschrieben, er soll auch auf einer Schwefelverbindung, dem 3-Methyl-2-butenylmercaptan beruhen (207).

$$HS-CH_2-CH=C-CH_3$$
$$|$$
$$CH_3$$

3-Methyl-2-butenylmercaptan

Diese Verbindung kann möglicherweise aus Zuckermercaptalen entstehen (208).

7.4 Alphabetische Auflistung unerwünschter Geruchs- und Geschmacksnoten

Tab. 75 Unerwünschte Geruchs- und Geschmacksnoten

Fehler	Substrat	Verbindung(en)
Arzneimittelgeschmack	Bier	Chlorphenole
Bitterkeit	Milch, Käse	hydrophobe Peptide
	Getreide	bittere Lipide
	Lecithinderivate	bittere Lipide
	Gurken, Zucchinis	Cucurbitacine

Fortsetzung Tab. 75 Unerwünschte Geruchs- und Geschmacksnoten

Fehler	Substrat	Verbindung(en)
Desinfektionsgeschmack	Keks, Biskuit,	Chlorphenole
	Geflügel	Chlorphenole
Ebergeruch	Schweinefleisch	5-α-Androst-16-en-3-on
Fischgeruch	Fischprodukte	Amine, Trienale
	Fette	Trienale
Futtergeschmack	Milch	Schwefelverbindungen
Katzenuringeruch	Fleisch, Käse,	Reaktionsprodukt aus
	Suppen	Mesityloxid + H_2S
Korkgeschmack	Wein	Trichloranisol
Lichtgeschmack	Milch	Methional
	Bier	Methylbutenylmercaptan
Muffton	Wein	Pentachlorphenol
Muffton	Garnelen	Geosmin
Ranzigkeit	Fette	Dienale

Das Lebensmittelrecht von A–Z
Ein Lexikon mit 1500 Begriffen

Rechtsanwalt Peter Hahn ist Geschäftsführer des Bundesverbandes der Deutschen Erfrischungsgetränke-Industrie e.V. und Lehrbeauftragter an der Fachhochschule Niederrhein.
Diplom-Trophologin Bettina Muermann ist Redakteurin des BLL-Literaturdienstes, monatliche Beilage der Deutschen Lebensmittel-Rundschau, und übt einen Lehrauftrag in der Erwachsenenfortbildung aus.

**408 Seiten, Format 12 x 18 cm, Hardcover, Fadenheftung,
DM 98,– + MwSt. + Vertriebskosten**

Das neue Lexikon enthält 1500 Begriffe aus dem Lebensmittelrecht von A bis Z – mit leicht verständlichen, informativen und präzisen Erläuterungen.
Ein unentbehrlicher Begleiter für alle, die sich mit lebensmittelrechtlichen Fragen befassen. Ein Nachschlagewerk, das Sie als Fachmann in der Praxis brauchen.
Die ständige Weiterentwicklung von Lebensmittelwissenschaft und -technologie führt dazu, daß auch die Vorschriften über Herstellung, Kennzeichnung und Beurteilung von Lebensmitteln einem steten Wandel unterliegen. Dazu erschwert eine Vielzahl von Gesetzen, Verordnungen oder Leitsätzen den täglichen Umgang mit dem Lebensmittelrecht. Selbst für Fachleute ist es schwer, sich hier einen schnellen und zuverlässigen Überblick zu verschaffen.
In dieser Situation ist das neue „Lexikon Lebensmittelrecht" eine echte Hilfe: In diesem praxisgerechten Nachschlagewerk werden lebensmittelrechtliche Definitionen und warenkundliche Begriffe anschaulich erläutert – in einer auch für den Laien verständlichen Sprache. Eine ausführliche Einleitung behandelt die Grundlagen des Lebensmittelrechts. Der Anhang enthält ein Verzeichnis der wichtigsten lebensmittelrechtlichen Vorschriften, die Fundstellenliste für Zusatzstoffe sowie Anschriften der Überwachungsbehörden.
Das „Lexikon Lebensmittelrecht" wendet sich an alle, die täglich mit Lebensmitteln umgehen müssen:

- ☐ Fachleute in Herstellung, Vertrieb und Qualitätskontrolle
- ☐ Importeure, Exporteure
- ☐ Verbände, Untersuchungsämter
- ☐ interessierte Laien

Das „Lexikon Lebensmittelrecht" soll allen am Verkehr mit Lebensmitteln Beteiligten, der Industrie, dem Handel und den Behörden eine erste Orientierung geben, um damit zugleich den Umgang mit dieser Rechtsmaterie zu erleichtern.

BEHR'S...VERLAG

Averhoffstraße 10 · D–2000 Hamburg 76
Telefon (040) 2 20 10 51 · Telefax (040) 2 20 10 91 · Telex 2 15 012 behrs d

8. Aromen im Lebensmittelrecht

Seit 1959 gibt es in der Bundesrepublik Deutschland eine rechtssätzliche Regelung für Aromen. Seinerzeit war erlassen worden die ,,Verordnung über Essenzen und Grundstoffe" (Essenzen-Verordnung), die bis Ende 1981 in mehrfach geänderter Form Wirkung hatte. Vor Erlaß einer rechtssätzlichen Regelung erfolgte die Herstellung und Kennzeichnung von Aromen durch die ,,ALAG-Richtlinien für die Herstellung, Verpackung und Kennzeichnung von Essenzen (Aromen) und verwandten Erzeugnissen". Gesetzliche Grundlage ist heute die am 31. Dezember 1981 in Kraft getretene Aromen-Verordnung (BGBl I S. 1625, 1677). Eine Änderung erfolgte durch die Erste Änderungsverordnung vom 10. Mai 1983 (BGBl I S. 602) und durch die Änderung der Zusatzstoff-Verkehrsverordnung vom 10. Juli 1984 (BGBl I S. 897). Gestützt sind die Vorschriften der Aromen-Verordnung auf die im ,,Gesetz über den Verkehr mit Lebensmitteln, Tabakerzeugnissen, kosmetischen Mitteln und sonstigen Bedarfsgegenständen" (Lebensmittel- und Bedarfsgegenständegesetz) vom 15. August 1974 (BGBl I S. 1946) enthaltenen Ermächtigungen.

8.1 Die Einbindung der Aromen in das Lebensmittelrecht

Das ,,Grundgesetz" des Lebensmittelrechts, das Lebensmittel- und Bedarfsgegenständegesetz, erwähnt an keiner Stelle die Aromen. Dennoch findet das Recht für Aromen in diesem Gesetz seine Anbindung. Das erfolgt durch eine Subsumtion des Begriffs unter die Begriffsbestimmungen des Lebensmittel- und Bedarfsgegenständegesetzes. Dieses enthält eine Definition des Begriffs ,,Lebensmittel" und des Begriffs ,,Zusatzstoffe". Die einschlägigen Vorschriften lauten — auszugsweise — wie folgt:

§ 1 Lebensmittel
(1) Lebensmittel im Sinne dieses Gesetzes sind Stoffe, die dazu bestimmt sind, in unverändertem, zubereitetem oder verarbeitetem Zustand von Menschen verzehrt zu werden; ausgenommen sind Stoffe, die überwiegend dazu bestimmt sind, zu anderen Zwecken als zur Ernährung oder zum Genuß verzehrt zu werden.

§ 2 Zusatzstoffe
(1) Zusatzstoffe im Sinne dieses Gesetzes sind Stoffe, die dazu bestimmt sind, Lebensmitteln zur Beeinflussung ihrer Beschaffenheit oder zur Erzielung bestimmter Eigenschaften oder Wirkungen zugesetzt zu werden; ausgenommen sind Stoffe, die natürlicher Herkunft oder den natürlichen chemisch gleich sind und nach allgemeiner Verkehrsauffassung überwiegend wegen ihres Nähr-, Geruchs- oder Geschmackswertes oder als Genußmittel verwendet werden, sowie Trink- und Tafelwasser.

Bei näherer Betrachtung der beiden Legaldefinitionen stellt man fest, daß sie nicht von vornherein einander ausschließen. Sowohl den Lebensmitteln als auch den Zusatzstoffen ist gemeinsam, daß es sich bei diesen um ein und dieselben Substanzen (Stoffe) handeln kann. Unterschiede liegen lediglich hinsichtlich ihrer Zweckbestimmungen vor. Lebensmittel sind Stoffe mit der Zweckbestimmung des Verzehrs in unverändertem oder verarbeitetem Zustand, während Zusatzstoffe Stoffe mit der Zweckbestimmung sind, Lebensmitteln zur Beeinflussung ihrer

— Beschaffenheit oder zur Erzielung bestimmter

— Eigenschaften oder Wirkungen

zugesetzt zu werden. Versteht man in Ansehung dieser unterschiedlichen Zweckbestimmungen Aromen als Zubereitungen von Geruchs- oder Geschmacksstoffen, die zur Aromatisierung von Lebensmitteln bestimmt sind, dann liegt die Schlußfolgerung nahe, daß Aromen Zusatzstoffe sind. Dem steht in dieser Verallgemeinerung jedoch § 2 Abs. 1, 2. Halbsatz entgegen, der zum Ausdruck bringt, daß Stoffe, die natürlicher Herkunft oder den natürlichen chemisch gleich sind und nach allgemeiner Verkehrsauffassung überwiegend wegen ihres Nähr-, Geruchs- und Geschmackswertes verwendet werden, keine Zusatzstoffe sind. Insoweit ist bei den Zubereitungen von Geruchs- oder Geschmacksstoffen eine differenzierte Betrachtung erforderlich, die zeigt, daß solcherlei Geruchs- und Geschmacksstoffe nur dann als Zusatzstoffe anzusehen sind, wenn sie weder natürlicher Herkunft noch den natürlichen Stoffen chemisch gleich sind.

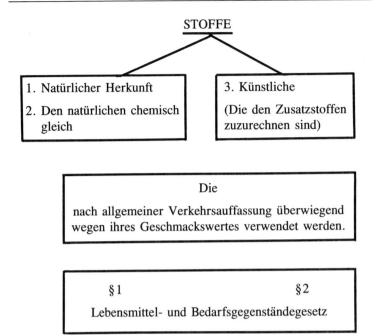

Hieraus ist der Schluß zu ziehen, daß zwischen drei unterschiedlichen Stoffgruppen unterschieden wird:

1. natürliche Stoffe

    und

2. den natürlichen chemisch gleiche Stoffe, die
    — nach allgemeiner Verkehrsauffassung überwiegend ihres
    — Nähr-, Geruchs- oder Geschmackswertes

    verwendet werden.

3. Stoffe, die dazu bestimmt sind, Lebensmitteln zur Beeinflussung ihrer Beschaffenheit oder zur Erzielung bestimmter Eigenschaften oder Wirkungen zugesetzt zu werden.

Allen ist gemeinsam, daß ihnen die Zweckbestimmung zum Zusatz eigen ist, während die Konkretisierung der Zweckbestimmung abzielt auf eine Beeinflussung der Beschaffenheit sowie der Erzielung bestimmter Eigenschaften oder Wirkungen. Voraussetzung für die Stoffe natürlicher Herkunft und die Stoffe, die den natürlichen chemisch gleich sind, ist weiterhin die überwiegende Verwendung wegen des Geruchs- oder Geschmackswertes, die zudem verkehrsüblich sein muß.

Die allgemeine Verkehrsauffassung ist die im wesentlichen übereinstimmende Auffassung aller am Verkehr mit Lebensmitteln beteiligten Kreise. Eine ,,überwiegende" Verwendung liegt vor, wenn der Nährwert usw. eines Stoffes in dem betreffenden Verwendungsfall die im Vordergrund stehende Ursache für die Verwendung dieses Stoffes ist, während die anderen Eigenschaften (z.B. technologische) in ihrer Bedeutung zurücktreten. Von einem ,,Nährwert" spricht man, wenn ein Stoff einen physiologisch verfügbaren Gehalt an kalorischen Nährstoffen oder nicht kalorischen Wirkstoffen (z.B. Vitamine) hat. Das Vorliegen eines Geruchs- oder Geschmackswertes setzt einen Gehalt an Geruchs- oder Geschmacksstoffen voraus, die Wirkungen auf das Geruchs- und Geschmacksempfinden der Menschen auslösen. Dabei ist zu unterscheiden zwischen einer Verwendung zur Geschmacksgebung einerseits und einer Verwendung zur Geschmacksverstärkung andererseits. Geschmacksverstärker werden, wie der Name bereits belegt, nicht wegen ihres eigenen Geschmackswertes verwendet. Sie sind deshalb stets Zusatzstoffe.

8.2 Aromen-Verordnung — eine spezialgesetzliche Regelung

Faßt man das Lebensmittel- und Bedarfsgegenständegesetz als eine grundsätzliche Normierung auf, die sich für das gesamte Lebensmittelrecht als Rahmenregelung darstellt, dann versteht es sich von selbst, daß für einzelne Lebensmittel verbindliche Standardisierungen zusätzlich zu erlassen sind. Diese Möglichkeit hat der Gesetzgeber u. a. in § 19 LMBG vorgesehen. Er enthält die Ermächtigung, zum Schutz des Verbrauchers Verordnungen zu erlassen. Im Hinblick auf diese Zielsetzung hat der Verordnungsgeber durch den Erlaß der bereits erwähnten Aromen-Verordnung Gebrauch gemacht. Wie die nachfolgende Übersicht deutlich macht, beinhaltet diese Verordnung neben den Begriffsbestimmungen und darauf aufbauenden Kennzeichnungsvorschriften insbesondere Stoffverbote bzw. Verwendungsbeschränkungen sowie Zusatzstoff-Vorschriften.

Auffälliges Kennzeichen dieser Verordnung ist im Vergleich zu der vormals geltenden Essenzen-Verordnung, daß in der Überschrift und im Text der Verordnung statt des Begriffes Essenz durchgängig das Wort Aroma gebraucht wird. Auslösendes Moment hierfür war der Erlaß der ,,Richtlinie zur Angleichung der Rechtsvorschriften der Mitgliedstaaten über die Etikettierung und Aufmachung von für den Endverbraucher bestimmten Lebensmitteln sowie die Werbung hierfür" (ABl. 1979 Nr. L 33 S. 1) im Dezember 1978. In dieser EG-Kennzeichnungs-Richtlinie wird das Wort Aroma gebraucht. Die Umsetzung dieser Richtlinie in das deutsche Recht führte notwendigerweise zu der Umgestaltung der Essenzen-Verordnung. Dies erfolgte im Rahmen der ,,Verordnung zur Neuordnung lebensmittelrechtlicher Kennzeichnungsvorschriften" (BGBl I S. 1625), die am 31. Dezember 1981 in Kraft getreten ist. Bestandteil dieser umfassenden Artikel-Verordnung ist die Aromen-Verordnung.

Inhaltsübersicht Aromen-Verordnung

§ 1 Begriffsbestimmungen
§ 2 Verbote und Verwendungsbeschränkung
§ 3 Zusatzstoffe
§ 4 Kennzeichnung
§ 5 Verkehrsverbote
§ 6 Straftaten und Ordnungswidrigkeiten
§ 7 Berlin-Klausel
Anlage 1
Anlage 2

8.3 Inhalt und Regelungsumfang der Aromen-Verordnung

Die Aromen-Verordnung ist schlechthin die zentrale Bestimmung für die Herstellung und Kennzeichnung von Aromen. Sie ist zugleich für den Bereich des gesamten Lebensmittelrechts anwendbar, soweit nicht abweichende Regelungen in produktspezifischen Vorschriften getroffen worden sind. Diese horizontale Vorschrift findet lediglich durch die Verordnung über das Inverkehrbringen von Zusatzstoffen und einzelnen wie Zusatzstoffe verwendeten Stoffen (Zusatzstoff-Verkehrsverordnung — ZVerkV) vom 10. Juli 1984 (BGBl I S. 897) eine Ergänzung. In dieser Verordnung sind Reinheitsanforderungen für alle in der Verordnung über die Zulassung von Zusatzstoffen zu Lebensmitteln (Zusatzstoff-Zulassungsverordnung — ZZulV) vom 22. Dezember 1981 (BGBl I S. 1633) und in der Aromen-Verordnung aufgeführten Zusatzstoffe enthalten.

8.3.1 Begriffsbestimmungen

§ 1 der Aromen-Verordnung enthält Begriffsbestimmungen, allerdings von unterschiedlicher Art. So werden dort definiert die Aromen und die Aromastoffe. Dabei fällt zunächst auf, daß der vormals verwendete Begriff ,,Essenzen" nicht mehr genannt wird, unter denen man konzentrierte Zubereitungen verstand, die dazu bestimmt waren, Lebensmitteln einen besonderen

Geruch oder Geschmack zu verleihen. Die für Aromen gefundene Definition spricht hingegen nur noch von Zubereitungen, wie nachfolgend festgestellt werden kann:

> Aromen im Sinne dieser Verordnung sind Zubereitungen von Geruchs- oder Geschmacksstoffen (Aromastoffen), die ausschließlich zur Aromatisierung eines Lebensmittels bestimmt sind.

Die im Vergleich zur vormals geltenden Essenzen-Verordnung abgeänderte Definition hat jedoch keine materiellen Auswirkungen. Denn es ist begriffsnotwendig, daß Aromen letztlich stets Aromastoffe in konzentrierter Form enthalten und dieserhalb weder zum unmittelbaren Genuß bestimmt noch geeignet sind. Insoweit werden die Begriffe Aromen bzw. Essenzen synonym verwendet. Belegt wird dies durch die nachfolgende Aufschlüsselung der Begriffsbestimmung:

Aromen sind
— Zubereitung von
— Geruchs- *oder* Geschmacksstoffen (Aromastoffe), die
— ausschließlich zur Aromatisierung von Lebensmitteln bestimmt sind

Aromen sind *nicht*
— Erzeugnisse, die Lebensmitteln einen ausschließlich
süßen (Zucker)
sauren (Milchsäure)
oder salzigen (Nitritpökelsalz)
Geschmack verleihen
— Erzeugnisse im Sinne der Fleischbrühwürfel-VO und ähnliche Erzeugnisse wie Extrakte aus Fleisch

Aroma = Essenz

Zubereitung = Verarbeitung einer oder mehrerer Stoffe
= Behandlung, um gewisse Eigenschaften zu erzielen, d. h. auch konzentrierte Zubereitungen, die Anreicherung der Geruchs- und Geschmackseigenschaften bewirken.

Unter einer ,,Zubereitung" versteht man ein Behandeln von Stoffen, die letztlich zur konzentrierten Form führt. Doch nicht jede Zubereitung ist hier angesprochen, sondern nur die von Geruchs- oder Geschmacksstoffen. Es soll damit gewährleistet sein, daß eine wesentlich über den ursprünglichen Gehalt des Rohstoffes hinausgehende Anreicherung der Geruchs- und Geschmackseigenschaften erfolgt. Eine solche Zubereitung muß unter der ausschließlichen Zweckbestimmung der Aromatisierung erfolgen. Damit ist beispielsweise die Herstellung eines Fruchtsaftkonzentrats, das später wieder rückverdünnt wird, nicht als eine Zubereitung von Aromastoffen zu verstehen. Denn hier fehlt es bereits an der Ausschließlichkeit zur Aromatisierung. In Verfolg dieses Beispiels läßt sich als ungeschriebenes Tatbestandsmerkmal anführen, daß Aromen solch konzentrierte Zubereitungen sind, die weder zum unmittelbaren Genuß bestimmt noch geeignet sind. Das steht im Einklang mit dem geschriebenen Tatbestandsmerkmal der Zweckbestimmung der ausschließlichen Eignung von Aromen zur Aromatisierung von Lebensmitteln. Aromatisierung ist das Hervorrufen eines bestimmten Geschmacks oder Geruchs.

Unmaßgeblich ist es, in welchem Aggregatzustand sich die Aromen befinden. Sie können flüssig, pasten- oder pulverförmig sein.

Aromen müssen auch nicht ausschließlich Geruchs- und Geschmacksstoffe beinhalten. Sie können daneben noch Lösungsmittel, Trägerstoffe und Stoffe zur Geschmacksbeeinflussung sowie — soweit ausdrücklich zugelassen — Konservierungsstoffe, Schwefeldioxid, Farbstoffe und Antioxidantien enthalten. Insgesamt dürfen diese Zusätze aber nur in den technologisch erforderlichen Mengen beigegeben werden.

Doch nicht jeder Stoff, der in einem Lebensmittel einen bestimmten Geschmack bewirkt, ist bereits als Aromastoff anzusehen, selbst wenn ihm ausschließlich eine solche Zweckbestimmung beigegeben wird. Als Aromen gelten nicht:

    1. Erzeugnisse, die Lebensmitteln einen ausschließlich süßen, sauren oder salzigen Geschmack verleihen,

    2. Erzeugnisse, die den Vorschriften der Verordnung über Fleischbrühwürfel und ähnliche Erzeugnisse in dem Bundesgesetzblatt Teil III, Gliederungsnummer 2125-4-18, veröffentlichten bereinigten Fassung, geändert durch Art. 13 der Verordnung vom 16. Mai 1975 (BGBl I S. 1281), unterliegen sowie Extrakte aus Fleisch.

Durch diese Ausnahmeregelung werden all die Stoffe vom Aromenbegriff ausgenommen, die Lebensmitteln lediglich ausschließlich einen süßen, sauren oder salzigen Geschmack verleihen. Das sind beispielsweise Zucker, Genußsäuren wie die Milchsäure oder Nitritpökelsalz.

Auffallend ist, daß im Vergleich zu § 1 Abs. 2 Essenzen-Verordnung die dort enthaltene Begriffsbestimmung für Grundstoffe nicht in die Aromen-Verordnung übernommen worden ist. Der Verordnungsgeber hielt dies für entbehrlich. Gleichwohl gibt es nach wie vor solche Erzeugnisse. Unter dem Begriff Grundstoff werden alle Halbfertigerzeugnisse verstanden, mithin

Zwischenerzeugnisse, z. B. für die Herstellung von Getränken, wobei die Weiterverarbeitung zu Getränken nicht die ausschließliche Zweckbestimmung dieser Erzeugnisse sein muß.

Grundstoffe sind zusammengesetzte Zutaten, die unter Nennung ihrer Verkehrsbezeichnung im Zutatenverzeichnis anzugeben sind. Einschlägige Erzeugnisse können weiterhin mit der für sie üblichen Bezeichnung „Grundstoff" mit oder ohne Ergänzung versehen werden.

Einteilung der Aromastoffe

Aus der vorgenannten Begriffsbestimmung für Aromen ist abzuleiten, daß die Aromastoffe die tragenden Bestandteile eines Aromas sind, da sie ihm den charakteristischen Geruch und Geschmack geben. Nach der vormals geltenden Essenzen-Verordnung kannte man folgende Aromastoffgruppen:

1. Aroma und Essenzen natürlich	Geruchs- und Geschmacksstoffe sowie Trägerstoffe natürlicher Herkunft
2. Aroma oder Essenz mit natürlichem Aromastoff	Geruchs- und Geschmacksstoffe natürlicher Herkunft Trägerstoffe können Zusatzstoffe sein, fener Zusatzstoffe wie Konservierungsstoffe oder Antioxydationsmittel
3. Aroma oder Essenz	Geruchs- und Geschmacksstoffe natürlicher Herkunft Trägerstoffe können Zusatzstoffe sein, Aminosäuren, Geschmacksverstärker und ähnliche Zusatzstoffe
4. Aroma oder Essenz, künstlich	Geruchs- und Geschmacksstoffe können ganz oder z.T. künstlichen Ursprungs sein. Es sind jedoch nur solche künstlichen Stoffe enthalten, die den natürlichen chemisch gleich, also naturidentisch sind; Trägerstoffe können Zusatzstoffe sein
5. Aroma oder Essenz mit künstlichem Aromastoff	Neben den unter Aromagruppe 3 genannten Geruchs- und Geschmacksstoffen können auch solche vorhanden sein, die in der Natur kein Vorbild haben und die somit den Zusatzstoffen zugeordnet werden müssen; Trägerstoffe können Zusatzstoffe sein.

Diese Aufgliederung hat der Verordnungsgeber aufgegeben und eine Dreiteilung vorgenommen. Danach sind Aromastoffe

1. ,,natürlich'',
wenn sie aus natürlichen Ausgangsstoffen ausschließlich durch physikalische oder fermentative Verfahren gewonnen werden,
2. ,,naturidentisch'',
wenn sie natürlichen Aromastoffen chemisch gleich sind,
3. ,,künstlich'',
wenn sie weder unter 1 noch unter 2 fallen.

Nach dieser Dreiteilung werden die Aromastoffe in § 1 Abs. 3 definiert als ,,natürliche'', ,,naturidentische'' und ,,künstliche'' Aromastoffe.

Die Klassifizierung als *natürlicher* Aromastoff setzt die Verwendung natürlicher Ausgangsstoffe voraus, die ausschließlich durch physikalische Methoden wie Mischen, Extrahieren oder Destillieren oder durch fermentative Verfahren gewonnen worden sind. Dem steht nicht entgegen, wenn im Rahmen der Herstellung eines Aromastoffs aus natürlichen Ausgangsstoffen natürliche etherische Öle verarbeitet werden.

Während ein fermentatives Verfahren, also ein durch Enzyme bewirkter biochemischer Prozeß, mit der Folge der chemischen Veränderung des Ausgangsstoffes die Natürlichkeit des Ausgangsstoffes nicht verändert, ist dies jedoch bei fermentativen Verfahren, bei denen der natürliche Ablauf von solchen Verfahren durch künstliche Eingriffe verändert wird, der Fall. Abgestellt wird somit nicht auf den natürlichen Gehalt an Geruchs- oder Geschmacksstoffen, sondern vielmehr auf die Natürlichkeit des Ausgangsstoffes. Das gestattet die Einschaltung mehrerer Herstellungsvorgänge und demzufolge auch mehrerer Zwischenprodukte.

Entsprechend § 2 Abs. 1 LMBG müssen *naturidentische* Aromastoffe den in der Natur vorkommenden Geruchs- oder Geschmacksstoffen chemisch gleich sein. Diese Voraussetzung ist erfüllt, wenn ein Aromastoff völlig mit dem Naturvorbild übereinstimmt und den gleichen Molekülaufbau aufweist. Das ist insoweit von Bedeutung, als durch die geforderte gleiche Konfiguration auch die physiologische Wirkung sowie Geruch und Geschmack abhängen können.

Ein besonderer Reinheitsgrad wird dabei nicht verlangt. Allerdings dürfen sie keine Verunreinigungen oder Rückstände von ihrer Herstellung her enthalten.

Künstliche Aromastoffe (Zusatzstoffe) sind solche Substanzen, die in der Natur bislang nicht nachgewiesen werden konnten. Sie sind daher weder den natürlichen noch den naturidentischen Aromastoffen zuzuordnen.

8.3.2 Herstellung von Aromen

Da das Aromenrecht Teil des gesamten Lebensmittelrechts ist, gelten für die Herstellung von Aromen auch die Grundnormen des Lebensmittelrechts. Der diesbezügliche Ordnungsrahmen ist durch das Lebensmittel- und Bedarfsgegenständegesetz vorgegeben. Dieses trägt hinsichtlich seiner Systematik dem Grundsatz der Verhältnismäßigkeit Rechnung. Dieser Rechtsgedanke ist dadurch geprägt, daß das angewendete Mittel nicht stärker sein und der Eingriff nicht weitergehen darf, als der Zweck der Maßnahme es rechtfertigt. Vor diesem Hintergrund unterliegt die Herstellung von Lebensmitteln so lange keinem Erlaubnisvorbehalt, wie nicht das Hauptanliegen des Lebensmittelrechts, der Schutz des Verbrauchers vor möglichen Gesundheitsschäden und vor Täuschung ohne unnötige Behinderung der wirtschaftlichen Entwicklung gefährdet wird. Die Grenze des Erlaubten wird also durch den Mißbrauch gezogen, die in vielen Fällen prophylaktisch durch den Erlaß rechtsverbindlicher Normen gezogen worden ist. Das bedeutet auf den Bereich der Aromen übertragen, daß alle am Verkehr mit Aromen Beteiligten frei sind, Aromen in einer bestimmten Zusammensetzung in einer bestimmten Art herzustellen und zu vertreiben. Den Rahmen dieser generellen Erlaubnis für die Herstellung von Aromen bildet die Aromen-Verordnung im einzelnen und das Lebensmittel- und Bedarfsgegenständegesetz im allgemeinen.

Nach §8 LMBG ist es verboten,

> 1. Lebensmittel für andere derart herzustellen oder zu behandeln, daß ihr Verzehr geeignet ist, die Gesundheit zu schädigen;

> 2. Stoffe, deren Verzehr geeignet ist, die Gesundheit zu schädigen, als Lebensmittel in den Verkehr zu bringen.

Nicht in allen Fällen bedarf es jedoch eines absoluten Verbots. Verwendungsbeschränkungen in Einzelfällen können dem Anliegen des Verbraucherschutzes ebenfalls Rechnung tragen. Auf Aromen bezogen, hat der Verordnungsgeber das generelle Verbot zum Schutz der Gesundheit mit §2 Aromen-Verordnung konkretisiert, der Verbote und Verwendungsbeschränkungen enthält.

Der durch dieses Mißbrauchsprinzip weitgesteckte Rahmen für die Herstellung von Lebensmitteln und damit auch für die Herstellung von Aromen hat jedoch eine über §8 LMBG hinausgehende Einschränkung erfahren. So wurde mit §11 LMBG ein Verbotsprinzip eingeführt, das bedeutet, daß bestimmte für die Lebensmittelherstellung geeignete und technisch erforderliche Stoffe nicht oder nur begrenzt verwendet werden dürfen, da eine unbegrenzte Verwendung dieser Stoffe Risiken hinsichtlich ihrer Auswirkungen auf die menschliche Gesundheit in sich bergen könnte. Deshalb ist die Verwendung von Zusatzstoffen gemäß § 11 LMBG generell verboten. Damit sind auch Zusatzstoffe, die bei der Herstellung von Aromen verwendet werden, generell verboten, solange sie nicht ausdrücklich zugelassen werden, wie sich aus § 12 LMBG ergibt. Von der dort vorgesehenen Ermächtigung durch Rechtsverordnung den Einsatz bestimmter Zusatzstoffe zuzulassen, hat der Verordnungsgeber in Bezug auf die Herstellung von Aromen im Rahmen der Aromen-Verordnung und im Rahmen der Zusatzstoff-Zulassungsverordnung Gebrauch gemacht.

8.3.2.1 Verbote und Verwendungsbeschränkungen

Eine Konkretisierung des in § 8 LMBG allgemeinen Verbots zum Schutz der Gesundheit hat der Verordnungsgeber in § 2 Aromen-Verordnung vorgenommen. Dort sind für bestimmte Stoffe Verbote, für andere Stoffe Verwendungsbeschränkungen ausgesprochen. Es geht mithin um Regelungen für solche Stoffe, die für die Herstellung von Aromen und anderen Lebensmitteln aus gesundheitlichen Gründen entweder überhaupt nicht oder nur in gesundheitlich unbedenklicher Menge verwendet werden dürfen. Unmaßgeblich ist dabei, ob die betreffenden Stoffe aus natürlichen Rohstoffen gewonnen oder synthetisch hergestellt werden.

Um die Lesbarkeit der Vorschrift zu gewährleisten, hat der Verordnungsgeber davon Abstand genommen, die einzelnen Stoffe in der Vorschrift des § 2 Aromen-Verordnung selbst aufzulisten. Sie sind in Anlage 1 zu § 2 Aromen-Verordnung festgehalten, wie die nachfolgende Darstellung ergibt.

<u>Totales Verbot laut § 2 Abs. 1</u>

Agarizinsäure (Agarizin, *Acidum agaricinicum*)
Asaron, ausgenommen asaronhaltige Pflanzen und Pflanzenteile wie Calmus (*Acorus calamus*)
Birkenteeröl *(Oleum Betulae empyreumaticum)*
Bittermandelöl mit einem Gehalt an freier oder gebundener Blausäure
Bittersüßstengel (*Stipites Dulcamarae*)
Cumarin, Tonkabohne (Semen Toncae), Vanillewurzelkraut (*Liatris odoratissima*), Steinklee (*Melilotus officinalis*) und Waldmeister (*Asperula odorata*)
Engelsüßwurzelstock (*Rhizoma Polypodii, Rhizoma Filicis dulcis*)
Poleyminze (*Herba Pulegii*)
Quillaiarinde (Seifenrinde, *Cortex Quillaiae*)

Rainfarnkraut (Wurmkraut, *Herba Tanaceti*)
Rautenkraut (*Herba Rutae*)
Rizinusöl (*Oleum Ricini*)
Safrol, Sassafrasholz (*Lignum Sassafras*), Sassafrasblätter (*Folia Sassafras*), Sassafrasrinde (*Cortex Sassafras*), Sassafrasöl (*Oleum Sassafras*), Campherholz *(Lignum Camphorae)*:
Stammpflanze *Cinnamomum camphora*), Safrol enthaltende Campheröle, jedoch nicht Muskatnuß (*Semen Myristicae*)
Thujon, ausgenommen thujonhaltige Pflanzen und Pflanzenteile wie Wermutkraut (*Herba Absinthii*) und Beifuß (Herba Arthemisiae)
Wacholderteeröl (*Oleum Juniperi empyreumaticum*)

Wie Anlage 1 zeigt, handelt es sich bei der Bestimmung von §2 Aromen-Verordnung um ein Negativ-/Restriktivlisten-System zur Regelung von Stoffen mit pharmakologischen Wirkungen. Angesprochen sind bestimmte Stoffe, Pflanzen, Pflanzenteile und -inhaltstoffe, die pharmakologisch stark wirksam sind und deren Verwendung zum Aromatisieren von Lebensmitteln mit nachteiligen Folgen für den Verbraucher verbunden sein können.

Diese Verbote sind allgemeinverbindlich. Selbst dann, wenn im Einzelfall ein Gegenbeweis angetreten werden kann, ist eine Verwendung ausgeschlossen.

Von diesem allgemeinen Verbot unterscheidet sich Anlage 1 Nr. 2 dadurch, daß die dort aufgeführten Stoffe eine beschränkte Zulassung erfahren haben. Ausgehend von der Systematik der Anlage 1 Nr. 2 wird in Spalte 1 der betreffende Stoff, in Spalte 2 der zulässige Verwendungszweck und in Spalte 3 die Höchstmenge, die in einem Liter zugesetzt werden darf, dargestellt. Dabei fällt auf, daß in Anlage 1 Nr. 2 die dort aufgeführten Stoffe nur bei den in Spalte 2 erwähnten Getränken verwendet werden dürfen.

<u>Beschränkte Zulassung laut §2 Abs. 2</u>

Stoff	Verwendung	Höchstmenge in einem Liter des verzehrfertigen Getränks
1	2	3
a) Calmusöl	Trinbranntweine	1 mg Asaron
b) Chinarinde, Chinin	Trinkbranntweine	300 mg Chinin
	alkoholfreie Erfrischungsgetränke	85 mg Chinin

Stoff	Verwendung	Höchstmenge in einem Liter des verzehrfertigen Getränks
1	2	3
c) Cumarinhaltige Gräser wie Büffelgras *(Hierochlose australis)* und Mariengras *(Hierochlose odorata)*	Trinkbranntweine mit einem Alkoholgehalt von mindestens 38 % vol.	10 mg Cumarin
d) Quassiaholz *(Lignum Quassiae)*	Trinkbranntweine	50 mg Quassin
e) thujonhaltige Pflanzen und Pflanzenteile	Trinkbranntweine mit einem Alkoholgehalt von mindestens 25 % vol.	10 mg Thujon
	andere Trinkbranntweine	5 mg Thujon

8.3.2.2 Zulassung von Zusatzstoffen

Die bei der Herstellung von Aromen zugelassenen Zusatzstoffe sind im wesentlichen in §3 Aromen-Verordnung aufgeführt. Zugelassen sind

a) künstliche Aromastoffe (Abs. 1 Nr. 1-3)
b) geschmacksbeeinflussende Stoffe (Abs. 1 Nr. 4) und
c) Lösungsmittel und Trägerstoffe (Abs. 1 Nr. 4).

Die Nennung erfolgt im einzelnen in Anlage 2

Anlage 2 Nr. 1 b) und c)

	Höchstmenge im verzehrfertigen Lebensmittel*)
b) Ammoniumchlorid	20 g (Herstellung Lakritzwaren)
c) Chininhydrochlorid Chininsulfat	insgesamt 300 mg bei Trinkbranntweinen
	85 mg bei alkoholfreien Erfrischungsgetränken
	jeweils berechnet als Chinin (einschließlich der Zusätze nach Anlage 1 Nr. 2 Buchstabe b)

*) Die Höchstmengen beziehen sich in den Fällen der Nummer 1 Buchstaben a und b und der Nummer 2 auf ein Kilogramm, im Falle der Nummer 1 Buchstabe c auf einen Liter.

Anlage 2 Nr. 2 Lediglich zur Geruchs- oder Geschmacksverstärkung oder unwesentlichen Veränderung

2. Geschmacksbeeinflussende Stoffe

L-Alanin
L-Arginin
L-Asparaginsäure
L-Citrullin
L-Cystein
L-Cystin
Glycin
L-Histidin
L-Isoleucin
L-Leucin
L-Lysin
L-Methionin
L-Phenylalanin
L-Serin
Taurin
L-Threonin
L-Valin

insgesamt 500 mg und nicht mehr als 300 mg je Einzelsubstanz, jeweils berechnet als Aminosäure

sowie die Natrium- und Kaliumverbindungen und die Hydrochloride dieser Aminosäuren

L-Glutaminsäure Natriumglutamat Kaliumglutamat	insgesamt 10 g, berechnet als Glutaminsäure
Inosinat Guanylat	insgesamt 500 mg
Maltol Äthylmaltol	10 mg 50 mg

Spezielle Zulassungen in AromenVO

Anlage 2 Nr. 1 a

1. Aromastoffe

a) Äthylvanillin   250 mg
   Allylphenoxiacetat   2 mg

α-Amylzimtaldehyd	1 mg
Anisylaceton	25 mg
Hydroxicitronellal	insgesamt 25 mg
Hydroxicitronellaldiäthylacetal	berechnet
Hydroxicitronellaldimethylacetal	als Hydroxicitronellal
6-Methylcumarin	30 mg
Heptinsäuremethylester	4 mg
β-Naphthylmethylketon	5 mg
2-Phenylpropionaldehyd	1 mg
Piperonylisobutyrat	3 mg
Propenylguaethol	25 mg
Resorcindimethyläther	5 mg
Vanillinacetat	25 mg

Bestimmt für Lebensmittel und Zutaten der

<u>Anlage 3</u>

1. Künstliche Heiß- und Kaltgetränke, Brausen
2. Cremespeisen, Pudding, Geleespeisen, rote Grütze, süße Soßen und Suppen
3. Kunstspeiseeis
4. Backwaren, Teigmassen und deren Füllungen
5. Zuckerwaren, Brausepulver
6. Füllungen für Schokoladenwaren
7. Kaugummi

<u>Anlage 2 Nr. 3</u> Lösungsmittel und Trägerstoffe für Aromen

3. Lösungsmittel, Trägerstoffe

Lecithine (E 322)
Glycerin (E 422)
Glycerinacetate
1,2-Propylenglycol
Äthylcitrate
Äthyllactat
Isopropanol
Benzylalkohol

Mono- und Diglyceride der Speisefettsäuren (E 471), auch verestert
mit Essigsäure (E 472 a), Milchsäure (E 472 b),
Citronensäure (E 472 c) oder Weinsäure (E 472 d)

Alginsäure (E 400)
Natriumalginat (E 401)
Kaliumalginat (E 402)
Calciumalginat (E 404)
Agar-Agar (E 406)
Carrageen (E 407)
Johannisbrotkernmehl (E 410)
Guarkernmehl (E 412)
Traganth (E 413)
Gummi arabicum (E 414)
Xanthan (E 415)
Pektine (E 440 a)
Methylcellulose (E 461)
Carboximethylcellulose (E 466)
acetyliertes Distärkephosphat (E 1414)
Stärkeacetat verestert mit Essigsäureanhydrid (E 1420)
acetyliertes Distärkeadipat (E 1422)

Calcium- (E 470) und Magnesiumstearat
Natrium-, Kalium- (E 261) und Calciumacetat (E 263)
Natrium- (E 325), Kalium- (E 326) und Calciumlactat (E 327)
Natrium- (E 331), Kalium- (E 332) und Calciumcitrate (E 333)
Natrium-, Kalium-, Calcium- (E 170) und Magnesiumcarbonat
Sorbit (E 420)

Kolloide Kieselsäure und Dicalciumorthophosphat (E 341) zur
Erhaltung der Rieselfähigkeit von pulverförmigen Aromen bis
zu 50 mg in 1 kg des verzehrfertigen Lebensmittels

Zu a) künstliche Aromastoffe

Die in Anlage 2 Nr. 1 aufgeführten Zusatzstoffe dürfen nicht schlechthin bei allen Lebensmitteln verwendet werden, sondern nur bei denen, die in Anlage 3 zu §3 Abs. 1 Nr. 1 Aromen-Verordnung aufgeführt sind; d. h. die in Anlage 2 Nr. 1 bis 3 ausdrücklich erwähnten künstlichen Aromastoffe dürfen nur bei bestimmten Lebensmitteln zum Einsatz gelangen. Ausgehend von der eingangs aufgezeigten Systematik, handelt es sich bei den künstlichen Aromastoffen um Zusatzstoffe. Dabei ist der Verordnungsgeber davon ausgegangen, daß die aufgelisteten künstlichen Aromastoffe als Zusatzstoffe für die Komposition von Aromen wegen ihrer besonderen Geschmackseigenschaften und aus technologischen Gründen nicht entbehrlich sind. Diese Voraussetzung kann gegeben sein, wenn bestimmte Aromastoffe nicht unzersetzt aus natürlichen Rohstoffen gewonnen werden können oder daß die Natur diese Aromastoffe nicht in ausreichender Menge liefern kann oder daß die technische Zubereitung der Lebensmittel natürliche Aromastoffe zerstört. Nach den derzeitigen Erkenntnissen liegen keine Anhaltspunkte vor, wonach mit der Verwendung dieser zugelassenen künstlichen Aromastoffe möglicherweise Gesundheitsgefährdungen verbunden sein können. Wenn gegenwärtig auch rund 300 künstliche Aromastoffe bekannt sind, hat sich der deutsche Verordnungsgeber jedoch auf nur insgesamt 18 verschiedene beschränkt.

Zu b) geschmacksbeeinflussende Stoffe

Die in Anlage 2 Nr. 2 aufgeführten geschmacksbeeinflussenden Stoffe, die sog. Geschmacksverstärker, dürfen, soweit ausdrücklich in der Anlage 2 Aromen-Verordnung angesprochen, nur unter Beachtung bestimmter Mengenbegrenzungen, die auf das verzehrfertige Lebensmittel bezogen sind, zur Geschmacksbeeinflussung von Aromen insoweit verwendet werden, als dadurch deren Geruch und Geschmack nur verstärkt oder unwesentlich verändert wird. Die Verwendung dieser Stoffe zur Erzielung eines neuen Geruchs oder Geschmacks ist nicht zulässig.

Bei einem Vergleich mit den Regelungen der Zusatzstoff-Zulassungsverordnung stellt man fest, daß diese geschmacksbeeinflussenden Stoffe bereits durch die Zusatzstoff-Zulassungsverordnung (§ 2 Abs. 1 und Anlage 2) erlaubt sind. Daß diese Zusatzstoffe gleichwohl ausdrücklich in der Aromen-Verordnung angesprochen worden sind, hängt damit zusammen, daß gemäß § 2 Zusatzstoff-Zulassungsverordnung die dort aufgeführten allgemeinen und beschränkten Zulassungen nicht für Aromen gelten. Insoweit bedurfte es der spezialgesetzlichen Regelung in der Aromen-Verordnung selbst.

Zu c) Lösungsmittel und Trägerstoffe

Ferner ist in Anlage 3 Aromen-Verordnung eine Liste der zugelassenen Lösungsmittel, Emulgatoren, Trägerstoffe usw. aufgeführt. Sie wird ergänzt durch verschiedene Stoffe, deren Zusatz zu Aromen aus technologischen Gründen erforderlich und gesundheitlich unbedenklich ist. Das schließt jedoch nicht aus, daß sonstige Trägerstoffe, die im Bereich der Lebensmittel-Industrie Einsatz finden und die nicht Zusatzstoffe im Sinne von § 2 LMBG sind (z. B. Äthylalkohol, Zucker und Stärke) nicht gesondert zugelassen werden müssen. Solche Trägerstoffe sind letztlich gebräuchliche Lebensmittel. Diese Stoffe dienen ausschließlich technologischen Zwecken, nämlich als Süßungsmittel und Trägerstoffe sowie zur Erhaltung der Rieselfähigkeit. Von der Festsetzung mengenmäßiger Begrenzungen hat der Verordnungsgeber mit Ausnahme bei kolloider Kieselsäure Abstand genommen. Hinsichtlich der anderen Stoffe sah er keine Notwendigkeit. Die Tatsache, daß er für kolloide Kieselsäure hingegen eine mengenmäßige Begrenzung vorgeschrieben hat, ist darauf zurückzuführen, daß kolloide Kieselsäure zur Erhaltung der Rieselfähigkeit aller pulverförmigen Essenzen zugelassen ist, der Gehalt im damit hergestellten verzehrsfertigen Lebensmittel jedoch im Hinblick auf die vom Bundesgesundheitsamt geäußerten Bedenken die geringfügige Menge von 50 mg je Kilogramm jedoch nicht überschreiten darf.

Die Auflistung der Zusatzstoffe in der Aromen-Verordnung stellt keinen abschließenden Katalog dar. Aromen können neben den durch die Aromen-Verordnung ausdrücklich zugelassenen Stoffen auch solche Zusatzstoffe enthalten, die ihrerseits durch die Zusatzstoff-Zulassungsverordnung zugelassen und zum Schutz gegen vorzeitigen Verderb bzw. zur Färbung zugelassen und listenmäßig erfaßt sind.

Der Regelungsumfang der Zusatzstoff-Zulassungsverordnung ergibt, daß gem. §2 Abs. 3 Nr. 6 bei Aromen nicht verwendet werden dürfen die

— allgemein zugelassenen Zusatzstoffe der Anlage 1,
— beschränkt zugelassenen Zusatzstoffe der Anlage 2.

Es gelten aber die Zulassungen der §§ 3 bis 6, Anlagen 3-6 auch für Aromen:

        Anlage 3 Konservierungsstoffe
        Anlage 4 Schwefeldioxid
        Anlage 5 Antioxidantien
        Anlage 6 Farbstoffe

Im einzelnen sind dies folgende Zusatzstoffe:

— Sorbinsäure, Benzoesäure und PHB-Ester als Konservierungsstoffe für wasserhaltige Aromen mit einem Alkoholgehalt unter 12% (§3, Anlage 3 Liste B Nr. 35 Zusatzstoff-Zulassungsverordnung)
— Propylgallat, Octylgallat, Dodecylgallat sowie BHA und BHT als Antioxydantien für alle Aromen gemäß den nachfolgend aufgeführten Höchstmengen (§5, Anlage 5, Liste B Nr. 6 Zusatzstoff-Zulassungsverordnung).

Schließlich ist darauf aufmerksam zu machen, daß grundsätzlich auch für den Bereich der Aromen § 7 Abs. 1 Zusatzstoff-Zulassungsverordnung gilt. Danach dürfen Aromen mit einem für sie zulässigen Gehalt an Zusatzstoffen auch im Wege der Weiterverarbeitung zur Herstellung solcher Lebensmittel verwendet werden, für die die betreffenden Zusatzstoffe nicht direkt zugelassen sind („Carry-Over"). Dabei bleiben etwaige produktspezifische Regeln hinsichtlich der verzehrsfertigen Endprodukte unberührt. Im umgekehrten Fall dürfen gem. § 7 Abs. 2 Zusatzstoff-Zulassungsverordnung Zwischenprodukte, also auch Aromen, die jeweils zur Herstellung eines anderen Lebensmittels bestimmt sind, alle für das betreffende Enderzeugnis zugelassenen Zusatzstoffe enthalten. Vor dem Hintergrund des letztgenannten Falles ist dann auch der Zusatz der Anlage 1 und Anlage 2 Zusatzstoff-Zulassungs-Verordnung aufgeführten Zusatzstoffe für Aromen zulässig, sofern der Zusatzstoff für das Lebensmittel, zu dessen Herstellung das Aroma bestimmt ist, zugelassen ist.

8.3.2.3 Höchstmengenbegrenzungen für Zusatzstoffe

Die Verwendung von Zusatzstoffen unterliegt gem. § 3 Abs. 2 AromenV grundsätzlich mengenmäßigen Begrenzungen, die im Bezugslebensmittel oder in Einzelfällen in dessen Bestandteilen nicht überschritten werden dürfen.

Zu den Zusatzstoff-Höchstmengen sind im einzelnen folgende Anmerkungen zu machen:

Künstliche Aromastoffe
Stoffbezogene Höchstmengen mit Bezug auf das verzehrfertige Lebensmittel.

Geschmacksbeeinflussende Stoffe
Höchstmengen im verzehrfertigen Lebensmittel bei unterschiedlichen Bezugsgrundlagen. Der Geruch und Geschmack von Aromen darf nur verstärkt oder unwesentlich verändert werden.

Lösungsmittel, Trägerstoffe
Keine stoffbezogenen Höchstmengen. Nach § 5 Abs. 2 Nr. 4 LMKV dürfen diese Stoffe bei Verwendung in Aromen nur in technologisch erforderlichen Mengen verwendet werden, wenn sie nicht als kennzeichnungspflichtige Zutaten eingeordnet werden sollen.

Konservierungsstoffe
Die Höchstmengen sind auf das verzehrfertige Lebensmittel bezogen. Sie unterscheiden sich nach den Stoffen sowie nach den zu konservierenden Lebensmitteln.

Schwefeldioxid (SO_2)
Die Höchstmengen beziehen sich auf verzehrfertige Lebensmittel und sind mit Bezug darauf in unterschiedlicher Höhe festgesetzt.

Antioxidantien
Bestimmte Antioxidantien sind für Lebensmittel allgemein ohne Höchstmengenbegrenzung zugelassen. Andere sind mit Bezug auf bestimmte Lebensmittel bei Einhaltung bestimmter Höchstmengen — mit Bezug auf verschiedene Berechnungsgrundlagen — einsetzbar.

Farbstoffe
Stoffbezogene und lebensmittelbezogene Begrenzungen liegen insofern vor, als bestimmte Farbstoffe bestimmten Lebensmitteln höchstens in solchen Mengen zugesetzt werden dürfen, die ausreichen, um den Farbton anzunähern. Die andere Gruppe der Farbstoffe darf den jeweiligen Lebensmitteln nur in solchen Mengen zugesetzt werden, daß dadurch ein Farbton erzielt werden kann, der der allgemeinen Verkehrsauffassung entspricht.

Die Einhaltung vorgegebener Mengenbegrenzungen wird für Aromen weitgehend durch §4 Abs. 1 Satz 1 Nr. 2 AromenV sichergestellt. Bei Aromen mit Zusatzstoffen, die lediglich für das zu aromatisierende Lebensmittel zugelassen sind, muß durch eine Gebrauchsanweisung sichergestellt werden, daß bei bestimmungsgemäßer Verwendung die vorgeschriebenen Zusatzstoff-Höchstmengen im verzehrfertigen Lebensmittel nicht überschritten werden. Solche Hinweise durch eine Gebrauchsanweisung können möglicherweise auch für die Kennzeichnung von Zusatzstoffen im Zutatenverzeichnis des verpackten verzehrfertigen Endlebensmittels eine Rolle spielen.

8.3.3 Kennzeichnung von Aromen

Während fast sämtliche Lebensmittel in Fertigpackungen, die dazu bestimmt sind, an den Verbraucher abgegeben zu werden, den Anforderungen der Lebensmittel-Kennzeichnungs-Verordnung unterliegen, sind gemäß §1 Abs. 3 Nr. 7 die Aromen ausdrücklich vom Anwendungsbereich der vorgenannten Verordnung ausgenommen. Die Aromen-Kennzeichnung ergibt sich ausschließlich aus den Vorschriften der Aromen-Verordnung. Dort ist in §4 Abs. 1 bestimmt, daß

> Aromen gewerbsmäßig nur in den Verkehr gebracht werden dürfen, wenn angegeben sind:
> 1. die Verkehrsbezeichnung, bestehend aus
>   a) der Angabe ,,Aroma'', ,,Essenz'' oder einer genaueren Bezeichnung und

b) dem Hinweis auf die Art der Aromastoffe mit den in §1 Abs. 3 aufgeführten Bezeichnungen; der Hinweis auf naturidentische Aromastoffe darf unterbleiben, sofern kein anderer naturidentischer Aromastoff als Vanillin verwendet und dem Aroma durch das Vanillin nicht der diesem eigene Geruch oder Geschmack verliehen wird,
2. zur Herstellung welcher Lebensmittel das Aroma bestimmt ist und welche Menge hierfür benötigt wird,
3. der Name oder die Firma und die Anschrift des Herstellers, des Verpackers oder eines in der europäischen Wirtschaftsgemeinschaft niedergelassenen Verkäufers,
4. das Mindesthaltbarkeitsdatum nach Maßgabe des §7 der Lebensmittel-Kennzeichnungs-Verordnung.

8.3.3.1 Verkehrsbezeichnung

Unter dem Begriff ,,Verkehrsbezeichnung" versteht man die in Rechtsvorschriften festgelegte Bezeichnung, bei deren Fehlen die nach allgemeiner Verkehrsauffassung übliche Bezeichnung oder eine Beschreibung des Lebensmittels und erforderlichenfalls eine Verwendung, die es dem Verbraucher ermöglicht, die Art des Lebensmittels zu erkennen und es von verwechselbaren Erzeugnissen zu unterscheiden. Für Aromen sind in der Aromen-Verordnung, also einer Rechtsvorschrift, Bezeichnungen festgelegt worden, und zwar die Bezeichnung ,,Aroma" und die Bezeichnung ,,Essenz". Die Begriffe ,,Aroma" und ,,Essenz" sind inhaltsgleich und können wahlweise verwendet werden. Zulässig ist die Ergänzung dieser Bezeichnungen (z. B. Erdbeeraroma, Rumessenz). Die Verwendung der Bezeichnungen ,,Aroma" und ,,Essenz" ist jedoch nicht zwingend. Denn als Verkehrsbezeichnung darf auch eine andere Bezeichnung gewählt werden. Die amtliche Begründung zu §4 nennt hier beispielsweise ,,Vanillinzucker" und ,,Gewürzextrakt". Die Verwendung anderweitiger Bezeichnungen setzt jedoch voraus, daß sie ,,genau" sein müssen. Wann dies der Fall ist, hängt vom Einzelfall ab, und zwar sind stets die Auflagen zur Vermeidung einer Irreführung oder Täuschung zu beachten. Keine Schwierigkeiten dürften sich bei Begriffen auftun, die für den Verbraucher seit längerer Zeit gebräuchlich sind, wie beispielsweise Vanillinzucker. Strengere Maßstäbe dürften anzulegen sein an Begriffe wie ,,Auszug", ,,Extrakt" oder ,,Destillat". Die Verwendung von Bezeichnungen wie beispielsweise ,,Kräuterauszug", ,,-extrakt", ,,Gewürzauszug" oder ,,-extrakt" setzen voraus, daß das Aroma allein Auszüge aus Pflanzen oder Pflanzenteilen und keine anderen Bestandteile enthält. Der Begriff ,,Destillat" ist als genauere Bezeichnung ebenfalls nur dann zulässig, wenn das Erzeugnis durch Destillieren mit Trinkbranntwein (Äthylalkohol landwirtschaftlichen Ursprungs) ausschließlich aus Pflanzen, Pflanzenteilen oder Pflanzensäften hergestellt ist.

Die Angabe ,,Aroma", ,,Essenz" oder einer genaueren Bezeichnung ist jedoch nur ein Teil der Verkehrsbezeichnung. Zu dieser gehört zwingend auch der Hinweis auf die Art der Aromastoffe. In § 1 Abs. 3 sind genannt:
— natürliche Aromastoffe
— naturidentische Aromastoffe
— künstliche Aromastoffe.

Werden bei einem Aroma mehrere Arten von Aromastoffen verwendet, dann sind sämtliche Arten zu nennen. Folgende Aromastoff-Kennzeichnungen sind demnach denkbar:

— Aromastoffe: natürlich
— Aromastoffe: naturidentisch
— Aromastoffe: künstlich
— Aromastoffe: natürlich, naturidentisch
— Aromastoffe: natürlich, naturidentisch, künstlich
— Aromastoffe: natürlich, künstlich
— Aromastoffe: naturidentisch, künstlich.

Eine bestimmte Reihenfolge ist für die Nennung der Aromastoff-Arten nicht vorgeschrieben. Doch auch hier gilt es, das allgemeine Irreführungsverbot zu beachten. Der für die Abfassung des Zutatenkatalogs bei Lebensmitteln zu beachtende Grundsatz, daß die Zutaten in absteigender Reihenfolge ihres Gewichtsanteils zu nennen sind, vermag jedoch bei der Aromenkennzeichnung nicht Platz greifen. Denn bei diesen ist letztlich maßgebend die Intensität der Geruchs- oder Geschmackswirkung. Das muß auch im Rahmen der Reihenfolge der Aroma-Art berücksichtigt werden.

8.3.3.2 Vanillin-Abrundung

Bei einer bloßen Vanillin-Abrundung kann auf die Nennung der Art des Aromastoffes verzichtet werden. Vanillin, das als Aromastoff von großer Bedeutung ist, bildet sich natürlich in der Vanillefrucht bei der Fermentation. Es wird aber auch in großen Mengen synthetisch in gleichmäßiger Qualität hergestellt. Rohstoff ist das bei der Zellstoffherstellung aus Holz anfallende Lignin.

Dadurch, daß natürliche Aromen auch bei Zusatz von Vanillin als naturidentischem Aromastoff die Bezeichnung ,,natürlich" tragen dürfen, genießt das Vanillin gegenüber allen anderen naturidentischen Aromastoffen lebensmittelrechtlich eine bevorzugte Behandlung. Das ist jedoch nur dann der Fall, wenn dem Aroma durch das Vanillin nicht der diesem eigene Geruch oder

Geschmack verliehen wird. Von der Angabe der Art der Aromastoffe darf also allein bei der sog. Vanillin-Abrundung mit naturidentischem Vanillin abgesehen werden. Es gilt jedoch nicht bei einem Vanillearoma, da hier gerade dem Aroma der dem Vanillin eigene Geruch und Geschmack verliehen wird.

8.3.3.3 Angabe des Verwendungszwecks und der Dosierung

Wie auch schon die alte Essenzen-Verordnung, so schreibt auch die Aromen-Verordnung die Angabe vor, zur Herstellung welcher Lebensmittel das Aroma bestimmt ist und welche Menge hierfür benötigt wird. Diese Angaben sind obligatorisch. Sie sollen dem Schutz des Verbrauchers dienen, da eine unrichtige Dosierung bei einzelnen Lebensmitteln gesundheitlich bedenklich sein könnte. Weitaus wichtiger dürfte jedoch der Zweck sein, den Verwender von Aromen über die Weiterverarbeitungsmöglichkeiten aufzuklären. Damit sind die Angabe des Verwendungszwecks und der Dosierung für die Verwender wichtige Kennzeichnungsbestandteile.

Durch diese Angaben wird ausgeschlossen, daß der Hersteller des Aromas das Erzeugnis für Lebensmittel anbietet, denen die im Aroma enthaltenen Zusatzstoffe nicht zugesetzt werden dürfen. Beispielhaft sei hier genannt ,,Himbeeraroma mit naturidentischen Aromastoffen zur Herstellung von Brausen''.

Falsch wäre hingegen die Angabe ,,Himbeeraroma mit natürlichen Aromastoffen für Erfrischungsgetränke''. Denn zu den Erfrischungsgetränken zählen neben den Brausen auch die Limonaden. Bei diesen dürfen nach der allgemeinen Verkehrsauffassung jedoch nur natürliche Aromastoffe verarbeitet werden. Zu beachten ist in diesem Zusammenhang, daß es allerdings nicht einer Kenntlichmachung der in den Aromen enthaltenen Lösungsmittel und Trägerstoffe bedarf.

Die obligate Mengenangabe des Aromas führt schließlich dazu, daß neben den Gründen des Gesundheitsschutzes dem Verwender des Aromas seine Verantwortung im Rahmen der Herstellung von Lebensmitteln unter Verwendung von Aromen bewußt wird.

8.3.3.4 Herstellerangabe

Die Verpflichtung zur Angabe des Namens oder der Firma und der Anschrift des Herstellers, des Verpackers oder eines in der EG niedergelassenen Verkäufers entspricht der von §3 Abs. 1 Nr. 2 Lebensmittel-Kennzeichnungs-Verordnung.

Als Anschrift wird in der Regel die Angabe des Ortes der gewerblichen Hauptniederlassung ausreichen, so daß die Angabe der Straße nicht erforderlich ist.

Als Hersteller der Aromen ist derjenige anzusehen, der diesen die entscheidende Gestaltung verleiht. Bei Lohnauftraggebern sind letztlich diese als Hersteller einzustufen, soweit sie auf die Herstellung selbst einen tatsächlichen Einfluß ausüben können, z. B. im Hinblick auf die Auswahl der Rohstoffe, Aufteilung des Rezepts oder Überwachung der Herstellungstätigkeit.

Die Herstellerangabe kann jedoch dann entfallen, wenn die Abgabe nicht an den Verbraucher erfolgt. Verbraucher im Sinne von § 6 Abs. 1 LMBG sind alle diejenigen Personen, denen Aromen zur persönlichen Verwendung oder zur Verwendung im eigenen Haushalt abgegeben werden. Diesen sog. Letztverbrauchern stehen gleich Gaststätten, Einrichtungen zur Gemeinschaftsverpflegung sowie Gewerbetreibende, soweit sie die Aromen zum Verbrauch innerhalb ihrer Betriebsstätte beziehen. Damit unterliegen Weiterverarbeitungsbetriebe nicht dem Verbraucherbegriff. Folglich kann bei diesen eine Herstellerangabe entfallen, wenngleich der Sinn dieser Kennzeichnungserleichterung für den Bereich der Aromen nur schwerlich zu erkennen ist. Von daher dürfte es angezeigt sein, auch bei der Lieferung an Weiterverarbeitungsbetriebe nicht auf die Herstellerangabe zu verzichten, da sich durchaus Rückfragen zur Aromastoffangabe oder zur Dosierungsempfehlung ergeben können.

8.3.3.5 Mindesthaltbarkeitsdatum

Auch bei Aromen ist die Angabe des Mindesthaltbarkeitsdatums vorgeschrieben. Hierunter versteht man das Datum, bis zu dem das Lebensmittel unter angemessenen Aufbewahrungsbedingungen seine spezifischen Eigenschaften behält. Eine Aussage über die Verkehrsfähigkeit des Erzeugnisses geht damit nicht einher. Denn ein Lebensmittel kann auch bei einem Verlust seiner spezifischen Eigenschaften noch verkehrsfähig sein. Es muß dann allerdings ein entsprechender Hinweis auf das Fehlen der spezifischen Eigenschaften, wie Geruch, Geschmack und Aussehen, erfolgen, da dann das Aroma in seinem Wert gemindert sein dürfte.

Was unter angemessenen Aufbewahrungsbedingungen zu verstehen ist, muß sich an den Erfordernissen des Einzelfalles orientieren. Der Kennzeichnungsverpflichtete muß sich deshalb sorgfältig über die voraussichtliche Haltbarkeit des Lebensmittels vergewissern.

Sollten bestimmte Aromen nur bei Einhaltung bestimmter Temperaturen oder sonstiger Bedingungen ihre spezifischen Eigenschaften behalten, dann wäre ein entsprechender Hinweis erforderlich. Die Angabe einer bestimmten Temperatur macht dies jedoch nicht stets erforderlich, soweit der übliche Temperaturrahmen nicht überschritten wird. Bestimmte Temperaturen sind allerdings Temperaturen für das Kühllagern sowie die für die Lagerung von tiefgefrorenen Waren erforderliche Temperatur von mindestens -18° C. Dabei dürfte, soweit die tatsächlichen Voraussetzungen gegeben sind, auch die Angabe eines Temperaturbereichs statthaft sein.

Die Art der Angabe des Mindesthaltbarkeitsdatums ist zwingend vorgeschrieben. Es ist unverschlüsselt mit den Worten „mindestens haltbar bis..." unter Angabe von Tag, Monat und Jahr in dieser Reihenfolge anzugeben. Abweichend hiervon kann bei Lebensmitteln,

> 1. deren Mindesthaltbarkeit nicht mehr als drei Monate beträgt, die Angabe des Jahres entfallen,
>
> 2. a) deren Mindesthaltbarkeit mehr als drei Monate beträgt, der Tag,
>   b) deren Mindesthaltbarkeit mehr als 18 Monate beträgt, der Tag und der Monat,

entfallen, wenn das Mindesthaltbarkeitsdatum unverschlüsselt mit den Worten: „mindestens haltbar bis Ende..." angegeben wird.

Ebenso wie bei der Herstellerangabe ist die Angabe des Mindesthaltbarkeitsdatums für den Aromenhersteller jedoch nur dann obligatorisch, wenn die Aromen für Verbraucher bestimmt sind. Erfolgt hingegen die Lieferung an die gewerbliche Weiterverarbeitung, so kann diese Angabe entfallen. Doch auch hier ist auf die praktischen Erwägungen aufmerksam zu machen, die letztlich doch zu einer Angabe des Mindesthaltbarkeitsdatums führen sollten. Dieses Datum ist für den Hersteller von Aromen von grundsätzlich großer Bedeutung. Denn er muß bei einem verpackten Endlebensmittel grundsätzlich ein Mindesthaltbarkeitsdatum angeben. Um dies zu bemessen, muß er auch um die Mindesthaltbarkeitsdauer von Aromen wissen. Das gilt beispielsweise auch hinsichtlich der Frage, welchen Belastungen ein Aroma im Rahmen der Verarbeitung ausgesetzt ist (Feuchtigkeit, Temperatur, Sauerstoffbelastung usw.).

8.3.3.6 Art und Weise der Kennzeichnung

In §4 Abs. 2 wird vorgeschrieben, daß die vorgenannten Angaben auf den Packungen oder Behältnissen an einer in die Augen fallenden Stelle in deutscher Sprache leicht verständlich, deutlich sichtbar, leicht lesbar und unverwischbar anzubringen sind.

Der Wortlaut der Verordnung spricht von ,,einer in die Augen fallenden Stelle" der Packung oder des Behältnisses. Daraus ergibt sich, daß diese eine oder mehrere in die Augen fallende Stelle haben können. Welche Stellen als maßgebend in Betracht kommen, wird dagegen nicht gesagt. Es muß auf den Zweck der Vorschrift abgestellt werden. Dieser geht dahin, sicherzustellen, daß der Abnehmer die Kennzeichnungselemente leicht finden kann. Je nach den Umständen des Einzelfalles kann sowohl die Vorderseite der Packung als auch deren Rückseite oder eine Seitenfläche eine ,,in die Augen fallende Stelle" sein. Es kommt im wesentlichen darauf an, wo der Verbraucher gewohnt ist, bestimmte Informationen zu finden. Gibt es auf einer Packung mehrere ,,in die Augen fallende Stellen", so liegt es in der Entscheidung des Herstellers, wo er die Deklaration vornimmt. Nicht erforderlich ist es, daß alle Angaben an ein und derselben ,,in die Augen fallenden Stelle" angebracht sind. Dies sieht die Verordnung nicht vor. Aus praktikablen Gesichtspunkten wird man das jedoch in der Regel freiwillig vornehmen. Als vertretbar wird diesseits auch die Anbringung der Angaben auf einem mit der Packung oder dem Behältnis verbundenen Anhänger angesehen.

Die vorgenannten Kennzeichnungselemente müssen ,,deutlich sichtbar, leicht lesbar" angebracht werden. Auch hier wird man auf die Umstände des Einzelfalles abzustellen haben, wie Schriftgröße, Farbgestaltung und Kontrast; maßgebend ist immer der Gesamteindruck der Aufmachung.

Schließlich müssen die gebotenen Angaben in deutscher Sprache angebracht sein. Das gilt auch für importierte Erzeugnisse. Daneben sind jedoch weitergehende fremdsprachige Bezeichnungen zulässig. Soweit Aromen jedoch nicht an Verbraucher, sondern an Weiterverarbeiter abgegeben werden, reicht eine Angabe in den Begleitpapieren aus.

Kennzeichnung nach der Aromenverordnung auf einen Blick

1. Verkehrsbezeichnung

    A) ,,Aroma" oder ,,Essenz" oder genauere Bezeichnung z. B. ,,Orangenaroma"

    B) Hinweis auf die Art der Aromastoffe (s. § 1 Abs. 3): Natürlich, naturidentisch, künstlich

    aber

    ,,Naturidentisch" entbehrlich, wenn nur Aromastoff Vanillin **und** nicht dem Aroma der eigene Vanillingeruch oder -geschmack verliehen wird (Abrundung anderer Geschmacksrichtung)

2. Verwendungshinweis und Dosierungsabgabe

3. Herstellerangabe/Anschrift

4. Mindesthaltbarkeitsdatum nach § 7 LMKV

aber

— Herstellerangabe
— Mindesthaltbarkeitsdatum

entbehrlich, wenn nicht an den Verbraucher geliefert wird, d. h. also nur an den gewerblichen Weiterverarbeiter (s. § 6 LMBG)

Art und Weise der Kennzeichnung

— auf den Packungen und Behältnissen

— an einer in die Augen fallenden Stelle

— in deutscher Sprache

— leicht verständlich

— deutlich sichtbar

— leicht lesbar

— unverwischbar

Ausnahme: Gewerbliche Weiterverarbeiter — Begleitpapier

8.3.3.7 Weitere Kenntlichmachungen von Aromen

Neben den in § 4 Aromen-Verordnung niedergelegten Kennzeichnungselementen sind in einzelnen Fällen weitere Kennzeichnungsanforderungen zu beachten. Die diesbezüglichen Anforderungen sind in § 5 Aromen-Verordnung niedergelegt. Diese Bestimmung verbietet das Inverkehrbringen bestimmter Erzeugnisse, wenn ihre besondere Beschaffenheit nicht in der vorgesehenen Weise kenntlich gemacht ist. Es handelt sich im einzelnen um folgende Fälle:

— Trinkbranntweine, zu deren Herstellung Aromen, die andere Lösungsmittel als Ethylalkohol landwirtschaftlichen Ursprungs, Wein oder Wasser enthalten, dürfen nur in den Verkehr gebracht werden, sofern die Verwendung dieser anderen Lösungsmittel in Verbindung mit der Verkehrsbezeichnung kenntlich gemacht wird. Das Verbot soll die Verwendung von synthetischem Sprit, Propylenglykol und anderen Lösungsmitteln verhindern.

— Trinkbranntweine mit Rum- oder Arrakgeschmack, zu deren Herstellung Aromen mit naturidentischen Aromastoffen verwendet wurden, müssen als ,,Kunstrum" oder ,,Kunstarrak" bezeichnet werden. Das gilt jedoch nicht bei Verwendung von Aromen mit naturidentischem Vanillin, soweit das Vanillin dem Aroma nicht dem ihm eigenen Geruch oder Geschmack verleiht.

— Andere Trinkbranntweine, zu deren Herstellung Aromen mit naturidentischen Aromastoffen verwendet wurden, müssen einen Hinweis auf die naturidentischen Aromastoffe tragen. Allerdings braucht auch hier die Vanillin-Abrundung nicht kenntlich gemacht zu werden.

— Aromen und alkoholfreie Erfrischungsgetränke, die Chinin oder dessen Salze enthalten, müssen mit der Angabe ,,chininhaltig" versehen sein. Dabei ist das Wort ,,chininhaltig" zwingend vorgeschrieben.

8.4. Kennzeichnung aromatisierter Lebensmittel

Während in § 4 Aromen-Verordnung die Kennzeichnung von Aromen selbst geregelt ist, die als solche in den Verkehr gebracht werden und sich diese Bestimmung als eine spezielle für die angesprochenen Erzeugnisse darstellt, unterliegt die Kennzeichnung von Aromen als Bestandteil eines Lebensmittels grundsätzlich den sonstigen Kennzeichnungs- bzw. Kenntlichmachungs-Vorschriften des Lebensmittelrechts. Dabei ist zu unterscheiden, ob das jeweilige aromatisierte Lebensmittel den Anforderungen der Lebensmittel-Kennzeichnungsverordnung unterliegt oder nicht. Der Lebensmittel-Kennzeichnungsverordnung unterliegen nicht

— Kakao, Kakao-Erzeugnisse,
— Kaffee- und Zichorien-Extrakte,
— Zuckerarten im Sinne der Zuckerartenverordnung,
— Honig,
— Perlwein, Perlwein mit zugesetzter Kohlensäure, Likörwein, weinhaltige Getränke, Schaumwein, Schaumwein mit zugesetzter Kohlensäure, Branntwein aus Wein, Weinessig,
— Stoffe, die in Anlage 2 der Zusatzstoff-Verkehrsverordnung aufgeführt sind,
— Lebensmittel, soweit deren Kennzeichnungen in Verordnungen des Rates oder der Kommission der Europäischen Gemeinschaften geregelt sind.

Für Milcherzeugnisse, die in der Butterverordnung, Käseverordnung oder Verordnung über Milcherzeugnisse geregelt sind, sowie für Konsummilch im Sinne der Konsummilch-Kennzeichnungsverordnung gilt die Lebensmittel-Kennzeichnungsverordnung nur, soweit Vorschriften der genannten Verordnungen sie für anwendbar erklären. Ferner gilt die Lebensmittel-Kennzeichnungsverordnung nicht für alle anderen Lebensmittel, die nicht in Fertigpackungen abgegeben werden. In diesem letztgenannten Fall kommen die Kennzeichnungs- bzw. Kenntlichmachungsregeln für Aromen zur Anwendung, die in Einzelproduktnormen niedergelegt sein können oder sich aus dem Postulat des Schutzes vor Irreführung und Täuschung ergeben können.

Der Begriff Fertigpackung ist in § 14 Eichgesetz normiert. Danach sind Fertigpackungen Erzeugnisse in Verpackungen beliebiger Art, die in Abwesenheit des Käufers abgepackt und verschlossen werden, wobei die Menge des darin enthaltenen Erzeugnisses ohne Öffnen oder merkliche Änderung der Verpackung nicht verändert werden kann. Aromatisierte Lebensmittel in Fertigpackungen, die dem Anwendungsbereich der Lebensmittel-Kennzeichnungsverordnung unterliegen, müssen u.a. mit einem Zutatenverzeichnis versehen sein, d.h. alle Zutaten des Lebensmittels müssen grundsätzlich genannt werden.

8.4.1 Begriffsbestimmungen der Zutaten

Gemäß § 5 Lebensmittel-Kennzeichnungsverordnung ist Zutat jeder Stoff einschließlich der Zusatzstoffe, der bei der Herstellung eines Lebensmittels verwendet wird und unverändert oder verändert im Enderzeugnis vorhanden ist. Besteht eine Zutat eines Lebensmittels aus mehreren Zutaten (zusammengesetzte Zutat), so gelten diese als Zutaten des Lebensmittels. Zum Herstellen der Lebensmittel gehört gem. § 7 Abs. 1 LMBG das Gewinnen, Herstellen, Zubereiten, Be- und Verarbeiten.

Damit ist nicht als Zutat der Stoff anzusehen, der erst bei der Herstellung in dem Lebensmittel erzeugt wird. Auch natürliche Bestandteile eines Lebensmittels sind keine Zutaten. Als Zutaten gelten ferner nicht:

1. Bestandteile einer Zutat, die während der Herstellung vorübergehend entfernt und dem Lebensmittel wieder hinzugefügt werden, ohne daß sie mengenmäßig ihren ursprünglichen Anteil überschreiten,

2. Stoffe der Anlage 2 der Zusatzstoff-Verkehrsverordnung, Aromen, Enzyme und Mikroorganismenkulturen, die in einer oder mehreren Zutaten eines Lebensmittels enthalten waren, sofern sie im Enderzeugnis keine technologische Wirkung ausüben,

3. Zusatzstoffe im Sinne von § 11 Abs. 2 Nr. 1 des LMBG,

4. Lösungsmittel und Trägerstoffe für Stoffe der Anlage 2 der Zusatzstoff-Verkehrsverordnung, Aromen, Enzyme und Mikroorganismenkulturen, sofern sie in nicht mehr als technologisch erforderlichen Mengen verwendet werden.

8.4.2 Verzeichnis der Zutaten

Gemäß §6 Lebensmittel-Kennzeichnungsverordnung besteht das Verzeichnis der Zutaten aus einer Aufzählung der Zutaten des Lebensmittels in absteigender Reihenfolge ihres Gewichtsanteils zum Zeitpunkt ihrer Verwendung bei der Herstellung des Lebensmittels. Der Aufzählung ist ein geeigneter Hinweis voranzustellen, der das Wort ,,Zutaten" enthält.

Bei Verwendung von Aromen ist im Verzeichnis der Zutaten die Art der im Aroma enthaltenen Aromastoffe entsprechend §4 Abs. 1 Nr. 1 Buchstabe b der Aromen-Verordnung anzugeben; die geschmacksbeeinflussenden Stoffe (Anlage 2 Nr. 2 der Aromen-Verordnung) brauchen nicht angegeben zu werden. Gewürzextrakte können stattdessen nach Maßgabe der Anlage 1 der Lebensmittel-Kennzeichnungsverordnung mit dem Namen ihrer Klasse angegeben werden.

Wie vorstehend aufgezeigt, baut die Kennzeichnungsregel für Aromen im Zutatenverzeichnis auf dem sog. Aromastoff-Konzept auf. Hierunter versteht man die definitionsbezogene Abgrenzung und Kennzeichnung von Aromen und aromatisiertem Lebensmittel entsprechend den verwendeten Aromastoff-Arten. Nach der in der Aromen-Verordnung verankerten Dreiteilung wird also zwischen den natürlichen, naturidentischen und künstlichen Aromastoffen unterschieden.

Wenn auch Aromatisierungen beinahe ausnahmslos durch Aromen, d. h. durch Verwendung konzentrierter Zubereitungen aus Aromastoffen und Lösungsmitteln bzw. Trägerstoffen, erfolgen, so sind auch Aromatisierungen durch Verwendung nur eines Aromastoffes denkbar. In diesen Fällen besteht ebenfalls die Verpflichtung zur Kennzeichnung. Wesentlich ist die Zweckbestimmung der Aromatisierung.

Wird ausschließlich der naturidentische Aromastoff ,,Vanillin" zur Lebensmittelaromatisierung verwendet, so sind in Anlehnung an die Vorschriften der Lebensmittel-Kennzeichnungsverordnung beispielsweise die folgenden Kennzeichnungsvarianten möglich:

— Aromastoff-Kennzeichnung: ,,naturidentischer Aromastoff"
— Substanz-Kennzeichnung: ,,Vanillin".

Die Verwendung des Begriffes „Vanillin" zur Kennzeichnung erscheint in diesem konkreten Fall möglich, da davon ausgegangen werden kann, daß der Verbraucher diesen Begriff sachgerecht einordnet, zumal er sich deutlich von dem Begriff „Vanille" unterscheidet. Es erscheint also ausgeschlossen, daß sich in diesem Fall Fehlinterpretationen einstellen, wonach es sich um einen natürlichen Aromastoff handeln könnte. Die ausschließliche Verwendung des naturidentischen Aromastoffes „Menthol" zur Lebensmittelaromatisierung verpflichtet ebenfalls zur Aromastoff-Kennzeichnung, allerdings bieten sich hier im Gegensatz zu Vanillin kaum alternative Kennzeichnungsvarianten neben der Aromastoff-Kennzeichnung „naturidentische Aromastoffe" an. Im Gegensatz zu Vanillin muß davon ausgegangen werden, daß der Verbraucher den Begriff „Menthol" nicht sachgerecht einordnet.

Auch die ausschließliche Verwendung etherischer Öle natürlicher Herkunft zur Aromatisierung von Lebensmitteln zieht die Aromatisierungs-Kennzeichnung nach sich. Etherische Öle werden in der Regel als solche gehandelt und finden beispielsweise in Aromen und Riechstoffkompositionen Verwendung. Bei etherischen Ölen natürlicher Herkunft handelt es sich um Destillationen mit Wasserdämpfen oder durch Ausziehen oder Auspressen gewonnene flüchtige ölartige Inhaltsstoffe verschiedener Pflanzen. Es sind Zubereitungen. Als konzentrierte Zubereitungen aus natürlichen Aromastoffen zur Aromatisierung von Lebensmitteln ist die Zuordnung natürlicher etherischer Öle, die zu Aromatisierungszwecken eingesetzt werden, eindeutig. Es erscheint daher nicht gangbar, lediglich Begriffe wie „Pfefferminzöl" oder „Zitronenöl" zu verwenden.

Wie bereits oben angedeutet, bedarf es auch dann einer Aromatisierungs-Kennzeichnung, wenn Lebensmittel durch Gewürzauszüge bzw. Gewürzextrakte oder Kräuterauszüge bzw. Kräuterextrakte aromatisiert werden. Zu beachten sind hier jedoch die vorgesehenen Kennzeichnungserleichterungen für den Fall, daß Gewürzauszüge und Gewürzextrakte bei weniger als 2% Anteil im Endlebensmittel eingeräumt werden. In diesen Fällen kann die Kennzeichnung durch den Klassennamen „Gewürz(e)" oder „Gewürzmischung" erfolgen.

Geschmacksbeeinflussende Stoffe brauchen, soweit sie Bestandteil von Aromen sind und sich technologisch lediglich auf diese auswirken, nicht gesondert gekennzeichnet zu werden. Allerdings sind die Geschmacksverstärker zur Herstellung von Aromen nur unter Beachtung bestimmter Beschränkungen zugelassen. Es ist also ausgeschlossen, daß Aromen praktisch als „Träger" für geschmacksbeeinflussende Stoffe fungieren können.

8.4.3 Zusammengesetzte Zutaten

Aromen können Bestandteil einer zusammengesetzten Zutat sein. Als Beispiel sei hier Fruchtspeiseeis aus den Zutaten Milch, Erdbeermark, Zucker, Verdickungsmittel und natürlichen Aromastoffen genannt. Erdbeermark ist wiederum eine zusammengesetzte Zutat. Es besteht aus zerkleinerten Früchten, Pektin und natürlichen Aromastoffen.

Eine zusammengesetzte Zutat kann nach Maßgabe ihres Gewichtsanteils angegeben werden, sofern für sie eine Verkehrsbezeichnung durch Rechtsvorschrift festgelegt oder nach allgemeiner Verkehrsauffassung üblich ist und ihr eine Aufzählung ihrer Zutaten unmittelbar in absteigender Reihenfolge des Gewichtsanteils zum Zeitpunkt der Verwendung bei ihrer Herstellung unmittelbar folgt. Allerdings ist diese Aufzählung nicht erforderlich, wenn

— die zusammengesetzte Zutat ein Lebensmittel ist, für das ein Verzeichnis der Zutaten nicht vorgeschrieben ist, oder

— der Anteil der zusammengesetzten Zutat weniger als 25 Gewichtshundertteile des Enderzeugnisses beträgt; in diesem Fall sind jedoch in ihr enthaltene Stoffe der Anlage 2 der Zusatzstoff-Verkehrsverordnung, Enzyme und Mikroorganismenkulturen anzugeben.

Allerdings ist eine Angabe der Aromen wegen ihrer technologischen (geschmacklichen) Wirkung im Zutatenverzeichnis stets erforderlich, selbst dann, wenn die Angabe der Zutaten einer zusammengesetzten Zutat nicht erforderlich wäre. Übt das Aroma jedoch im Enderzeugnis keine geschmackliche Wirkung aus, so ist eine Angabe als Zutat der zusammengesetzten Zutat nicht erforderlich.

Kennzeichnung von Aromen im Endlebensmittel auf einen Blick

Grundkennzeichnung bei Lebensmitteln

— Verkehrsbezeichnung

— Herstellerangabe

— Füllmengen

— Mindesthaltbarkeitsdatum

— Zutatenverzeichnis

1. Lebensmittel, denen Aromen zugesetzt sind, bestehen aus mehreren Zutaten
2. Aromen bestehen auch aus mehreren Zutaten = Zusammengesetzte Zutat
3. Aromen sind grundsätzlich wie andere Zutaten anzugeben (technologische Wirkung erforderlich)
4. Lösungsmittel und Trägerstoffe für Aromen gelten nicht als Zutat, sofern nur in technologisch erforderlicher Menge verwendet

Kennzeichnung zusammengesetzter Zutaten

Angabe der Verkehrsbezeichnung +
Aufzählung der Zutaten

Aufzählung entbehrlich, wenn
weniger als 25 Gewichtshundertteile im Enderzeugnis,

aber Ausnahme für Aromen (§ 6 Abs. 5)
Art der im Aroma enthaltenen Aromastoffe ist anzugeben

Dennoch keine Angabe von
geschmacksbeeinflussenden Stoffen (Anl. 2 Nr. 2)

siehe aber Ausnahme für Gewürzextrakte.

8.5 Europäisches Aromenrecht

8.5.1 Allgemeine Ausführungen zur EG-Rechtssituation über Aromen

Ebenso wie in der Bundesrepublik Deutschland befindet sich in den meisten Mitgliedstaaten der Europäischen Gemeinschaft eine leistungsfähige Aromen-Industrie, die ihrerseits bezüglich Herstellung und Vertrieb einzelstaatlichen Vorschriften unterworfen ist. Es wäre ein unmögliches Unterfangen, an dieser Stelle auf die jeweils geltenden Vorschriften näher eingehen zu wollen, zumal so klare Regelungen, wie sie in der Bundesrepublik Deutschland in Form der Aromen-Verordnung vorliegen, nur selten anzutreffen sind. Es wäre darüber hinaus aber auch kaum möglich, eine in sich geschlossene Darstellung in kurzer Form vorzulegen, da in den Mitgliedstaaten der EG die Aromenvorschriften niemals losgelöst von übergeordneten und begleitenden gesetzlichen Bestimmungen gesehen werden können.

An dieser Stelle soll aber kurz auf das Projekt der EG-Aromen-Richtlinie — Vorschlag für eine Richtlinie des Rates zur Angleichung der Rechtsvorschriften der Mitgliedstaaten über Aromen zur Verwendung in Lebensmitteln und über Ausgangsstoffe für ihre Herstellung (KOM [80] 286 vom 22. 5. 1980 + Änderung vom 6. 4. 1982) — eingegangen werden.

Durch die Aromen-Richtlinie soll versucht werden, eine Harmonisierung des Aromenrechts auf europäischer Ebene durchzusetzen, wenngleich dadurch nicht die Probleme gelöst werden können, die sich aufgrund divergierender Einzelproduktnormen in den verschiedenen Mitgliedstaaten ergeben können. Beispielsweise gibt es keine harmonisierten Vorschriften über die Aromatisierung von Speiseeis oder Erfrischungsgetränken, um nur zwei geläufige Beispiele herauszugreifen. Es ist also offenkundig, daß durch eine Aromen-Richtlinie wohl die europäischen Vorschriften über Herstellung und Vertrieb von Aromen harmonisiert werden können, daß aber dennoch keine Rechtsangleichung im Bereich der Anwendung bewirkt werden kann.

Da der Vorschlag zur Aromen-Richtlinie für die Ernährungswirtschaft von grundsätzlichem Interesse ist, soll nachfolgend das Konzept und die bisherige Entwicklung der Erörterungen über die Richtlinie erläutert werden.

8.5.2 Grundzüge des Richtlinienvorschlages

Bei dem Richtlinienvorschlag über Aromen handelt es sich um eine Rahmenrichtlinie. Sie enthält Definitionen, spezielle Vorschriften zur Herstellung von Aromen und Regelungen zur Aromen-Kennzeichnung.

Die Richtlinie ist durch das Grundprinzip gekennzeichnet, daß sie alle Arten von Aromen als ,,Additive" einordnet. Aus diesem Grunde sieht der Vorschlag ein umfangreiches System von Zulassungslisten für die bei der Herstellung von Aromen verwendeten Materialien und Aromastoffe vor. Davon betroffen sind nicht nur die traditionellen Zusatzstoffarten wie Lösungsmittel, Antioxidantien oder Konservierungsstoffe, sondern auch die verschiedenen Arten der Aromastoffe und im Falle der natürlichen Aromastoffe auch deren Ausgangsmaterialien.

Dieses hier dargestellte Konzept wurde entwickelt vor dem Hintergrund, daß sich zur Regelung von Zusatzstoffen grundsätzlich Positivlistensysteme als am besten geeignet anbieten. Allerdings wurde dabei übersehen, daß ein solches Regelungssystem dann ungeeignet ist, wenn es sich bei den zu regelnden Stoffen um solche Materialien handelt, die in der Natur in großer Anzahl vorkommen, ein Merkmal, das sowohl für die natürlichen Aromaträger als auch für die natürlichen und naturidentischen Aromastoffe gilt.

Im Gegensatz zu den natürlichen und den naturidentischen Stoffen handelt es sich bei den künstlichen Aromastoffen um eine überschaubare Anzahl von Substanzen. Die internationale Essenzen-Industrie arbeitet gegenwärtig mit etwa 300 verschiedenen Aromastoffen, die verständlicherweise nicht alle die gleiche Wichtigkeit haben, die aber aufgrund ihrer technologischen Eigenschaften und Geschmackswerte jeder für sich eine spezielle Bedeutung haben. Für diese Stoffgruppe bietet sich — ebenso wie bei den zur Herstellung von Aromen verwendeten übrigen Zusatzstoffen — eine Regelung durch Positivlisten an.

Der Richtlinienvorschlag sieht darüber hinaus in Anhang II für einige natürliche Aromastoffe aufgrund vorhandener aktiver Wirkstoffprinzipien die Einrichtung von Negativ- bzw. Restriktivlisten vor. Anhang II enthält beispielsweise Substanzen wie ,,Cumarin'', ,,Safrol'' und ,,Thujon''.

Ein weiterer wichtiger Regelungsbereich der Richtlinie ist der Komplex ,,Kennzeichnung von Aromen''. Durch die Aromenkennzeichnung sollen die Verwender und Verbraucher von Aromen detailliert über die Art des Aromas und über seine Inhaltsstoffe informiert werden. Die Vorlage hierzu ist aus heutiger Sicht noch zu kompliziert aufgebaut.

8.5.3 Erörterungen über den Richtlinienvorschlag

Seit der Veröffentlichung des Richtlinienvorschlages im Mai 1980 haben auf verschiedenen Ebenen detaillierte Fachgespräche zum Inhalt der Richtlinie stattgefunden. So hat sich zunächst der EG-Wirtschafts- und Sozialausschuß mit dem Vorschlag befaßt und ihn bis auf einige wenige Punkte, die vernachlässigt werden können, angenommen. Danach wurde das Richtlinienprojekt im Europaparlament (EP) erörtert. Dort sprach man sich in bezug auf die natürlichen Ausgangsmaterialien und die natürlichen sowie naturidentischen Aromastoffe gegen Positivlisten aus. Stattdessen forderte man, etwaigen Gesundheitsrisiken, die von dieser Art Materialien ausgehen können, durch Verbots- und Restriktivlisten vorzubeugen. Die EG-Kommission hat es allerdings abgelehnt, die Änderungswünsche des EP zu berücksichtigen.

Im Anschluß an die Erörterungen in diesen beiden Gremien entwickelten sich die Gespräche in einer speziell vom Ministerrat eingesetzten ,,Arbeitsgruppe Aromen''. Es haben zwischenzeitlich sicherlich etwa 20 bis 30 Sitzungen dieser Gruppe stattgefunden, ohne allerdings eine realitätsnahe Annäherung der verschiedenen Standpunkte erreichen zu können.

Die unterschiedlichen Auffassungen zeigen sich insbesondere im Hinblick auf die Art der Zulassungsregelung von Aromastoffen. Es gibt Regierungen, die ein uneingeschränktes Positivlistensystem befürworten. Andererseits gibt es — gewissermaßen als Gegenpol — Regierungen, die für ein gemischtes Listensystem eintreten, wobei Positivlisten zur Regelung der natürlichen Ausgangsmaterialien sowie der natürlichen und naturidentischen Aromastoffe strikt abgelehnt werden.

Es gibt praktisch keine divergierenden Auffassungen zu der Frage, wie die künstlichen Aromastoffe geregelt werden sollen. Hierbei handelt es sich der Sache nach um Zusatzstoffe, d. h. um Stoffe, die als solche nicht in der Natur vorkommen. Für solche Stoffe bietet sich ausdrücklich eine Regelung durch Positivlisten an. Gleiches gilt für alle Hilfs- und Zusatzstoffe, die bei der Herstellung von Aromen verwendet werden können.

Auf der Basis dieses Minimalkompromisses erscheint es überlegenswert, die Richtlinie zunächst als ,,kleine" Richtlinie zu verabschieden und ausdrücklich nur die Definitionen und damit zusammenhängend die notwendigen Kennzeichnungsvorschriften sowie die Zulassung der künstlichen Aromastoffe und der Zusatzstoffe zu regeln.

Zur Frage der Regelung und Zulassung der natürlichen Ausgangsmaterialien sowie der natürlichen und naturidentischen Aromastoffe gab es in der jüngeren Vergangenheit ebenfalls Kompromißansätze, die in der Arbeitsgruppe diskutiert wurden.

Eine Vorlage basiert darauf, daß ,,Verzeichnisse" (,,Sammlungen" oder ,,Kataloge") über die Ausgangsmaterialien und die entsprechenden Aromastoffe — unterteilt nach Lebensmitteln und Nichtlebensmitteln — aufgestellt werden sollten. Ob dieses Konzept konsensfähig ist, erscheint fraglich, zumal es eigentlich zu kompliziert angelegt ist und große Schwierigkeiten bei der Zusammenstellung der Daten bereiten dürfte.

8.5.4 Kritische Anmerkungen zum Richtlinienvorschlag

Aus deutscher Sicht gibt es eine ganze Reihe von kritischen Anmerkungen vorzutragen. Dabei ist zu berücksichtigen, daß man in der Bundesrepublik Deutschland seit 1959 eine Aromenvorschrift in den lebensmittelrechtlichen Bestimmungen kennt, mit der die Essenzen-Industrie und deren Kundenkreise gute Erfahrungen gemacht haben.

Die geltende deutsche ,,Aromen-Verordnung" wurde am 31. Dezember 1981 erlassen. Ihr wesentliches Merkmal ist das sog. ,,Aromastoff-Konzept", durch das die Aromen sachgerecht in drei Klassen aufgeteilt werden. Dieses Deklarationssystem ist zufriedenstellend für die Verwender von Aromen, für die Verbraucher und für die Lebensmittelüberwachung. Es ist ,,klar", ,,einfach", ,,präzise" und ,,objektiv".

Aus deutscher Sicht sieht man weder aus gesundheitspolitischen Gründen noch aus Gründen der europäischen Rechtsangleichung die Notwendigkeit für das vorliegende detaillierte Regelungsvorhaben. Gesundheitsschäden durch Aromen sind bislang weltweit nicht bekannt geworden. Eine wirkungsvolle Harmonisierung der europäischen Aromatisierungsvorschriften kann nur in Verbindung mit entsprechenden Rechtsangleichungen der Produktnormen erreicht werden.

Es wäre zweckmäßig, zunächst ein ,,Europäisches Lebensmittel-Grundgesetz" als lebensmittelrechtliche Rahmenregelung zu erlassen und darauf die notwendig erscheinenden horizontalen und vertikalen Einzelvorschriften aufzubauen.

Zum Inhalt der Richtlinie wird kritisch angemerkt, daß hier versucht wird, eine Rechtsnorm zu schaffen, die nicht auf Erfahrungen mit bereits geltenden Aromenvorschriften in einzelnen Mitgliedstaaten aufbaut. Ferner wird bemängelt, daß die Begriffsbestimmungen über Aromen und Aromastoffe unklar formuliert sind und wirklichkeitsfremd erscheinen. Aus deutscher Sicht ist es wesentlich, daß die fachgerechte ,,Dreiteilung" realisiert wird, und daß daraus auch eine einfach zu handhabende Kennzeichnung abgeleitet wird.

Der wesentliche Kritikpunkt ergibt sich aus der Frage, in welcher Weise die Zulassung der einzelnen Aromastoffarten sowie der zur Herstellung von Aromen verwendbaren Zusatzstoffe geregelt werden sollen.

Ein Zulassungszwang für Ausgangsstoffe von natürlichen Aromen wird nicht akzeptiert. Gleiches gilt für die Zulassung der natürlichen Aromastoffe sowie der ihnen entsprechenden naturidentischen Aromastoffe.

Die Kritik ist insbesondere vor dem Hintergrund zu sehen, daß es von den genannten Materialien eine Vielzahl von Stoffen gibt, deren Sammlung in verschiedenen Positivlisten nicht zweckmäßig erscheint. Eine Zusammenfassung dieser Materialien in Positivlisten würde bedeuten, daß nach deutscher Auffassung grundsätzlich jede einzelne Komponente einer toxikologischen Bewertung unterzogen werden müßte. Geht man davon aus, daß es sich hierbei um einige tausend Stoffe handelt, ist erkennbar, wie wenig praktikabel dieser Denkansatz ist. Andererseits wäre es nicht zu vertreten, aus dem reichhaltigen Angebot der Natur nur eine willkürlich begrenzte Anzahl von Lebensmitteln als Ausgangsmaterialien und dementsprechend eine eingeschränkte Anzahl von Aromastoffen zuzulassen. Es ist zu berücksichtigen, daß es sich bei den hier zur Debatte stehenden Materialien um solche Stoffe handelt, die in der Natur vorkommen und die seit jeher von den Menschen verzehrt werden. Der Sinn der systembedingten bürokratischen Reglementierungen ist nicht erkennbar. Dabei spielt insbesondere eine wichtige Rolle, daß bislang keine durch Aromen verursachte Gesundheitsschäden bekanntgeworden sind.

Ohne Einschränkung wird anerkannt, daß die künstlichen Aromastoffe und die Zusatzstoffe, die bei der Herstellung von Aromen verwendet werden, ausdrücklich durch Positivlisten geregelt werden sollen.

In bezug auf eine europäische Regelung gilt es unbedingt zu beachten, welche gesundheitspolitische Relevanz mit den Vorschriften verbunden ist. Ein optimaler und damit befriedigender Gesundheitsschutz kann am wirksamsten durch ein gemischtes Listensystem gewährleistet werden. Hier ist allerdings auch der Konfliktstoff angesiedelt, denn in einigen Mitgliedstaaten der EG werden Aromen in aller Regel lebensmittelrechtlich als ,,Additive'' eingestuft. In der Bundesrepublik Deutschland erfolgt demgegenüber eine differenzierte Betrachtung. Die natürlichen und naturidentischen Aromastoffe gelten nicht als Zusatzstoffe. Lediglich die künstlichen Aromastoffe sind ihrerseits Zusatzstoffe, weil sie als solche bislang nicht in der Natur nachgewiesen werden konnten.

Im Rahmen der bisherigen Erörterungen ist von deutscher Seite immer wieder dargestellt und betont worden, daß Rechtsregelungsvorhaben, die kein Mehr an Gesundheitsschutz, aber gleichwohl ein Ausufern des bürokratischen Aufwandes bewirken, nicht akzeptiert werden können.

8.5.5 Kompromißmöglichkeiten

Gegenwärtig wird — wie oben bereits angemerkt — eine Kompromißvorlage erörtert, die in bezug auf die Reglementierung der natürlichen Ausgangsmaterialien und der natürlichen bzw. naturidentischen Aromastoffe auf einem Konzept von sog. ,,Materialsammlungen'' basiert.

Dabei sollen einerseits Stoffsammlungen über aromatische Ausgangsmaterialien und andererseits darauf basierende Verzeichnisse über natürliche und naturidentische Aromastoffe aufgestellt werden. Man kennt heute bereits derartige Zusammenstellungen von Stoffen im sog. ,,Blauen Buch'' des Europarates und in Form der ,,FEMA-GRAS-Listen'' in den USA. Es handelt sich hierbei um Referenzdokumente, die dem Betrachter darüber Aufschluß geben können, mit welcher Vielzahl von Stoffen bei der Herstellung von Aromen gearbeitet wird. Es ist wichtig, daß es sich bei den ,,Materialsammlungen'' nicht um Positivlisten handelt, die ein umständliches und kostenaufwendiges Zulassungsverfahren durchlaufen haben, sondern vielmehr um Referenzlisten, die allerdings nur mit einem enormen bürokratischen Aufwand erstellbar sind.

Es ist offenkundig, daß derartige Materialsammlungen eines Tages weitere Bewertungen erfahren müssen. Aus deutscher Sicht sollte sich das Bewertungskonzept stets nur an der Frage orientieren, welche gesundheitlichen Schäden von verschiedenen Stoffen ausgehen können. Die Materialsammlungen wären demzufolge hervorragend geeignet, daraus Verbots- oder Restriktivlisten abzuleiten, ein Verfahren, das ein hohes Maß an Gesundheitsschutz gewährleisten kann.

Es bleibt vorerst abzuwarten, wie sich die Erörterungen in den verschiedenen betroffenen Gremien in der Zukunft fortsetzen werden. Möglicherweise wird man sich auch auf ein ursprünglich niederländisches Konzept zurückbesinnen, wo man — wie oben dargestellt — zunächst eine kleine Richtlinie mit den Definitionen, den Kennzeichnungsbestimmungen und einer Regelung der künstlichen Aromastoffe sowie der Zusatzstoffe erläßt und zunächst offen läßt, ob zu einem späteren Zeitpunkt weitere Reglementierungen vorgenommen werden sollten.

Eine so konzipierte Richtlinie würde folgende Hauptelemente enthalten:

— Definitionen;
— Negativ- und Restriktivlisten für Aromamaterialien mit aktiven Wirkstoffprinzipien;
— Positivlisten für künstliche Aromastoffe;
— Positivlisten für Zusatzstoffe
  — Lösungsmittel, Trägerstoffe,
  — Geschmacksverstärker,
  — Antioxidantien,
  — Konservierungsstoffe,
  — Emulgatoren, Stabilisatoren,
  — ...,
  — (Extraktionslösungsmittel).

Es ist gegenwärtig noch nicht erkennbar, welche der Kompromißvorlagen durchgesetzt werden kann.

Schließlich muß man sich aber auch wundern, welche Bedeutung der Aromen-Richtlinie überhaupt beigemessen wird. Man könnte sich ernsthaft fragen, welches überhaupt das gesundheitliche Gefahrenpotential ist, das durch diese Regelung ausgeschlossen werden soll.

1. Aromen sind Zubereitungen aus Aromastoffen und geeigneten Lösungsmitteln oder Trägerstoffen sowie anderen Stoffen.

2. 100 g eines Aromas enthalten in aller Regel 10 g an Aromastoffen. Diese Menge reicht aus, um etwa 100 kg eines Lebensmittels zu aromatisieren.

3. Ein Aroma setzt sich aus etwa 100 verschiedenen Substanzen zusammen. Man kennt gegenwärtig etwa 5000 natürliche bzw. naturidentische Aromastoffe, mit denen die Industrie arbeiten kann.

4. Der Normalverbraucher in der Bundesrepublik Deutschland verzehrt jährlich etwa 700 kg Lebensmittel (inkl. Getränke).

5. Wenn man die deutsche Situation genauer betrachtet, stellt man fest, daß jährlich etwa 100 kg aromatisierte Lebensmittel durch den Normalverbraucher verzehrt werden. Somit werden etwa 10 g Aromastoffe pro Person und Jahr konsumiert. Diese Aromastoffmenge setzt sich zu etwa 75 % aus natürlichen, 23 % aus naturidentischen und zu 2 % aus künstlichen Aromastoffen zusammen.

Das ist die Situation, die man kennen muß, um den Sinn einer Aromen-Richtlinie abwägen zu können.

Schließlich erscheint es auch erwähnenswert, daß man sich des Eindrucks nicht erwehren kann, daß bei manchen Experten eine höhere Akzeptanz gegenüber Pestiziden und Umweltkontaminanten als gegenüber Aromastoffen gegeben ist. Es sollte jedoch stets bedacht werden, daß die Aromastoffe selbst niemals die Menge erreichen, die für die vorgenannten Stoffe in verschiedenen Lebensmitteln toleriert werden. Man sollte darüber nachdenken, denn es sind bislang keine ernsthaften Erkrankungen, die auf dem Verzehr von Aromastoffen basieren, bekannt geworden.

9. Schlußbetrachtung

So mancher Leser dieses Buches wird sich über die rein phänomenologische Betrachtungsweise gewundert und sich nach der sinnesphysiologischen Bedeutung der Befunde gefragt haben. Aber während z. B. über die Sinnesphysiologie des Sehens oder des Hörens fundierte Vorstellungen existieren, blieben die Kenntnisse der Sinnesphysiologie des Riechens und Schmeckens noch äußerst lückenhaft. Es existieren nur einige Hypothesen zur Geruchs- und Geschmackssinnesphysiologie; auf diese soll jetzt kurz eingegangen werden.

9.1 Hypothesen zur Geruchs- und Geschmackswahrnehmung

Wellen- und Korpuskularhypothesen stehen hier einander gegenüber. Als Urahn aller Korpuskularhypothesen finden wir letzten Endes *Demokrit*. So sind bei ihm die sauren Atome eckig, die süßen rund, die herben polygonartig, die bitteren klein, klebrig und zäh, die salzigen verzahnt usw. Diese Ansichten aus der Antike sind Vorläufer in der stereochemischen Geruchshypothese von *J. A. Amoore* (122), der je nach Molekülform sieben primäre Gerüche unterscheidet. Die Moleküle passen je nach ihrem räumlichen Bau in sieben Typen von Rezeptoren. Die sieben primären Gerüche nach *Amoore* sind: campherartig, moschusartig, blumig, pfefferminzartig, etherartig, brennend, faul. Champherartig riechen so z.B. angenähert kugelartige Moleküle von etwa 7 Å Durchmesser, für etherartige Gerüche ist indes der Rezeptor etwa 5 Å breit, 4 Å tief und maximal 18 Å lang.

Als heuristisches Hilfsmittel erwies sich diese Hypothese als recht brauchbar und wird mit dieser Einschränkung auch akzeptiert. Kleinere Moleküle wie Schwefelwasserstoff entziehen sich dieser Hypothese. Schwierigkeiten treten auch auf, wenn man den Bittermandelgeruch von Blausäure und Benzaldehyd stereochemisch erklären soll.

R. H. Wright (210) dagegen vertritt eine Wellenhypothese. Danach sind Schwingungen für den Geruchseindruck verantwortlich. Nachdem Sehen und Hören durch Schwingungsvorgänge erfolgreich gedeutet worden sind, ist dieser Ansatz nicht verwunderlich. Man kann mit ihm zwar einige Phänomene erklären, andere widerlegen ihn indessen, und er wird heute allgemein nicht akzeptiert.

Neben der stereochemischen Hypothese seien hier noch die Enzym-Hypothese, die Adsorptions-Hypothese und die Dipol-Hypothese genannt. Wie man an der Vorherberechnung der Bitterkeit von Peptiden sieht, sind auf einzelnen Gebieten Zusammenhänge zwischen chemischer Struktur und sensorischer Eigenschaft erkennbar, aber ein genereller Zusammenhang zwischen Geruch/Geschmack und Konstitution ist bisher noch nicht ersichtlich.

9.2 Elektrophysiologie

Inzwischen liegen fundierte Arbeiten zur Elektrophysiologie des Riechvorganges (211) und des Schmeckens vor (30.1), auf die allerdings hier nicht detailliert eingegangen werden kann.

9.3 Rezeptoren

In der Mundhöhle und auf der Zunge gibt es zwei Typen von Rezeptoren: freie Nervenenden und sog. Geschmacksknospen. Dabei sind die Geschmacksknospen für den süßen Geschmack vorwiegend an der Zungenspitze lokalisiert, anschließend finden wir die Knospen für den salzigen Geschmack, rechts und links diejenigen für den sauren Geschmack und an der Zungenwurzel Geschmacksknospen, die für den bitteren Geschmack verantwortlich sind. Auf der Zunge liegen die Geschmacksknospen in Verbindung mit den Zungenwärzchen, vereinzelt aber auch am weichen Gaumen und auf dem Kehldeckel. Beim erwachsenen Menschen sind etwa 80 % der 350 bis 400 pilzförmigen Wärzchen an der Zungenspitze und an den Rändern, beim Säugling auch diejenigen auf der Zungenmitte mit einer bis wenigen Geschmacksknospen ausgerüstet. Von den etwa zehn umwallten Papillen des Zungengrundes trägt jede 50 bis 150 Geschmacksknospen; auch die blättrigen Papillen an den Rändern des Zungengrundes besitzen solche reichlich, so daß die Gesamtzahl der Geschmacksknospen beim Menschen über 2000 beträgt. Bei Pflanzenfressern ist die Zahl noch wesentlich größer: Das Kaninchen besitzt etwa 15 000, das Rind über 35 000 Geschmacksknospen (212).

Voraussetzung für die eigentliche Geschmacksempfindung, z. B. bitter, ist die Bindung des Bitterstoffes an den entsprechenden Rezeptor. Der Bitterrezeptor selbst ist ein Glycoproteid mit einem Molekulargewicht von etwa 170 000 Dalton und hat etwa 33 % Kohlenhydratanteil, davon 20 % als Acetylneuraminsäure.

Man nimmt an, daß jeder Bitterrezeptor zwei aktive Zentren, einen Protonendonator (AH) und einen Protonenakzeptor (B), enthält, die nicht weiter als 1,5 Å voneinander entfernt sind. Einige Bitterstoffe, z. B. Chinin, passen nicht in dieses Schema, desgleichen nicht die bitteren Alkalihalogenide.

Mittels Affinitätschromatografie gelang es, aus einem wäßrigen Extrakt von Rinderzungen die bitter-sensitiven Proteine zu isolieren. Wenn diese bitter-sensitiven Proteine selbst wieder kovalent an einen Träger geknüpft und zur Affinitätschromatografie eingesetzt wurden, banden sie bevorzugt bittere Verbindungen. Aus bitteren Caseinhydrolysaten wurden so bittere Peptide proportional zu ihrem Q-Wert zurückgehalten (213).

Die Rezeptoren werden ständig erneuert. Man spricht direkt von einer ,,Geschmackszellen-Mauserung'' mit einer Halbwertszeit von 250 ±50 Stunden. Diese Regenerationsfähigkeit der Geschmackszellen läßt mit zunehmendem Alter nach, wobei die Erhaltung der Geschmacksempfindung beim Altern bei Frauen eindeutig besser ist als bei Männern (228). Nach den Rezeptoren erfolgt die Reizleitung innerhalb der Nervenbahnen durch die üblichen Impulse und kann mit den gängigen Methoden der Elektrophysiologie verfolgt werden.

Wie der Geschmackssinn wurde auch die Fähigkeit zur Geruchswahrnehmung nur bei Insekten und Wirbeltieren nachgewiesen. Bezüglich des Geruchssinnes unterscheidet man Mikroosmatiker, zu denen auch wir Menschen gehören, und Makroosmatiker, wie z. B. Hunde. Mit rund 250 Millionen Riechzellen haben diese ein gegenüber uns Menschen ein tausend- bis millionenfach gesteigertes Wahrnehmungsvermögen. In Grenzfällen bewirkt wohl schon ein einzelnes Molekül die Wahrnehmung; hier liegt dann die absolute Geruchsschwelle. Bei Insekten nehmen beispielsweise Seidenspinnermännchen die Weibchen aufgrund von deren Sexuallockstoffen auf eine Distanz von 11 km wahr. Man fand dabei eine absolute Geruchsschwelle von 1 Nanogramm/cm^3 (1 Nanogramm = 10^{-9} g = 1 millionstel mg).

Aber auch Wirbeltiere verfügen über beachtliche Geruchsleistungen. So erkennt der Lachs seinen Heimatfluß am Geruch und kehrt aus den Weltmeeren wieder dahin zurück. Auch der geheimnisvolle Orientierungssinn von Zugvögeln oder Brieftauben scheint nach neueren Untersuchungen darauf zu beruhen, daß diese Vögel sich genaue Duftkarten einprägen, um ihren Flug danach zu steuern.

Verglichen damit sind die Leistungen des Geruchssinnes von Menschen nicht überragend. Unsere etwa 5 cm^2 große Riechschleimhaut liegt im oberen Teil der Nasenhöhle beiderseits zwischen Nasenscheidewand und oberer Nasenmuschel.

Grundsätzlich sind unsere Kenntnisse der Mechanismen, durch die geschmacksaktive Stoffe mit den Proteinen der Rezeptoren der Geschmackspapillen reagieren, lückenhaft. Es wurde nachgewiesen (214), daß die mittels der Gleichgewichtsmethode im System Gelatine-Nucleotid-Wasser gemessenen Assoziationskonstanten in der Reihenfolge und in ihrer relativen Größe parallel mit der Stärke der Aroma-Intensivierung der Nucleotide gehen. Man vermutete, daß die Geschmacksintensivierung durch Nucleotide auf ihrer Helix-stabilisierenden Wirkung beruht.

Bei Menschen und Versuchstieren bewirkte die Applikation von SH-Gruppen enthaltenden Medikamenten wie z. B. Penicillamin (s. Kap. 6) eine Herabsetzung der Geschmacksempfindlichkeit. Durch Zugabe von Zn^{++} konnte diese kompensiert werden, und man schloß einerseits auf ein dynamisches Gleichgewicht zwischen Thiolen und Zink-Ionen, andererseits auf eine Regulierung der Geschmacksempfindlichkeit durch Konfigurationsänderung der Rezeptorproteine aufgrund der Wirkung der SH-Gruppen. Thiole wirken so als Geschmacksinhibitoren (215).

9.4 Ausblick

Welche Fortschritte erwarten wir in den nächsten Jahrzehnten auf dem Gebiet der Lebensmittelaromen?

Es ist leicht einzusehen, daß man weiter die einzelnen Komponenten von Lebensmittelaromen aufklären muß. Wir hoffen allerdings, daß dabei entschiedener als bisher nach Schlüsselverbindungen gesucht wird, daß mehr quantitative Untersuchungen erfolgen, und daß man die biochemischen Zusammenhänge, in denen Aromen entstehen, stärker beachtet.

Wichtige Erkenntnisse erwarten wir von der Sinnesphysiologie. Wie schon erwähnt, wären wir heute schon froh zu wissen, ob und wann und wie man Schwellwerte addieren oder subtrahieren muß, wie sich die Wechselwirkungen zwischen Geruch und Geschmack abspielen, und welche Mechanismen unseren organoleptischen Sinneswahrnehmungen zugrunde liegen.

Wir erwarten und hoffen, daß die Möglichkeiten der modernen theoretischen Chemie, insbesondere der Mesomerietheorie, erfolgreich zur Deutung der Zusammenhänge zwischen Struktur und Aroma von Verbindungen angewandt werden können.

Selbstverständlich wird man sich auch die Möglichkeiten, die der Computer bietet, zunutze machen. Hier liegen schon gewisse Ansätze vor (133, 216) (270).

Wir erwarten, daß man mittels Bioengineering geeignete Zellkulturen zur Produktion erwünschter ,,natürlicher" Aromastoffe heranzieht. ,,Biofarben" aus Zellkulturen sind beispielsweise in Japan schon Bestandteile von Lippenstiften (217).

Äußerst interessant fanden wir Versuche, die Kohlenstoffatome von Verbindungen durch Silicium-Atome zu ersetzen und so zu Sila-Verbindungen zu kommen. Sila-Linalool, Sila-α-Terpineol und Sila-β-Jonon behielten ihren jeweiligen Grundgeruch, wiesen allerdings Nebennoten auf (218). Sila-Saccharin war indes nicht süß. Sowohl vom Praktischen wie vom Theoretischen her liegen hier beachtliche Möglichkeiten.

Ein Randgebiet stellen Aromen für Tierfutter dar. Nachdem man hier in den letzten Jahren schon beachtliche Fortschritte gemacht hat, erwarten wir für die kommenden Jahre eine weitere Steigerung unserer Erkenntnisse.

Autorin: Käte K. Glandorf. Loseblattsammlung ca. 500 Seiten DIN A5, Ringordner, DM 98,– + Vertrieb/MwSt.

Ein Leitfaden für die betriebliche Praxis:
1. Alphabetischer Teil: Mehr als 2200 Stichworte in alphabetischer Reihenfolge mit Erläuterungen und Anleitungen zur Kennzeichnung.
2. Die zur Erstellung der Zutatenliste wichtigen Rechtsvorschriften: Lebensmittelkennzeichnungsverordnung — Zusatzstoff-Zulassungsverordnung — Zusatzstoff-Verkehrsverordnung — EWG-Richtlinie (83, 463/EWG).

BEHR'S...VERLAG
Averhoffstraße 10, 2000 Hamburg 76,
Tel. (0 40) 2 20 10 51, Telex 2 15 012 behrs d

10. Literatur

1. H. E. Nursten, Biochem. Fruits their Prod., **1** (1970) 239.
2. R. A. Flath, D. R. Black, D. G. Guadagni, W. H. Mc Fadden und T. H. Schultz, J. Agr. Fd. Chem., **15** (1967) 29.
3. J. Koch und H. Schiller, Z. Unters. Lebensm. Forsch., **125** (1964) 364.
4. M. Gottauf und J. Duden, ibid., **128** (1965) 257.
5. F. Drawert, W. Heimann, R. Emberger und R. Tressel, Naturwissenschaften, **52** (1965) 304.
6. W. G. Jennings, R. K. Creveling und D. E. Heinz, J. Fd. Sci., **29** (1964) 730.
7. P. Bassiri, Rev. Fabricants Confiserie, Chocolaterie, Confiturerie, Biscuiterie, **48** (1973) 35, 37, 39.
8. H. Schinz und C. F. Seidel, Helv. Chim. Acta, **44** (1961) 278.
9. Documenta Geigy, ,,Wissenschaftliche Tabellen", Geigy, Basel, 1968.
10. W. G. Jennings, J. Fd. Sci., **29** (1964) 796.
11. M. R. Sevanants und W. G. Jennings, J. Fd. Sci., **31** (1966) 81.
12. H. E. Nursten und A. A. Williams, Chem. and Ind., **1967** 486.
13. D. Lamparsky und P. Schudel, Tetrahedron, **36** (1971) 3323.
14. J. Davidek, F. Pudil, J. Velisek und V. Kubelka, Lebensm. Wiss. Technol., **15** (1982) 181.
15. G. Ohloff, Sonderband Angew. Chem., **12** (2) (1969), ,,Fortschritte der Chemischen Forschung", S. 185 ,,Chemie der Geruchs- und Geschmacksstoffe".
16. D. W. Connel, Austr. J. Chem., **17** (1964) 130.
17. A. J. Haagen-Smit, J. G. Kirchner, C. L. Deasy und A. N. Prater, J. Am. Chem. Soc., **67** (1945) 1651.
18. J. O. Rodin, D. M. Coolson, R. M. Silverstein und R. W. Leeper, J. Fd. Sci., **31** (1966) 721.
19. K. Bauer und D. R. Garbe, ,,Riech- und Aromastoffe" in ,,Ullmann", 4. Aufl., Verlag Chemie, Weinheim, 1981, Bd. 20, S. 199.
    K. Bauer und D. R. Garbe, ,, Common Fragrance and Flavour Materials", Verlag Chemie, Weinheim, 1985.
20. F. Marx, D. Mercier und G. Pérot, Helv. Chim. Acta, **29** (1946) 1354.
21. K. Herrmann, ,,Exotische Lebensmittel", Verlag Springer, Berlin-Heidelberg-New York, 1983.
22. M. Sakho, J. Crouzet und S. Seck, Lebensm. Wiss. Technol., **18** (1965) 89.
23. P. Schreier, M. Lehr, J. Heidlas und H. Idstein, Z. Lebensm. Unters. Forsch., **180** (1985) 297.
24. W. Freytag und K. H. Ney, Z. Lebensm. Unters. Forsch., **137** (1968) 293.
25. W. Freytag und K. H. Ney, European J. Biochem., **4** (1968) 315.
26. K. H. Ney und W. Freytag, Gordian, **80** (1980) 304.
27. K. H. Ney und W. Freytag, ibid., **80** (1980) 214.
28. K. H. Ney und W. Freytag, ibid., **78** (1978) 144.
29. N. N. Gerber, Tetrahedron Letters, **25** (1968) 2971.
30. J. C. Boudreau (Hrsg.), ,,Food Taste Chemistry", American Chemical Society, Symposium Series 115, Washington D. C., 1979.

Darin:

30.1 J. C. Boudreau, J. Oravec, N. K. Hoang und T. W. White, ,,Taste and the Taste of Foods", S. 1.

30.3	V. S. Govindarajan, ,,Pungency: The Stimuli and their Evaluation", S. 53.
30.4	H. D. Belitz, W. Chen, H. Jugel, R. Treleano, H. Wieser, J. Gasteiger und M. Marsili, ,,Sweet and Bitter Compounds: Structure and Taste Relationship", S. 93.
30.6	K. H. Ney, ,,Bitterness of Peptides: Amino Acid Composition and Chain Length", S. 149.
30.7	J. Solms und R. Wyler, ,,Taste Components of Potatoes", S. 175.
30.8	S. Konosu, ,,The Taste of Fish and Shellfish", S. 185.
30.9	A. F. Mabrouk, ,,Flavor of Browning Reaction Products", S. 205.
31.	H. J. Gold und C. W. Wilson, J. Fd. Sci., **28** (1963) 484.
32.	S. Takei und M. Ono, J. Agric. Chem. Soc. Jap., **15** (1939) 193; zit. nach C. A. **33** (1939) 6524.
33.	D. A. Forss, E. A. Dunstone, E. H. Ramshaw und W. Stark, J. Fd. Sci., **27** (1962) 90.
34.	T. R. Kemp, D. E. Knavel und L. B. Stoltz, J. Agr. Fd. Chem., **22** (1974) 717.
35.	P. Bedoukian, Am. Perfum. Cosmet., **78** (1963) 31.
36.	M. J. Myers, P. Issenberg und E. L. Wick, Phytochemistry, **9** (1970) 1693.
37.	E. A. Day, R. C. Lindsay und D. A. Forss, J. Dairy Sci., **47** (1964) 197.
38.	W. Y. Cobb, Diss. Abstr., **24** (1963) 1132.
39.	I. W. Pette und H. L. Lolkema, Neth. Melk-Zuiveltijdschr., **4** (1950) 261.
40.	M. R. Bachmann und Z. Farah, Lebensm. Wiss. Technol., **15** (1982) 157.
41.	G. Charalambous und G. Inglett (Hrsg.), ,,The Quality of Foods and Beverages", Academic Press, New York-London-Toronto-Sydney-San Francisco, 1981, Band 1, ,,Chemistry and Technology".

Darin:

41.2	J. Solms, B. M. Kong und R. Wyler, ,,Interactions of Flavor Compounds with Food Components", S. 7.
41.3	J. Toda, M. Misaki, A. Konno, T. Wada und K. Yasumatsu, ,,Interaction of Cyclodextrins with Taste Substances", S. 19.
41.4	I. Flament, ,,Some Recent Aspects of the Chemistry of Naturally Occurring Pyrazines", S. 35.
41.5	C. H. Manley, J. S. McCann und R. L. Swaine Jr., ,,The Chemical Bases of the Taste and Flavor Enhancing Properties of Hydrolyzed Protein", S. 61.
41.11	M. Moll, T. Vinh, R. Flayeux, P. Muller und J. M. Monnez, ,,Prediction of the Organoleptic Quality of Beer", S. 147.
41.12	P. J. Eriksson und M. Lehtonen, ,,Phenols in the Aroma of Distilled Beverages", S. 167.
41.13	R. ter Heide, H. Schaap, H. J. Wobben, P. J. de Valois und R. Timmer, ,,Flavor Constituents in Rum", S. 183.
41.14	J. S. Swan, D. Howie, S. M. Burtles, A. A. Williams und M. J. Lewis, ,,Sensory and Instrumental Studies of Scotch Whisky Flavour", S. 201.
41.15	M. D. Cabezudo, M. Herraiz, C. Llaguno und P. Martin, ,,Some Advances in Alcoholic Beverages and Vinegar Flavor Research", S. 225.
41.25	W. G. C. Forsyth, ,,Tannins in Solid Foods", S. 377.
41.26	K. H. Ney, ,,Recent Advances in Cheese Flavor Research", S. 389.
42.	T. Eckert, A. Knieps und H. Hofmann, Z. Naturforsch., **19b** (1964) 1082.
43.	K. Schätzel, Milchwissenschaft, **25** (1979) 368.
44.	K. H. Ney, Fette, Seifen, Anstrichm., **87** (1985) 289.
45.	J. P. Dumont, S. Roger und J. Adda, Lait, **537** (1974) 386.
46.	K. H. Ney, Gordian, **86** (1986) 9.
47.	E. Becker und K. H. Ney, Z. Unters. Lebensm. Forsch., **127** (1965) 206.
48.	J. v. Liebig, Ann. Pharm., **61** (1847) 316.

49. S. Kodama, J. Chem. Soc. Tokyo, **34** (1913) 1751.
50. H. Ritthausen, J. Prakt. Chem., **99** (1866) 6.
51. K. Ikeda, J. Chem. Soc. Tokyo, **30** (1909) 820.
52. J. Solms, Fleischwirtsch., **48** (1968) 287.
53. H. J. Langner, ibid., **52** (1972) 1293.
54. I. Hornstein und P. F. Crowe, J. Agr. Fd. Chem., **8** (1960) 494.
55. S. Chang, C. Hirai, B. R. Reddy, K. O. Herz und A. Kato, Chem. Ind. (London), **1968** 1639.
56. R. L. S. Patterson, Process Biochem., **5** (1976) (5) 27.
57. E. Wong, C. B. Johnson, L. N. Nixon, Chem. Ind. (London), **1975** 40.
58. C. Hirai, K. O. Herz, J. Pokorny und S. S. Chang, J. Fd. Sci., **38** (1973) 393.
59. T. H. Clutton-Brock, Nature, **300** (1983) 754.
60. R. A. Wilson und I. Katz, J. Agr. Fd. Chem., **20** (1972) 741.
61. L. J. Minor, A. M. Pearson, L. E. Dawson und B. S. Schweigert, J. Fd. Sci., **30** (1965) 686.
62. K. Watanabe und Y. Sato, Jap. J. Zootech. Sci., **43** (4) (1972) 219.
63. H. Remmer, Dtsch. Ärzteblatt B, **82** (1985) 3165.
64. C. J. Mussinan, R. A. Wilson und I. Katz, J. Agr. Fd. Chem., **21** (1973) 871.
65. C. J. Mussinan und J. P. Walradt, J. Agr. Fd. Chem., **22** (1974) 827.
66. A. M. Galt und G. Mc Leod, J. Agr. Fd. Chem., **32** (1964) 32.
67. A. Miller III, R. A. Scanlan, J. S. Lee und M. L. Libbey, Appl. Microbiol., **26** (1) (1973) 18.
68. A. C. Noble und W. N. Nawar, J. Amer. Oil Chem. Soc., **48** (1971) 800.
69. P. W. Meijboom und J. B. Stroink, ibid., **49** (1972) 555.
70. H. T. Badings, Neth. Milk Dairy J., **19** (1965) 69.
71. A. S. McGill, R. Hardy und F. D. Gunstone, J. Sci. Fd. Agr., **28** (1977) 200.
72. J. Pokorny, N. T. Luan, B. A. El-Zeany und G. Janicek, Nahrung, **20** (1976) 273.
73. K. H. Ney und I. P. G. Wirotama, Z. Lebensm. Unters. Forsch., **144** (1970) 92.
74. K. Kasahara und K. Nishibori, Nippon Suisan Gakkaishi, **51** (3) (1985), 489; zit. nach C. A. **102** (1985) 165430 c.
75. K. H. Ney und I. P. G. Wirotama, Z. Lebensm.Unters. Forsch., **146** (1971) 337.
76. L. Toth, ,,Chemie der Räucherung", Deutsche Forschungsgemeinschaft, Verlag Chemie, Weinheim 1982.
77. H. Idstein und P. Schreier, Lebensm. Wiss. Technol., **18** (1985) 164.
78. H. R. Roberts und J. J. Barone, Fd. Technol., **37** (9) (1983) 32.
79. G. Czok, ,,Untersuchungen über die Wirkung von Kaffee", Suppl. Z. Ernährungswiss., **5**, Verlag Steinkopf, Darmstadt, 1966.
80. H. Thaler und R. Gaigl, Z. Lebensm. Unters. Forsch., **120** (1969) 352.
81. K. H. Ney, Kaffee- und Teemarkt, **36** (9) (1986) 3.
82. M. Winter, F. Gautschi, I. Flament, B. Willhalm und M. Stoll, ,,Die flüchtigen Aromastoffe des Kaffees" in J. Solms und N. Neukom (Hrsg.), ,,Aroma- und Geschmacksstoffe in Lebensmitteln", Verlag Forster, Zürich, 1967, S. 165.
83. O. G. Vitzhum und P. Werkhof, ,,Aroma Analysis of Coffee, Tea and Cocoa" in G. Charalambous (Hrsg.), ,,Analysis of Food and Beverages, Headspace Techniques", Acad. Press., New York-San Francisco-London, 1978, S. 115.
84. W. Walter und H.-L. Weidemann. Z. Ernährungswiss., **9** (1969) 123.
85. W. Pickenhagen, P. Dietrich, B. Keil, J. Polonsky, F. Nouaille und E. Lederer, Helv. Chim. Acta, **58** (1975) 1078.
86. W. Pickenhagen, Fd. Flavoring Pack. Proc., **4** (8) (1982) 15.
87. K. H. Ney, Gordian, **86** (1986) 84.
88. K. H. Ney, Gordian, **84** (1984) 218.

89. H. J. Takken, L. M. v. d. Linde, M. Boelens und J. M. v. Dort, J. Agr. Fd. Chem., **23** (1975) 638.
90. V. Fernando und G. R. Roberts, J. Sci. Fd. Agr., **35** (1964) 71.
91. R. F. Smith, Z. Lebensm. Unters. Forsch., **180** (1985) 15.
92. E. Benk, Ernaehr. Umsch., **32** (1) (1985) 11.
93. M. H. Salagoity-Auguste und A. Bertrand, J. Sci. Fd. Agr., **35** (1984) 1241.
94. P. Ribéreau-Gayon und J. C. Sapis, C. R. Acad. Sci., **261** (1965) 1915.
95. A. Rapp, H. Franck und H. Ullmeyer, Dtsch. Lebensm. Rundsch., **67** (1971) 81.
96. A. Rapp und W. Rieth, ibid., **81** (1985) 69.
97. K. Wagner, Lebensmittelchem. Gerichtl. Chem., **39** (1985) 53.
98. E. Coduro, Naturwissenschaften, **67** (1980) 488.
99. C. J. Muller, R. E. Kepner und A. D. Webb, Am. J. Enol. Vitic., **24** (1974) 123.
100. R. Tressl, R. Renner und M. Apetz, Z. Lebensm. Unters. Forsch., **162** (1976) 115.
101. A. A. Williams und O. G. Tucknott, J. Sci. Fd. Agr., **22** (1971) 204.
102. J. A. Maga, Lebensm. Wiss. Technol., **16** (1983) 65.
103. A. Renner und U. Hartmann, Lebensmittelchem. Gerichtl. Chem., **39** (1985) 29.
104. P. Schieberle und W. Grosch, Z. Lebensm. Unters. Forsch., **178** (1984) 479.
105. H. M. Liebich, W. A. Koenig und E. Bayer, J. Chromatogr. Sci., **8** (1970) 527.
106. B. Pullmann, Vortrag Chem. Inst. Universität Saarbrücken, 14. 6. 56.
107. B. Pullmann und A. Pullmann, ,,Quantum Biochemistry", New York, 1983.
108. E. L. Wynder, (Hrsg.), ,,The Book of Health", Verlag F. Watts, New York-London-Toronto-Sydney, 1981, S. 181.
109. H. Borgwaldt, Hamburg, Firmenschrift ,,Casing and Flavouring", 1985.
110. A. J. McLeod, Chem. and Ind., **1973** 1035.
111. S. Gutcho, ,,Tobacco Flavoring Substances and Methods", Noyes Data Corp., New Jersey, 1972.
112. G. Neurath, Naturwissenschaften, **54** (2) (1967) 30.
113. K. Grob, Chem. Ind. (London), **1973** 251.
114. J. N. Schumacher, C. R. Green, F. W. Best und M. P. Newell. J. Agr. Fd. Chem., **25** (1977) 310.
115. E. Demole und D. Berthet, Helv. Chim. Acta, **55** (1972) 1898.
116. N. N., Hör Zu, Juni 1977.
117. O. T. Chortyk, J. F. Chaplin und W. S. Schlotzhauer, J. Agr. Fd. Chem., **32** (1984) 64.
118. G. Jellinek, ,,Sensorische Lebensmittelprüfung", Verlag D. und P. Siegfried, Pattensen, 1981.
119. K. H. Ney, Gordian, **73** (1973) 380.
120. G. Charalambous, (Hrsg.), ,,Analysis of Food and Beverages. Headspace Techniques", Academic Press, New York-San Francisco-London, 1978.
121. P. Schreier und H. Idstein, Z. Lebensm. Unters. Forsch., **180** (1985) 1.
122. J. E. Amoore, The Toilet Goods Association, Proc. of Sci. Sect., Suppl. to No. **37** (1962) 1.
123. W. Freytag und K. H. Ney, J. Chromatog., **41** (1969) 473.
124. J. Solms, J. Agr. Fd. Chem., **17** (1969) 686.
125. D. A. Krueger und H. W. Krueger, ibid., **31** (1981) 1265.
126. M. A. Joslyn und J. L. Goldstein, Adv. Food Res., **13** (1964) 179.
127. M. Ernerth und K. H. Ney, in Vorb.
128. K. H. Ney, Gordian, **85** (1985) 19.
129. K. H. Ney, ibid., **85** (1985) 42.
130. K. H. Ney, ibid., **85** (1985) 68.
131. K. H. Ney, ibid., **85** (1985) 147.
132. K. H. Ney, Z. Lebensm. Unters. Forsch., **147** (1971) 64.

133. K. H. Ney und G. Retzlaff, ,,A Computer Program Predicting the Bitterness of Peptides, espec. in Protein Hydrolysates, Based on Amino Acid Composition and Chain Length (Computer Q)'', in G. Charalambous (Hrsg.), ,,The Shelf Life of Foods and Beverages'' 12, in the Series ,,Developments in Food Science'', Verlag Elsevier, Amsterdam-Oxford-New York-Tokyo, 1986, S. 543.
134. K. H. Ney, Gordian, **85** (1985) 172.
135. R. Ammon und W. Dirscherl, ,,Fermente-Hormone-Vitamine'', Band 1, ,,Fermente'', Verlag J. Tieme, Stuttgart 1959.
136. W. Baltes, Dtsch. Lebensm. Rundsch., **75** (1979) 2.
137. id., Lebensmittelchem. Gerichtl. Chem., **34** (1980) 39.
138. J. Bricout und J. Koziet, ,,Characterisation of Synthetic Substances in Food Flavours by Isotopic Analysis'', in G. Charalambous und G. E. Inglett (Hrsg.), ,,Flavour of Food and Beverages'', Academic Press, New York-San Francisco-London, 1978, S. 199.
139. R. W. Moncrieff, ,,The Chemical Senses'', Verlag L. Hill, London, 1967.
140. M. G. J. Beets, ,,Structure — Activity Relationships in Human Chemoreception'', Appl. Sci. Publ., London, 1978.
141. K. H. Ney, Z. Lebensm. Unters. Forsch., **146** (1971) 141.
142. G. Kielwein und U. Daun, Dtsch. Molkerei-Ztg., **100** (1979) 290.
143. H. Kostyra, Zeszyty Naukowe Akademii Rolniczo Technicznej W. Olsztynie, Technologia Zywnosci, **18** (1983) 5; zit. nach FSTA **16** (1984) 8 P 1667.
144. K. H. Ney, Gordian, **85** (1985) 88.
145. K. H. Ney und H. Bernhauer, ibid., **85** (1985) 119.
146. A. Strecker, Liebigs Ann. Chem., **123** (1862) 363.
147. J. A. Maga und C. E. Sizer, J. Agr. Fd. Chem., **21** (1973) 22.
148. H. v. Pezold, Fette, Seifen, Anstrichm., **61** (1959) 1018.
149. T. H. Smouse und S. S. Chang, J. Amer. Oil Chem. Soc., **44** (1967) 509.
150. K. H. Ney, Fette, Seifen, Anstrichm., **67** (1965) 190.
151. S. L. Melton, Food Technol., **1983** (7) 105.
152. M. Wurzenberger und W. Grosch, Z. Lebensm. Unters. Forsch., **175** (1982) 186.
153. K. H. Ney, Fette, Seifen, Anstrichm., **81** (1979) 467.
154. Y. Guigoz und J. Solms, Chemical Senses and Flavor, **2** (1976) 71.
155. H. Wagner, ,,Pharmazeutische Biologie. 2. Drogen und ihre Inhaltsstoffe'', Verlag G. Fischer, Stuttgart-New York, 1985.
156. R. Ammon und J. Hollo (Hrsg.), ,,Natürliche und Synthetische Zusatzstoffe in der Nahrung des Menschen'', 14. Int. Symp. der Comission Internationale des Industries Agricoles et Alimentaires (C.I.I.A.), Saarbrücken 1972, Verlag D. Steinkopf, Darmstadt, 1974.
157. R. Oberdieck, Riechst., Aromen, Kosmet., **27** (1977) 120, 153.
158. K. Herrmann, Dtsch. Lebensm. Rundsch., **68** (1972) 105, 139.
159. R. Croteau, ,,The Biosynthesis of Terpene Compounds'', in ,,Fragrance and Flavor Substances'', R. Croteau (Hrsg.), Verlag D & PS., Pattensen, 1980, S. 13.
160. A. D. Kinghorn, C. M. Compadre, J. M. Pezzuto und S. K, Kamath, Science, **227** (1985) 417; zit. nach Dtsch. Lebensm. Rundsch., **81** (1985) 197.
161. T. H. Jukes, Nature, **273** (1978) 421.
162. H. Huth, BRD-Patent 1792366 vom 19. 10. 1972.
163. J. Randau, zit. nach Food Manuf., **1969** (12) 52.
164. G. R. List und J. P. Friedrich, J. Amer. Oil Chem. Soc., **62** (1985) 82.
165. E. Stahl und A. Glatz, Fette, Seifen, Anstrichm., **86** (1984) 346.
166. W. H. Stahl (Hrsg.), ,,Compilation of Odor and Taste Threshold Values Data'', American Society for Testing and Materials, Philadelphia, PA, 1982.
167. M. Rothe, G. Wölm, L. Tunger und H. J. Siebert, Nahrung, **16** (1972) 483.

168. Ch. Meske, K. H. Ney und H. D. Pruss, Fette, Seifen, Anstrichm., **80** (1978) 555.
169. K. H. Ney und Ch. Meske, Patentanmeldung in Vorb.
170. K. H. Ney, Patentanmeldung in Vorb.
171. K. Neumann, ,,Grundlagen der Gefriertrocknung", 6. Gefriertrocknungstagung, Leybold, Köln, 1965, S. 7.
172. S. Donhauser, ibid., ,,Einsatz der Gefriertrocknung für biochemische Untersuchungen mit immunologischen und physikochemischen Methoden", S. 51.
173. Y. Izumi, I. Chibata und T. Itoh, Angew. Chem., **90** (1978) 187.
174. J. A. Maga, ,,Flavor Potentiators", in ,,Critical Reviews in Food Sci. and Nutr.", **18** (3) (1983) 231.
175. K. H. Ney und I. P. G. Wirotama, Z. Lebensm. Unters. Forsch., **149** (1972) 347.
176. K. H. Ney, ,,Beitrag von Aminosäuren und Peptiden zum Geschmack von Lebensmitteln", in R. Ammon und J. Hollo (Hrsg.), ,,Natürliche und synthetische Zusatzstoffe in der Nahrung des Menschen", 14. Int. Symp. der Comission Internationale des Industries Agricoles et Alimentaires (C.I.I.A.), Saarbrücken, 1972, Verlag D. Steinkopf, Darmstadt, 1974, S. 131.
177. K. H. Ney, ,,The Constribution of Amino Acids and Peptides towards Food Flavour", in I. Morton und D. N. Rhodes (Hrsg.), ,,The Contribution of Chemistry to Food Supplies", I.U.P.A.C.-I.U.Fo.S.T. Symposium, Hamburg, 1973, Verlag Butterworths, London, 1974, S. 411.
178. R. H. M. Kwok, New England J. Med., **1968** 278, 796.
179. P. L. Morselli und S. Garattini, Nature, **227** (1970) 612.
180. N. N. (Editorial), B.I.B.R.A., British Industrial Biochemical Research Association, **9** (1970) 327.
181. K. O. Herz, Food Technol., **24** (1970) 13.
182. G. Konrad und B. Lieske, Lebensmittelindustrie, **26** (1979) 445.
183. J. E. Cornell, Can. Food Ind., **37** (2) (1966) 23.
184. H. Sulser, J. De Pizzol und W. Büchi, J. Fd. Sci., **32** (1967) 611.
185. H. Sulser, M. Habegger und W. Büchi, Z. Lebensm. Unters. Forsch., **148** (1972) 215.
186. J. Scheide, Nahrung, **24** (1980) 163.
187. Gazzetta Ufficiale Delle Repubblica Italiana, 22. 4. 65, Supplemento ordinario. Disciplina degli additivi chimici consentiti nella preparazione e per la conservazione delle sostanze alimentari, Artikel 9, S. 3.
188. A. Kuninaka, M. Kibi und K. Sakaguchi, Fd. Technol., **18** (1964) 287.
189. J. Solms, Chimia, **21** (1967) 169.
190. K. H. Ney, I. P. G. Wirotama und W. G. Freytag, US-Patent 3 922 365 (1975).
191. A. v. d. Heijden, L. B. P. Brussel, J. G. Kosmeijer und H. G. Peer, Z. Lebensm. Unters. Forsch., **176** (1983) 371.
192. H. G. Maier, C. Balcke und F. C. Thies, Dtsch. Lebensm. Rundsch., **80** (1984) 367.
193. A. Askar und H. J. Bielig, Alimenta, **15** (1976) 3.
194. P. R., Zucker Süßwarenwirtsch., **32** (1979) 183.
195. B. Hoppe und J. Martens, Chem. unserer Zeit, **17** (1983) 41.
196. B. Hoppe und J. Martens, ibid., **18** (1984) 73.
197. K. H. Ney und I. P. G. Wirotama, Z. Lebensm. Unters. Forsch., **149** (1972) 275.
198. V. Palo, Bulletin P. V., **22** (1983) 71; zit. nach Milchwissenschaft, **40** (1985) 338.
199. G. Charalambous (Hrsg.), ,,The Analysis and Control of Less Desirable Flavors in Foods and Beverages", Acad. Press, New York-London-Toronto-Sydney-San Francisco, 1980.
200. F. B. Whitfield, D. J. Freeman, J. H. Last und P. A. Bannister, Chem. Ind. (London), **1981** (7.3.) 158.
201. N. M. Griffiths and D. G. Land, ibid., **1973** (15.9.) 904.

202. R. L. S. Patterson, Process Biochem., **1970** (1.5.) 27.
203. H. Tanner, Naturwiss. Rundsch., **36** (1983) 524.
204. H. J. Zehnder, H. R. Buser und H. Tanner, Dtsch. Lebensm. Rundsch., **80** (1984) 204.
205. N. N., Food Manuf., **1969** (12) 54.
206. H. T. Badings, J. Dairy Sci., **50** (1967) 1347.
207. Y. Obato, Nature, **160** (1961) 635.
208. F. Knorr, European Brewery Convention, Proc. 10th Congr., Stockholm, 1965, S. 343.
209. I. P. G. Wirotama und K. H. Ney, Z. Lebensm. Unters. Forsch., **154** (1974) 67.
210. R. H. Wright, Nature, **173** (1954), 831; **190** (1961) 1101.
211. D. Ottoson, ,,Analysis of the Electrical Activity of the Olfactory Epithelium'', Acta Physiol. Scand., Vol. 35, Supplementum 122, Stockholm 1956.
212. H. Linder, ,,Biologie'', Verlag J. B. Metzler, Stuttgart 1949, S. 200.
213. I.L. Gatfield, ,,Isolation and Properties of Bitter-Sensitive Proteins via Affinity Chromatography'', in ,,Flavour '81, 3rd Weurman-Symp.'', P. Schreier (Hrsg.), Verlag W. de Gruyter, Berlin-New York, S. 385.
214. P. Saint-Hilaire und J. Solms, J. Agr. Fd. Chem., **21** (1973) 1128.
215. R. I. Henkin und D. F. Bradley, Proc. Nat. Acad. Sci., **62** (1969) 30.
216. J. Klahn, K. H. Ney und K. Figge, ,,A Computer Programm for the Prediction of Migration Values'', 4th Int. Migr. Symp., Hamburg, 1983, S. 225.
217. A. Anderson, Nature, **314** (1985) 395.
218. U. Wannagat, Nachr. Chem. Tech. Lab., **32** (1984) 717.
219. H. D. Pruss, I. P. G. Wirotama und K. H. Ney, Fette, Seifen, Anstrichm., **77** (1975) 153.
220. R. Butterfly, L. King und B. Juliano, Chem. Ind. (London), **1982** 58.
221. A. I. Virtanen und E. J. Mattikala, Acta Chem. Scand., **13** (1959) 1898.
222. M. A. Stevens, Hort. Sci., **5** (2) (1970) 95.
223. A. E. Johnson, H. E. Nursten und A. A. Williams, Chem. Ind. (London), **1971** 556.
224. A. R. Saghir, L. K. Mann, R. A. Bernhard und J. V. Jacobsen, Proc. Am. Soc. Hort. Sci., **84** (1964) 386.
225. F. Schmidt, F.A.Z., 4. 1. 86.
226. B. Grünewald, D.A.K.-Magazin, **1985** (4), S. 4.
227. J. C. Boudreau, Naturwissenschaften, **67** (1980) 14.
228. A. Fricker, Gordian, **86** (1986) 8.
229. M. Winter, A. Furrer, B. Wilhalm und W. Thommen, Helv. Chim. Acta, **59** (1976) 1613.
230. A. Mosandl und G. Heusinger, Lebensmittelchem. Gerichtl. Chem., **39** (1985) 85.
231. E. Kubota und T. Hara, Chagyo Gijutsu Kenkyu, **65** (1983) 59; zit. nach C.A. **101** (1984) 209449 b.
232. R. E. Smith, Z. Lebensm. Unters. Forsch., **182** (1986) 1.
233. S. Albertini, U. Friederich, Ch. Schlatter und F. E. Würgler, Fd. Chem. Toxicol., **23** (1985) 593.
234. U. H. Engelhardt und H. G. Maier, Z. Lebensm. Unters. Forsch., **181** (1985) 20.
235. U. H. Engelhardt und H. G. Maier, ibid., **181** (1985) 206.
236. K. H. Ney, I. P. G. Wirotama und W. G. Freytag, US-Patent 3 865 952 (1975).
237. K. H. Ney, I. P. G. Wirotama und W. G. Freytag, US-Patent 3 924 014 (1975).
238. K. H. Ney, I. P. G. Wirotama und W. G. Freytag, US-Patent 3 940 501 (1976).
239. K. H. Ney, I. P. G. Wirotama und W. G. Freytag, US-Patent 3 978 242 (1976).
240. W. Freytag und K. H. Ney. BRD-Patent 1 692 809 (1973).
241. K. H. Ney, I. P. G. Wirotama und W. G. Freytag, US-Patent 4 020 190 (1977).
242. Ch. Meske, K. H. Ney und H. D. Pruss, Brit. Patent 23017/74 (1974).

243. D. B. Josephson, R. C. Lindsay und D. A. Stuiber, J. Fd. Sci., **48** (1983) 1064.
244. J. N. Schumacher, Beitr. Tabakforsch., **12** (1984) 271.
245. A. Rapp, M. Güntert und H. Ullemeyer, Z. Unters. Lebensm. Forsch., **180** (1985) 109.
246. A. Rapp und M. Güntert, Vitis, **24** (1985) 139.
247. A. Rapp, M. Güntert und J. Almy, Vitis, **23** (1984) 66.
248. A. Rapp, H. Mandery und H. Ullemeyer, Vitis, **23** (1984) 84.
249. A. Rapp, H. Mandery und H. Ullemeyer, ibid., **22** (1983) 225.
250. R. E. Subden und A. Krizius, Fd. Chem. Toxicol., **23** (1985) 343.
251. B. M. King und J. Solms, J. Agr. Fd. Chem., **30** (1982) 838.
252. E. Binder und E. Brandl, Öster. Milchwirtsch., **38** (13) (1983) 257.
253. K. Herrmann, Z. Lebensm. Unters. Forsch., **155** (1974) 220.
254. I. Kuhl und K. Herrmann, ibid., **180** (1985) 215.
255. A. Saroli, ibid., **182** (1986) 118.
256. H. M. E. Pabst, F. Ledl und H. D. Belitz, ibid., **181** (1985) 386.
257. Y. Beguin-Bruhin, F. Escher, H. R. Roth und J. Solms, Lebensm. Wiss. Technol., **16** (1983) 22.
258. P. Schreier, ,,Chromatographische Untersuchungen zur Biogenese flüchtiger Pflanzeninhaltsstoffe", Verlag Dr. A. Hüthig, Heidelberg, 1984.
259. H. Idstein, C. Bauer und P. Schreier, Z. Lebensm. Unters. Forsch., **180** (1985) 394.
260. G. Ohloff, I. Flament und W. Pickenhagen, Food Rev. Int., **1** (1985) 99.
261. U. Behnke, Nahrung, **24** (1980) 71.
262. A. I. Virtanen, Angew. Chem., **74** (1962) 374.
263. K. H. Ney, Gordian, **80** (1980) 187.
264. K. H. Ney und W. G. Freytag, ibid., **82** (1982) 72.
265. K. H. Ney, J. Amer. Oil Chem. Soc., **56** (1979) 295.
266. S. v. Straten und F. de Vrijer, ,,List of Volatile Compounds in Food", Rapport Nr. 4030, TNO, Centraal Instituut voor Voedingsonderzoek, Zeist, 1973 (3rd. Ed.).
267. K. H. Ney, Z. Unters. Lebensm. Forsch., **149** (1972) 321.
268. K. H. Ney, I. P. G. Wirotama und I. Seitz, ,,Die Untersuchung von Käse mittels Polyacrylamidgelelektrophorese", XVII Int. Milchwirtsch. Kongr., München, 1966, Bd. D, S. 283.
269. K. H. Ney, Gordian, **85** (1985) 230.
270. K. H. Ney und G. Retzlaff, in Vorb.
271. R. M. Pangborn und A. Sczesniak, J. Texture Stud., **4** (1974) 467.
272. I. P. G. Wirotama und K. H. Ney, Z. Lebensm. Unters. Forsch., **152** (1973) 35.
273. K. H. Ney, Fette, Seifen, Anstrichm. **86** (1984) 486.
274. K. P. Polzhofer und K. H. Ney, Tetrahedron, **26** (1970) 3221.
275. H. P. Mollenhauer, Lebensmittelchem. Gerichtl. Chem., **40** (1986) 10.
276. G. Mc Leod und J. Ames, Chem. Ind., (London), **1986** (3.3) 175.
277. E. Jasinski und A. Kilara, Milchwissenschaft, **40** (10) (1985) 596.
278. T. F. Hutt und M. E. Herrington, J. Sci. Fd. Agr., **36** (11) (1985) 1107.
279. R. T. Lovell und D. Broce, Aquaculture, **50** (1-2) (1986) 169.
280. H. Thaler, Dtsch. Lebensm. Rundsch., **82** (1986) 1.
281. N. P. Ruzic, Ind. Res. Dev., **1980** (7) 139.

Inserentenverzeichnis

ARO-Laboratorium GmbH, 2070 Ahrensburg	110
W. Behrens & Co., 2000 Hamburg 76	139
B. Behr's GmbH & Co., 2000 Hamburg 76	292, 312, 322, 368
Degussa AG, 6450 Hanau	44
Dena GmbH, 4000 Düsseldorf	321
Destilla-Aromen GmbH & Co. KG., 8860 Nördlingen 1	266
Döhler GmbH, 6100 Darmstadt	127
Dragoco Gerberding & Co. GmbH, 3450 Holzminden	gegenüber Innentitel
Peter Dreidoppel, 4018 Langenfeld	Lesezeichen
Frey & Lau GmbH, 2000 Norderstedt 3	22
Curt Georgi, 7030 Böblingen	138
Givaudan Dübendorf AG, CH-8600 Dübendorf	8
Hertz & Selck European Frutarom Corporation, 2000 Hamburg 20	2. Umschlagseite
Hoechst AG, 6200 Wiesbaden 1	4
Lebensmittel-Sprühtrocknungs-Industrie System Atom GmbH 7500 Karlsruhe 1	91
Dr. Friedrich-Karl Marcus Chemische Fabrik GmbH, 2054 Geesthacht	40
Mero Rousselot Satia GmbH, 4000 Düsseldorf 30	116+117
Ohly GmbH, 4370 Marl	291
Pharmarom Aromenfabrikations GmbH, 6106 Erzhausen	266
Riedel-arom, 4600 Dortmund 1	21
Schumann & Sohn GmbH, 7500 Karlsruhe 1	91
Silesia Gerhard Hanke KG, 4040 Neuss 21	3
Sundi GmbH, 2800 Bremen 21	148
Unipektin AG, CH-8034 Zürich	260